U0232910

人工智能
极 | 简 | 入 | 门

张玉宏◎著

清华大学出版社
北京

内 容 简 介

本书较为系统地介绍了人工智能的发展历史、经典算法和前沿技术,并对算法背后的思维方式进行了哲学思辨。内容既包括经典算法(如 k 近邻、贝叶斯、决策树和神经网络等),又涵盖前沿技术(如深度学习、自然语言处理等)。本书所有算法均配备对应的实战项目(包括 Excel 版本和/或 Python 版本),以帮助读者在实践中理解原理。

本书适合高等学校理工科或人文学科的"人工智能"通识课教学使用,也适合作为对人工智能有入门需求的研究生、工程师和研究人员的学习资料。

图书在版编目(CIP)数据

人工智能极简入门 / 张玉宏著. —北京:清华大学出版社,2021.2 (2023.9 重印)

ISBN 978-7-302-56970-1

Ⅰ.①人…　Ⅱ.①张…　Ⅲ.①人工智能　Ⅳ.①TP18

中国版本图书馆 CIP 数据核字(2020)第 231838 号

责任编辑:白立军
封面设计:杨玉兰
责任校对:焦丽丽
责任印制:沈　露

出版发行:清华大学出版社
　　　　网　　　址:http://www.tup.com.cn,http://www.wqbook.com
　　　　地　　　址:北京清华大学学研大厦 A 座　　　　　　　邮　　编:100084
　　　　社 总 机:010-83470000　　　　　　　　　　　　　邮　　购:010-62786544
　　　　投稿与读者服务:010-62776969,c-service@tup.tsinghua.edu.cn
　　　　质量反馈:010-62772015,zhiliang@tup.tsinghua.edu.cn
　　　　课件下载:http://www.tup.com.cn,010-83470236
印 装 者:三河市龙大印装有限公司
经　　销:全国新华书店
开　　本:210mm×235mm　　　印　　张:20.25　　　　　　　字　　数:471 千字
版　　次:2021 年 4 月第 1 版　　　　　　　　　　　　　　印　　次:2023 年 9 月第 6 次印刷
定　　价:59.00 元

产品编号:089444-01

做一回"颜色不一样的烟火"

为什么写这么一本书

写这本书时,我正身处他国,独在异乡为异客。那时,国际风云变幻,山雨欲来风满楼。

无意间,读到坊间一篇好文——《反思华为,无"根"之痛》①。文章认为,中国受制于人,原因在于,我们缺少"根"技术。

"根"技术,是碳基文明的驱动引擎。例如,Android 系统是安卓手机行业里的"根",ARM 架构是全球计算机芯片行业的"根",Linux 开源体系是很多软件服务的"根",诸如此类。

中国缺少"根"技术的原因有很多,文章盘点十条以论之,言之凿凿,不可谓不深刻,但有两条最能刺激我的神经。

第四条:对形式逻辑毫不在意,理性思考至今是稀缺资源。

第八条:视浅薄趣味为人生追求,对哲学思辨毫无感觉。

为什么是这两条最触动我呢?倒不是因为它们特别独到,而是因为,或许能为之做点什么。

很早之前,我就有意写一本有关人工智能的科普书籍,但由于诸多原因,未能成行。趁这次和清华大学出版社结缘之际,心中潜伏已久的暗流喷涌而出——或许,我可以做一回"颜色不一样的烟火"——写一本不太一样的《人工智能》!

---

① 鲁不逊. 反思华为,无"根"之痛. 量子学派,2020.5.

人工智能在中国非常火爆。君不见，AI 企业，数不胜数。君不见，高校专业设置，蜂拥而至。

是的，掌握"人工智能"技术很有用，它能帮助公司获取更多客户，立于不败之地，挥斥市场方遒。学习"人工智能"技术很有用，它能帮你找到一份好工作，站稳职场，前途如花似锦。

但需要反思的是，"有用"的终极标准是什么？

很多年以来，我们常说，"师夷长技以制夷。"学习他人先进的技术，是有用的。

然而，站在当下，重新审视这句话，我们会发现，它可能是有问题的。

这是因为，"师夷长技"，很可能不"制夷"，反而"被夷制（抑制）"。

为何会这样？

无他，只因"根"不在我们这里。生产"根技"的思想，我们还不够熟稔。

然而，无名如我，在诸如国家、学科这样宏大的叙事面前，我，一名普通的高校教师，能做什么呢？

但我觉得，有一分热，发一分光，犹如萤火，即使微弱，也可在黑暗里发出一点光，不必等候炬火。

古人很早就告诫我们，"勿以善小而不为。"

是的，我尝试要写这本《人工智能极简入门》，添加一点点"小善"。

相比于其他同类图书，除了通俗易懂、图文并茂地介绍 AI 的前沿技术之外，这本书的"小善"还体现在，它融合了更多的"理性思考"和"哲学反思"。

特别是"哲学反思"，在很多人看起来，是无用的。但庄子很早就说了，"无用之用，方为大用。"

在人类历史发展的长河中，无数的事实警醒我们，很多当下"无用"之学，长远看来，都意义深远，流芳百世。

针对人工智能，哲学思辨有什么存在价值呢？我们知道，在人工智能发展过程中，势必会遇到各式各样的问题。哲学反思或许并不能解决问题，但它能突出问题的本质，并引导着我们继续探寻下去。一个好的问题，有时可能比答案更重要。追寻一个好问题，预启未来探索的方向。

在欧美文化圈内，诞生了一大批天才哲学家，例如亚里士多德、巴门尼德、莱布尼茨、休谟、维特根斯坦等。他们很多看似无用的哲学思想,犹如火种,在批判中接力与传承,熠熠生辉,潜移默化地指引着人工智能的发展。例如,目前的符号推理、知识图谱、自然语言处理等众多子领域,无不蕴含着他们的哲学理念。最终,这些看似"无用"的哲学反思,成为人工智能的众"根"之一。

对于读者来说,如果能在了解 AI 前沿技术的同时,还能多培养一抹人文品位,多探究一些"无用"之学,长远来看,无疑是有益处的。

如果本书能在这方面起一丁点作用,那它就是有价值的。至少,我认为,这个尝试是值得的。

此外,我想说的是,王小波是我的偶像。他不仅是一个有趣的小说家,其实还是一个地道的理工男。在《沉默的大多数》里他写道:

我对自己的要求很低:我活在世上,无非想要明白些道理,做些有趣的事,倘能如我所愿,我的一生就算成功。

其实,这也属于我所认可的成功的定义。写作于我而言,算是一件有趣的事。而且,我还会尽量把《人工智能极简入门》这本书写得有趣,这就算我这个理工男的一点点情趣吧,简称"理趣"。是的,有理有趣,就是这本书的最大特色。

本书的定位与特色

本书以人工智能极简入门为首任,以介绍人工智能技术为底色,内容既包括经典算法(如 k 近邻、贝叶斯、决策树和神经网络等),又涵盖前沿技术(如深度学习、自然语言处理等),因考虑"入门"的定位,而没有"大而全"地把传统的机器推理、搜索策略、遗传算法、专家系统纳入其中,不是它们不重要,而是在当前的主流人工智能算法中,它们的荣光渐退,限于篇幅,暂无空间容纳它们。

在写作手法上,本书力图摆脱传统科技书籍的刻板印象,力图做到文笔流畅,可读性强,时有天马行空之处,内容涉及人工智能的历史、哲学、心理学和人文科学等领域。

"纸上得来终觉浅,绝知此事要躬行。"本书绝非只是务虚之谈,而是配备了很多感性的实战项目,帮助你在实践中理解抽象的原理。对于没有编程基础的读者,我们准备了简易上手的 Excel 版本实践(部分项目适用);而对于有 Python 编程基础的读者,我们提供了 Python 版本的源代码。限于篇幅,实战项目的详细讲解,不在正文之列。

客观来说,人工智能博大精深,细分领域庞杂。因此,本书只负责"领进门","修行"要靠你个人。毕竟,高手都是自学出来的!

阅读准备

如果你对实战感兴趣,要想运行本书中的示例代码,需要提前安装如下系统及软件。

(1) 操作系统:Windows、Mac OS 及 Linux 均可。

(2) Excel:Office 2010 以上版本即可。

(3) Python 环境:建议使用 Anaconda 安装,确保版本为 Python 3.x 即可。

(4) sklearn:建议使用 Anaconda 安装 sklearn 0.22.1 及以上版本。

(5) TensorFlow:建议使用 Anaconda 安装 TensorFlow 2.0 及以上版本。

联系作者

自认才疏学浅,且限于时间与篇幅,书中难免出现理解偏差和错缪之处。若读者朋友们在阅读本书的过程中发现问题,希望能及时与我联系,我将在第一时间修正并对此不胜感激。

邮件地址:bailj@tup.tsinghua.edu.cn。

致谢

《人工智能极简入门》的部分内容,最早在"七月在线"上做过讲座,口碑还不错。但与讲座不同的是,成书要严谨得多。从最初的构思、查阅资料、撰写内容、绘制图片,到出版成书,历时两年有余。图书得以面市,自然得益于多方面的帮助和支持。在信息获取上,我学习并吸纳了很多精华知识,书中也尽可能地给出了文献出处,如有疏漏,望来信告知。在这里,我对这些高价值资料的提供者、生产者,表示深深的敬意和感谢。

很多人在这本书的出版过程中扮演了重要角色——清华大学出版社的白立军老师在选题策划和文字编辑上,河南工业大学的张开元、石岩松、陈伟楷和潘世泽等在文字校对上,均付出了辛勤的劳动,在此一并表示感谢。同时,感谢自然科学基金(项目编号:61705061、61975053、U1904120)及河南工业大学思政课程教改基金(机器学习)等项目的支持。

张玉宏

2020 年 7 月于美国卡梅尔

目　录

第 1 章

光辉岁月： 人工智能的那些人和事

源头茫昧虽难觅,活水奔流喜不休。

——法国数学家亨利·庞加莱(Henri Poincare)

目前,人工智能(Artificial Intelligence,AI)正在迅速崛起。现已面世的人工智能应用,琳琅满目,如语音输入、文本生成、图像识别、棋类博弈、智能搜索、自动驾驶等,它们正以"润物细无声"的方式,渗透于人们工作和生活的方方面面。

人工智能时代已经来临,在其枝繁叶茂的表象里,驱动它快速发展的底层逻辑是什么? 人工智能的未来又会有怎样的趋势?

著名社会学家费孝通先生曾说[1],人类的"当前",包含着从"过去"历史中拔萃出来的投影和时间选择的积累。历史对于我们来说,并不是什么可有可无的点缀之饰物,而是实用的、不可或缺的前行的基础。因此,亦有"历史学,是最好的未来学"的说法。

因此,在上路拥抱"人工智能"之前,我们有必要"回眸"历史,看看在"人工智能"发展历程中,都有哪些有趣的人和事。

1.1 追问智能的本质

无疑,人类是具备智能的。或许我们会问,为什么有了人类智能,我们还要发展"人工智能"呢? 倘若要深刻理解"人工智能"的内涵,还得把"人工"和"智能"分开来思考[2]:什么是"智能"? 为什么要"人工"? 我们先来讨论它的核心内涵,什么是"智能"?

对"智能"的理解,仁者见仁,智者见智。有人认为,所谓智能,就是智力和能力的总称。例如,中国古代思想家荀子就把"智"与"能"当作是两个相对独立的概念来阐述。在

《荀子·正名篇》有这样的描述："所以知之在人者谓之知,知有所合谓之智。所以能之在人者谓之能,能有所合谓之能。"大意是说,人所固有的认识客观事物的本能,谓之"知"。这种本能与万物相结合,通过后天努力获得知识,就叫"智"。也就是说,"智"和"能"都是人与环境交互的产物。从自然环境中感知和解析信息,提炼知识并运用于自适应行为的能力,就是"智能"。

在西方哲学里,Being 代表存在,Should 代表价值观。

中国另一位先哲孟子则说:"是非之心,智也"(出自《孟子·告子上》)。孟子认为,能分辨是非得失,就是有智能的表现。而这里的"是非"之别,在西方,可用莎士比亚的名句"to be or not to be"来浓缩,两者之间的活动——"应该"(should)即是智能[3]。在智能里,它既包含了逻辑成分,同时也包含了大量的非逻辑成分,如模糊、直觉、非公理等因素。

下面再来讨论另外一个问题,为什么还需要"人工的"智能呢?在回答这个问题之前,先来重温法国科技哲学家伯纳德·斯蒂格勒(Bernard Stiegler,1952—2020,参见图 1-1)的一个重要观点。

小时候,我们在背诵《三字经》时,开篇就有这么一句,"人之初,性本善。"如果斯蒂格勒的观点高度简化,可归纳出一个类似的说法,"人之初,身本缺。"

图 1-1 伯纳德·斯蒂格勒
（Bernard Stiegler）

具体说来,斯蒂格勒认为,人在根基处是一种缺陷性存在。其他动物一出生就拥有在自然中生存的特殊禀赋,而人类出生时却赤身裸体,二者的根本区别就在于,人类没有自身的属性或先天禀赋。"人类没有过失,有的只是起源的原初缺陷,它使缺陷的共同体成为共同体的缺陷。"[4]

因此,为了更好地生存,人类只有通过代具(prothèse)①——身体之外的工具,才能得以更好地生存。人在发明工具的同时,也在技术中自我发明——自我实现技术化的外在化。简言之,人因工具而成为人,人通过工具而成就自己。

例如,人跑得不够快速,就发明了"代具"——马车、汽车、飞机等。人看得不够遥远,就发明了"代具"——望远镜。人观察得不够细致,就发明了"代具"——显微镜。

人类大脑看起来很发达,有没有缺陷呢?当然有!例如,人脑记得不够牢、算得不够快、脑壳不够硬等。有如此多的"缺陷",人脑难道不应该找个"代具"来弥补一下?

---

① 亦有学者将其译作"义肢"或"假体"。

当然应该。是的，它就是我们本章的主角——人工智能。当然，最初它并不叫这个名字。实际上，大脑"代具"化过程，就是大脑逐渐"外包（outsource）"的过程。当代人工智能发展的历程，可以浓缩为四个字："脱碳入硅。"

此为何解呢？这是因为，人脑的主要构成元素为"碳"（碳水化合物的"碳"），而当前计算机器的核心部件是CPU，其主要构成元素为"硅"（硅晶体的"硅"）。人类由于自身缺陷，主动外包或被动"让渡"自己大脑的部分功能，交给机器来完成（见图1-2）。

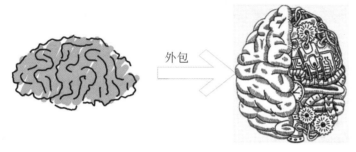

外包

图 1-2　人工智能：大脑的"外包"过程

机器在承担人脑外包工作过程中体现出来的智能，就是人工智能。如果你注意到它英文表达中的 Artificial 还有"人造的、仿造的、非原产地的"等含义，那么你就会对"人工智能"有更为深刻的理解。

1.2　复杂机器与智能

长久以来，人类为了弥补自身的短板，一直尝试"外包"自己的部分功能，假借于"代具"，增强自己在改造自然、治理社会的各项任务中的能力和效率，最终实现一个人与机器和谐共生、共存的社会。

著名人工智能历史研究学者帕梅拉·麦考达克（Pamela McCorduck）在她的《机器思维》（*Machines Who Think*，1979，见图1-3）[5]中指出："长期以来，复杂机械装置和智能之间的联系一直存在。①"

什么是机械装置呢？机械装置，不过是人类智能的外在表达而已。我们知道，人工

---

①　对应的英文为 "There has been a long-standing connection between the idea of complex mechanical devices and intellgence."。

图 1-3　帕梅拉·麦考达克(右)与其著作《机器思维》

智能最重要的分支之一,就叫"机器学习(Machine Learning)"。所谓机器,其实可泛指所有拓展人类体能和智能的"代具"。而体能的"代具",不过都是人类智能的物化形式而已。用马克思主义哲学的观点来看,内在因素(指"智能")才是事物发展的决定性因素。

1.3　远古人工智能发展简史

1.3.1　远古神器与机器

前面我们提到,伯纳德·斯蒂格勒说"人之初,身本缺"。这并非是他信口之言,而是他从古希腊神话开始,缜密论证,为"代具"的诞生找到了人类学和本体论的根源[6]。

顺着这个思路,我们也探究一下早期神话对人工智能的启迪。人工智能的知识根源和智能机器的概念,最早可在希腊神话中找到隐约可见的影子[7]。从意大利学者詹巴蒂斯塔·维柯(Giambattista Vico,1668—1744),法国人类学家、哲学家克劳德·列维-斯特劳斯(Claude Lévi-Strauss,1908—2009)开始,神话就逐渐被列为研究人类思维(thinking)的考察对象。

"思维(thinking)"与"想(think)"同源。

深层次的"想",就是思考。要知道,开启现代人工智能时代的重要标志之一,就是艾伦·图灵(Alan Turing,1912—1954)的那篇经典论文 *Can machines think?*(机器能思考吗?)。

下面,为了探寻人工智能的起源,我们就从"神话"开始回想(rethink)吧。被誉为 20

世纪最伟大哲学家之一的卡尔·波普尔（Karl R. Popper），曾在其著作《猜想与反驳：科学知识的增长》[8]中就明确指出："科学必须始于神话，并伴随对神话的批判。①"

前面我们提到"机械装置"和"智能"天然就有联系。在谈到与"机械装置"相关的神，最有名的莫过于赫淮斯托斯（Hephaestus）②。在古希腊（公元前 5 世纪）神话中，赫淮斯托斯是一位技艺异常高超的火神、锻造之神与工匠之神。

宙斯（Zeus）的王杖和神盾、阿波罗（Apollo）的太阳车、狄俄尼索斯（Dionysus）的神杖、阿喀琉斯（Achilles）的盔甲、丘比特（Cupid）的箭及捆绑普罗米修斯的锁链，均出自赫淮斯托斯的"鬼斧神工"（见图 1-4）。这些神以及这些"神器"，为什么会出现在人的思维里面呢？其实这就是"人工智能"的初心：己所不能，诉诸造神。以神之名义，完成自己难以达成的意愿。这些"神器"可视为人类对机器自动化渴望的一种心理投射。

图 1-4 古希腊神话中的各种神器及它们的锻造者赫淮斯托斯（右下图）

古人说，风属于天的，我借来吹吹，却吹起人间烟火。

是的，神话的重要性，不在于它的真实，而在于它对世人想象力的熏陶。我们常说，要"敢想敢做"。"敢想"才是第一步，它是行动的起点。

---

① 对应的英文为"Science must begin with myths, and with the criticism of myths."。

② 在罗马神话中，他的名字叫武尔坎努斯（拉丁语：Vulcānus）。西方语言中的"火山（volcano）"一词，即来源于他的罗马名字。在西方国家的一些神话中，当大地轰隆震响、火山喷发，就是武尔坎努斯在打铁。

1.3.2 复杂机器与智能

机器操作的复杂性与智能活动是有密切联系的。有据可查的最远古的复杂机器装置,莫过于安提基特拉计算机械(Antikythera mechanism)。该机械的制造年代可追溯至公元前 150 到公元前 100 年之间的古希腊时期,至今已有二千多年的历史了。

图 1-5　安提基特拉机械与其复原品(右)

安提基特拉机械是目前所知最古老的复杂科学计算机。如斯蒂格勒所言,人正是由于有缺陷:计算不够快、不够准,也记不牢,因此人们才想办法发明"代具",代替自己去做运算。安提基特拉机械的设计目的是,计算天体在空中的位置,从而预测天象。抛开表象看本质,时至今日,人工智能的核心价值,依然是"预测"。

Robota 一词从捷克语派生而来,意为"苦差事"或"奴役"。

安提基特拉机械并没有人的形状。然而,基于"物以类聚,人以群分"的朴素思想,人们总是期望,机器具有类人的模样,才配有智能。机器与智能的结合体就是机器人。"机器人"一词,最早出现在 1921 年的捷克作家卡雷尔·恰佩克(Karel Čapek,1890—1938)的科幻小说《罗素姆的万能机器人》(*Rossum's Universal Robots*),书中首次使用了机器人的英文 Robota 这个词(后来才改成 Robot),恰佩克用"机器人"指代一种取代人类工人的人工人类[9]。

然而,在此之前,人造人类或动物还有一个近义词 automaton,其源于希腊语,意思是"自动移动的"。这个词源的历史与亚里士多德对生物的定义相一致,即生物是那些可以自行运动的东西。自动机器是无生命的物体,但借用了生物的定义特征:自动。

在公元 1 世纪的亚历山大时代,一些能工巧匠就开始制造很多自动化装置。例如,设计复杂的虹吸管网络,当水通过它们时,这些虹吸管会激活各种各样的动作,如鸟儿喝水、拍打翅膀和唧唧鸣叫等(见图 1-6)。

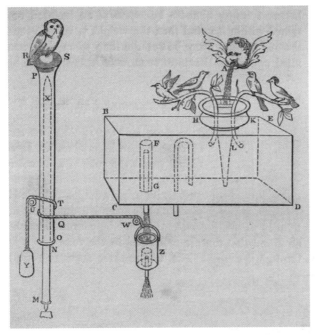

图 1-6 亚历山大时代的自动化装置

对机械自动化的向往，东方亦不缺乏想象力。据《三国志·蜀志·诸葛亮传》(晋·陈寿)记载："亮性长于巧思，损益连弩，木牛流马，皆出其意。"说的是，三国时期蜀汉丞相诸葛亮在北伐时，发明了木牛流马，其载重量为"一岁粮"，大约 200 千克以上，每日行程为"特行者数十里，群行三十里"，为蜀国十万大军提供粮食。"木牛流马"反映的同样是人类对机器自动化的梦想(见图 1-7)。

图 1-7 木牛流马复原品

　　除了体力上的代替,人们还梦想着拥有来自机器自动化带来的精神上的愉悦。例如,例如,16 世纪,西方开始发明一种更为复杂且更加逼真的机器——一种带有大头针或棒子的桶,当人转动这个桶时,大头针或棒子会敲击筒的不同部位,于是发出有韵律的"叮叮咚咚"的声音。是的,它就是最早期的音乐盒!

　　再如,1650 年,德国工程师 A.Kircher 设计了一种液压驱动风琴(organs),它由一个固定的圆柱体控制,并配备一个会舞动的人形骨架,如图 1-8 所示。据说当音乐响起,骨架小人随之舞动,惟妙惟肖,动感十足。通过能工巧匠们的调试,这类设备还可以奏出不同的曲子。因此,也有人把其称为最早的可编程设备(programming devices)。

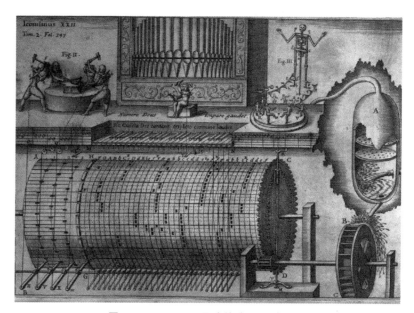

图 1-8　A.Kircher 设计的液压驱动风琴

图 1-9　android

　　大约就在这个年代,一个专门用来描述类人机器的新词也出现了——android(见图 1-9),它源自希腊语,意思是"像人的"。的确,当下最为流行的手机操作系统 Android,就取名于此。

　　如果说音乐盒子有点"附庸风雅",实用性不大,那么第一个有用且被广泛应用的自动化机器的典范就是钟表(见图 1-10)——它是一种计时自动机(automata in time)。

图 1-10　自动化的成功典范——钟表

钟表在乾隆年间（1735—1796）或更早传入中国。证据之一就是宫廷画家们创作的《万国来朝图》（见图 1-11 左图）。为展现"四夷宾服、万国来朝"的繁荣景象，在乾隆帝授意下，宫廷画家们就创作了这幅名作（现藏于北京故宫博物院）。"天下大事，必做于细"。局部放大这幅画下半部分，赫然就会发现作为贡品的钟表。

图 1-11　万国来朝图与来自国外的贡品——钟表

图 1-12 自动化计时机器（钟表）导致更夫职业消失

为什么要提到钟表传入中国这个事实呢？这是因为，钟表的传入，逐渐导致中国几千年来的一个职业——更夫的消失。李开复博士在其著作《AI·未来》中表明[10]，相当比例的人类工作将在 15 年内被人工智能取代。

其实，我们可以看到，自动化程度越高，简单重复常规式的工作越容易被取代。其实这样的进程，很早就开始了。机器最擅长的工作，就是"优化"旧事物的流程，但弱于创造新事物。"后浪"们如果不想被淘汰，就只能不断地开辟新天地，才不会被这些"代具"代替掉。

1.3.3 计算自动化的发展脉络

人是有数觉（number sense）的，这种数觉是指对数字的感觉，即不用数数，一眼便可识别数字的感觉。然而很可惜的是，即使聪慧如人类，我们对超过 7 以上的数字，我们都是不敏感的，对于更大的数字的认知，更是存在认知障碍[11]。

于是，对数字计算的速度、准确度及记忆力都存在短板的智人，当然要想办法来弥补这个短板。而最早弥补这个短板的正规化"代具"，就是算盘。中国最早的算盘大概在公元前 2 世纪被发明出来（见图 1-13），在随后两千多年里，在中国计算史上算盘一直扮演着可圈可点的角色，素有"中国计算机"之称。

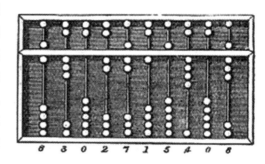

图 1-13 中国最早的算盘

算盘的发展也不是一蹴而就的，它是由古代的"筹算"演变而来。所谓"筹算"，就是运用刻有数字的"筹码"——一种提供辅助计算的削制竹签。"运筹帷幄"中的"筹"，指的就是这类用于计算与预测的"筹码"。

"筹"始用于春秋，直至明代才被珠算彻底代替。唐代末年开始用"筹"来乘除。到了宋代，人们就从实践中总结出了"筹算"的除法歌诀。

如果你足够细心，就能在北宋画家张择端的名画《清明上河图》中发现，画中有一家药铺——"赵太丞家"，店内正面柜台上赫然放有一架算盘，如图 1-14 所示，这表明，不晚于宋朝，算盘已成为民间百姓常用之计算器具。宋末元初人刘因就以《算盘》为题，写下五言绝句：

"不作翁商舞，

休停饼氏歌。

执筹仍蔽篦，

辛苦欲如何"。

图 1-14　清明上河图（木雕版）上出现的算盘

算盘的确大大提高了人们的计算效率。然而，算盘打起来，还是比较费劲，需要人手脑并用，密切配合才能发挥功效。因此，"算力"很容易达到人类自身的极限。人们不禁思考，这计算能不能更加自动化点呢？只有想不到，没有做不到！于是，法国神学家、哲学家、数学家帕斯卡（B. Pascal，1623—1662）闪亮登场了。1642 年，为了减轻父亲大量繁重的税务收支计算，时年未满 19 岁的帕斯卡制造出一台可以运行加减的计算器，称为帕斯卡计算器（见图 1-15）。这种机器装置被称为早期计算机的先驱，但并没有造成很大的

在《思想录》中，帕斯卡留下了名言："人不过是一根思考的芦苇。"

图 1-15　帕斯卡和他发明的帕斯卡计算器（左）

商业成功,因为它过于华而不实,价格不菲却功能有限(只能做加减运算)。

值得一提的是,帕斯卡不仅在计算机械化上做出了贡献,实际上他还是一个文化巨匠,成年后,出版过对后世影响巨大的《思想录》①。

时间飞逝,另一位屠龙少年开始崭露头脚。他就是莱布尼茨(G. Leibniz,1646—1716)。1666年,年仅19岁的莱布尼茨就写下了第一本哲学专著《论组合的艺术》。莱布尼茨爱哲学,更爱数学,在研究数学过程中,莱布尼茨发现手动计算的困难,不禁感叹:

"如果精英们把时间浪费在计算上,而农民在机器帮助下,同样也能准确完成计算工作,那么,这实在是有辱尊严。②"

如果是普通人,可能止步于"叹"为观止了,不然还能怎样?可莱布尼茨不是普通人啊。他是德意志历史上少见的通才,被誉为17世纪的亚里士多德。一不做,二不休,1673年,莱布尼茨亲自动手发明了世界上第一台支持四则运算的手摇式的步进计算器(stepped reckoner,参见图1-16)。鉴于这台计算机的特性,如果他能穿越到今天,推广他的发明,广告语我们都替他想好了,"计算摇一摇,世界真奇妙!"

图 1-16　莱布尼茨和他的步进计算器(右)

---

① 帕斯卡可谓是旷世奇才。23岁时,帕斯卡还证明了真空的存在,并计算了空气的压力。此外,他还发现了流体力学里的"帕斯卡定律",物理学里压强的单位"帕斯卡"就是为了纪念他。曾经流行一时的Pascal语言,也是以他的名字命名的,以肯定他对计算机的贡献。

② 对应的英文为"It is beneath the dignity of excellent men to waste their time in calculation when any peasant could do the work just as accurately with the aid of a machine"。

不过令人惋惜的是，步进计算器制造复杂程度，超出了当年的工艺水平，加之莱布尼茨在计算进位设计上的瑕疵，使得该计算器即使惊艳了学术圈，但实用性依然不足。用今天的话来说，它就是一个"概念机"。

不过，莱布尼茨在阶梯轴设计上的精巧构思，还是给后人建造机械式计算器提供了莫大的启迪。随后，西方发明家前赴后继地利用这一思路，做出了各种成功的计算器产品。其中，澳大利亚工程师科特·赫兹斯塔克（Curt Herzstark）研制的科塔计算器（Curta Calculator），一脉相承于莱布尼茨提出的阶梯轴，在 20 世纪 70 年代初被袖珍型电子计算器所取代之前，它一直都是最方便的便携式计算器。可以说，步进计算器犹如黑暗天空中的北斗星，指引着计算机械化之路。

有意思的是，莱布尼茨本人的正经职业是律师，为帮代理人打官司，经常往返于各大城镇，他的大多数成就都是在颠簸的马车上完成的。这里之所以要着重强调莱布尼茨的成就，是因为他为信息科学（包括人工智能）至少贡献了两个重要概念。

（1）作为数学家，他提出了二进制。1701 年初，他向巴黎皇家学会提交了一篇正式论文，即论述二进制的《数字科学新论》，但被委婉谢绝。当时的科学院院长 D. Fontenelle 提出的反对理由是，实在看不出二进制有何用处。

深受《易经》"阴爻、阳爻"启发的莱布尼茨，曾断言："二进制乃是具有世界普遍性的、最完美的逻辑语言。"目前在德国图林根的郭塔王宫图书馆（Schlossbibliothek zu Gotha）内仍保存一份莱布尼茨的手稿，标题写着"1 与 0，一切数字的神奇渊源。"

直到计算机发明后，二进制才真正实现了其应用，成为数字计算机最底层的逻辑表达方式。

（2）作为哲学家，他为人工智能的符号主义提供了理论支撑。莱布尼茨认为，大量的人类推理可以被归约为某类运算。莱布尼茨的演算推论器，很容易让人想起符号逻辑。而符号逻辑是智能的呈现方式之一。在符号主义看来，我们所有的观念、概念，无论多么复杂，都可以由非常有限的简单观念复合而成，它们构成了人类思维表达的字母表。

当然，还有一点需要我们注意的是，计算器（calculator）和计算机（computer）还是不同的。"计算机先驱"之一查尔斯·巴贝奇（Charles Babbage，1792—1871）曾表示，在计算机控制中引入分支结构之后，才使得计算机与计算器从此分道扬镳（因此，在巴贝奇看来，算盘算不上计算器，因为它难以支持条件结构运算）。

出于现实的需要，18 世纪末，法国数学界发起了一项宏大的计算工程——人工编制《数学表》，但当时并没有先进计算工具，使得这项工作就变得极其烦琐。

图 1-17　查尔斯·巴贝奇

工作强度很大不说，计算得到的数学用表还非常不靠谱，表中存在大量难以忽视的错误。

为了消除数学表（例如对数表）中的错误，巴贝奇就萌生出研制计算机的构想，以此降低复杂计算的门槛，从而避免人为计算误差。1822 年，巴贝奇要制作出一台"差分机（difference engine）"，那年的巴贝奇，刚满 20 岁，意气风发。

巴贝奇从法国人约瑟夫•杰卡德（Joseph Jacquard，1752—1834）发明的自动织布机上获得了灵感。杰卡德织布机可以在不同的配置下，纺织不同花纹的布匹。如果把"纺织"看作广义的"计算"，那么这种"看人下菜"式的织布机，已经蕴涵程序设计中的分支选择思想。这种自动织布机对自动计算的历史产生了深远的影响，其程度不亚于其在纺织业产生的影响。

在本质上，差分机就是一个大型的机械式的加法器。但它的设计，已经闪烁出了程序控制的火花——它能够按照设计者的旨意，自动处理不同函数的计算过程。但限于当时的生产工艺，不论是早期的差分机，还是后期改良版"分析机"（analytical engine，参见图 1-18，于 1843 年开始建造），巴贝奇未能最终交付成品。

图 1-18　巴贝奇的解析机（部分），收藏于伦敦科学博物馆

巴贝奇的工作，之所为能为后人道也，离不开他的一位忘年交兼"红颜粉丝"——

阿达·拜伦（Ada Byron，1815—1852，图 1-19），这位女士身份不凡，她是英国大名鼎鼎的诗人拜伦的独生女，比巴贝奇小 20 多岁。

图 1-19　阿达·拜伦

在阿达 27 岁时，她成为巴贝奇研究上的坚定支持者和合作伙伴，出乎常人意料之外，她非常看好这项看似不可理喻的"怪诞"研究。那时的阿达已经成家，丈夫是洛甫雷斯伯爵。按照英国的习俗，许多资料把她称为"洛甫雷斯伯爵夫人"。

巴贝奇可能是第一个意识到条件跳转在计算中如此重要的人，据阿达写下的关于操作循环（cicle）的文字介绍，可以这样理解：

操作循环意味着某个操作集合（set of operations）重复执行的次数不止一次。循环的次数可以是两次，也可以是无限次，但实际上它们操作集的操作，能被重复执行。在很多实例分析中，我们经常可以碰到一个或多个循环构成的重复组群（recurring group），这也就是说，循环中可以包括一个循环或多个循环。

为验证解析机的计算功能，这位奇女子阿达，"不爱红妆爱编程，开天辟地第一回"，为解析机编出了一系列"程序"，这其中包括计算三角函数的程序、级数相乘程序、伯努利函数程序等。如今，阿达是人们公认的世界上第一位（女）软件工程师。

1981 年，美国国防部为克服软件开发危机，曾主导开发了一种表现能力很强的通用程序设计语言，取名为 Ada，就是对这位奇女子阿达的极大认可。

命运对巴贝奇和阿达是不公平的！直到巴贝奇去世，分析机终究没能造出来，他们失败了！但巴贝奇和阿达的失败，并不是解析机不够高明，而是因为他们看得太远，走得太早，分析机的设计理念，至少超出了他们所处时代整整一个世纪！

然而，他们留给了计算机界后辈们一份极其珍贵的遗产，不仅包括 30 种不同的设计方案，2000 多张组装图和 5 万余张零件图，还包括那种在逆境中自强不息、为追求计算自动化而奋不顾身的拼搏精神。

1.3.4　机器与类人机器

我们知道，计算的机械化并不能等同于智能。在人类漫长的发展长河里，人们总是在不断探索与思考，能不能让没有生命的事物变得有生命，并赋予其智能呢？

敢为天下先的，自然还是神话。据古罗马诗人奥维德在《变形记》中描述，皮格马利翁（Pygmalion）是塞浦路斯国王，善雕刻。他不喜欢塞浦路斯的凡间女子，决定永不结婚。于是，他根据自己心中理想的女性形象，雕刻了一个美丽的象牙少女像。在夜以继日的工作中，皮格马利翁把全部的精力、热情和爱慕都赋予了这座雕像。于是，他向神乞求让她成为自己的妻子。爱神维纳斯（即前文提到的赫淮斯托斯的妻子）非常同情他，便给这件雕塑赋予了生命。

"皮格马利翁效应"用弘一法师（李叔同）的话来讲，就是"念念不忘，必有回响"。

图 1-20　皮格马利翁与象牙少女

图 1-21　《列子·汤问》中描述的木偶

在心理学上，据此诞生了一个专门的概念，叫"皮格马利翁效应"。它指的是，人们基于对某种情境的知觉而形成的期望或预言，会使该情境产生适应这一期望或预言的效应。

用机器代替人的愿望，并非西方文化独有。在《列子·汤问》中就记载有一位工匠，制造能歌善舞的木偶（见图 1-21）送给周穆王，木偶载歌载舞，惟妙惟肖，周穆王都误以为真人："领其颏，则歌合律；捧其手，则舞应节。千变万化，惟意所适。王以为实人也。"

当然，我们知道，"偃师献技"不过是列子所创造的科学幻想寓言，但至少证明，对于科技，东方文化丝毫不缺想象力，这就是中国古人最早对机器人的想象吧。

甚至连机器人的缺点，古人们都替我们想到了。南宋诗人刘克庄就写到：

"棚上偃师何处去，误他棚下几个愁。"①

其中一种（有些戏谑的）解释就是，偃师歌舞伎即使再能歌善舞，由于没有情感，哪里知道台下观戏人的忧愁呢？也就是说，技艺再好，人心难造。这不也是当下人工智能的难处吗？

在 12 世纪西方文艺复兴时期，据传英国修道士罗杰·培根（Roger Bacon，1214—1294）发明了"黄铜脑袋"（brazen head，也称"铜头"，见图 1-22），这个"铜头"能够同步获取主人的知识和智慧，具有预存魔力，并且少言寡语。

图 1-22　罗杰·培根发明的"黄铜脑袋"

只要听到"铜头"开口说话，培根的计划便能成功；反之，则会失败。培根入睡时，他的仆人便奉命看守"铜头"。有一次，"铜头"一连说了三次话，第一次说"时辰已到"，半个小时候后说"时辰刚过"，再过半个时辰又说"时辰已过"。言毕，"铜头"倒地，裂为碎片，再也没有说过话。

人工智能史学家帕梅拉·麦考达克指出[5]，诸如"黄铜脑袋"这类发明创造，其实反映的是人们期望通过"给万物带来理性（bringing reason to bear on all things）"来辨别真理。

显然，"黄铜脑袋"属于一种科学寓言，并不能说明机器能思考。棋类博弈是人类独有的高级智能，如果机器能下棋，是不是就能证明它能思考呢？

---

①　亦有文献称"误他棚下几人愁"。

顺着时间轴线,我们把视线定格在 1770 年。奥地利人肯佩伦(Kempelen,1734—1804)为了取悦女大公 Amalia,建造土耳其行棋傀儡(The Turk,见图 1-23),这是一个自动下棋装置,声称可以击败人类棋手,后来被发现这是一个非常复杂、影响深远的骗局,因为有一个人类棋手隐藏在棋箱之内。

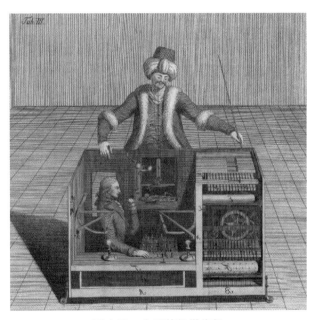

图 1-23　土耳其行棋傀儡

即便如此,它依然奏响了人机博弈的序曲。随后的深蓝(Deep Blue)打败国际象棋大师卡斯帕罗夫(于 2004 年),以及数年前的阿尔法围棋打败围棋九段李世石,才真正实现了人机博弈的梦想。

如果说远古的神话孕育了人工智能的萌芽,那么,到了近代,科幻与童话代替了神话,它们依然是思维的养料,能给人工智能以启迪。1900年,美国儿童文学家作家莱曼・鲍姆(Lyman Baum,1856—1919)出版了名作《绿野仙踪》(*The Wonderful Wizard of Oz*,又名《神秘奥兹国》,见图 1-24),从此开启了他的"奥兹帝国"的童话之旅。

1907 年,鲍姆将机械人提克托克(Tik-Tok)放进小说里,提克托克被描述为"一个反应敏捷、善于思考、能完美交谈的机械人……",它能"思考,说话,行动,做任何事,除了活着(Thinks, Speaks, Acts, and Does

图 1-24　鲍姆小说中的机械人提克托克

Everything but Live)"。鲍姆异想天开的机器人,触发了许多现代人工智能研究者的灵感。

> **你知道吗?**
>
> 中国著名短视频公司抖音(本质上,也是一家地地道道的人工智能公司),在国外的发行版本就叫 Tik Tok。为何不直接叫 Douyin 呢?
>
> 根据《超级符号就是超级创意》一书的介绍[12],那些指称最明确、信息最浓缩、对人的行为影响力最强的符号,就是超级符号。把超级符号运用到品牌上,可以降低企业的营销成本和消费者的选择成本。由于奥兹国系列儿童文学作品在西方的普及,Tik Tok 就是西方文化的超级符号。抖音把西方文化的超级符号拿来就用,不知减少了多少传播阻力,可谓是高明至极。
>
> 美国著名数据库公司 Oracle(本意为"先知")同样抢注我们的超级文化符号"甲骨文"。这一回抖音争了口气,算是扳回一局。

1.3.5 思维逻辑化的演变

前面我们提到,人是有缺陷的,所以才会想办法发明各种各样的"代具"来弥补自身缺陷。如果说前面的先驱们(如帕斯卡、莱布尼茨、巴贝奇等)都尝试通过不懈努力,为机器赋予了"强健的体魄",但是这样的机器似乎还少了点什么?是的,它缺少"灵魂"(即理性思考的能力)。

人工智能的基本假设之一,就是人类的思考是可以被"机械化"操作的。这里的"机械化",指的是逻辑推理的形式化和标准化。

我们常说,做事要有章法。思考的章法,就是逻辑推理。而说到逻辑推理的起点,不能不提到古希腊哲学先驱亚里士多德的直言三段论(syllogism),这是第一个正式的演绎推理系统。

三段论说的是,以一个一般性的原则(即大前提,Major premise)及一个附属于一般性的原则的特殊化陈述(即小前提,Minor premise),由此引申出一个符合一般性原则的特殊化陈述(即结论,Conclusion)的过程。简单举例来说,所有人终有一死(大前提),苏格拉底是人(小前提),因此,苏格拉底也会死(结论)。

以上推理,均是由人来完成的,逻辑严谨,尽显"人类"智能。那能不能让机器来完成这个过程呢?把人类的思考过程机械化,进而把标准化的思考加以工程化实现。如果这个过程能得以完成,岂不就实现"人工"智能了吗?其实,这就是人工智能中符号主义(symbolicism)学派的核心理念。符号主义又称为逻辑主义(logicism)。

说到逻辑推理,就不能不提到演绎体系的典范之作、欧几里得(Euclid)所著的《几何原本》(*The Elements*)。他的伟大贡献,不仅仅在于给世人留下了欧几里得时代的数学(不限于几何)知识,更重要的是,他给世界带来了一种科学严谨的思维方式——公理化思维。

所谓公理化思维,就是从尽可能少的不可再分的概念及不言自明的公理出发,根据逻辑推理原则,步步为营,层层递进,演绎出一套知识体系的方法。亚里士多德把对于一切学科所共有的真理,称之为公理(也被称为一般性概念),而只为某一门科学所接受的第一性原理称为公设(公设可理解为特定领域的子公理)①。在《几何原本》中,欧几里得完美继承了亚里士多德开启的公理化思维。

 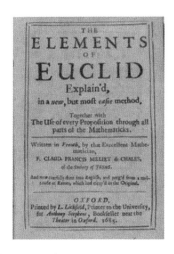

图 1-25　欧几里得与《几何原本》

《几何原本》共分 13 卷,内容包括古希腊数学(除了几何,还包括代数、数论等)的几乎所有内容。按照公理化思想框架,《几何原本》以 5 条公理(Common Notions)和 5 条公设(Postulates)以及一些定义为基础,用逻辑演绎的方式,将所有的数学命题加以证明,并罗列于各卷之中。这 5 条公理和 5 条公设如表 1-1 所示。

---

①　第一性原理,是指每个系统中存在一个最基本的命题,它不能被违背或删除。有钢铁侠之称的著名企业界埃隆·马斯克(Elon Musk)推崇"第一性原理"思考法:"通过第一性原理,我把事情升华到最根本的真理,然后从最核心处开始推理……",其源头来自于亚里士多德开启的公理化体系。

表 1-1　《几何原本》中的公理和公设

编号	5 条 公 理	5 条 公 设
1	等于同量的量彼此相等，即： 如果 $a=b$，$b=c$，那么 $a=c$	由任意一点到另外任意一点可以画直线（也称为直线公理）
2	等量加等量，其和仍相等。即： 如果 $a=b$，$c=d$，那么 $a+c=b+d$	一条有限直线可以继续延长
3	等量减等量，其差仍相等。即： 如果 $a=b$，$c=d$，那么 $a-c=b-d$	以任意点为心，以任意的距离（半径）可以画圆（圆公理）
4	彼此能重合的物体是全等的	凡直角都彼此相等（垂直公理）
5	整体大于部分	过直线外的一个点，可以做一条，而且仅可以做一条该直线的平行线（平行公理）①

　　表 1-1 中所示的公理或公设看起来都是大白话，没有深度量，但它们其实是欧氏几何的推理根基。它们就好比诸如沙、泥、水、土这样的基础成分（即原本，Elements），在这台搅拌机的加工下（好比逻辑推理）生产出一块块砖（好比各种定理或引理），然后依靠这些砖瓦盖起高楼大厦（好比整个数学推理体系），如图 1-26 所示。正因为此，《几何原本》基本可视为近代数学的奠基之作。

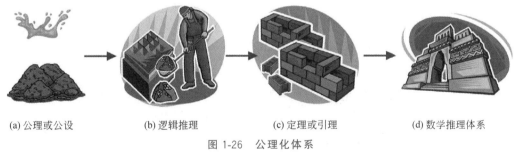

(a) 公理或公设　　　　(b) 逻辑推理　　　　(c) 定理或引理　　　　(d) 数学推理体系

图 1-26　公理化体系

　　《几何原本》不仅仅影响了几何学家，也影响了西方的普通人，更是潜移默化地影响了欧洲文化[13]。2000 多年以来，《几何原本》被无数自然哲学家和数学家奉为至高无上

---

　　①　需要说明的是，第 5 条公设是有不同争议的，不同的争议就对应派生了不同的几何流派，如"罗氏几何"和"黎曼几何"。这三类几何的区别就在对第 5 条公设定义不同上。如果坚持第 5 公设，则推出欧几里得几何。如果以"至少可引两条平行线"为新公设，即可推出罗氏几何（双曲几何）。如果以"一条平行线也不能引"为新公设，则推出黎曼几何（椭圆几何）。这三类几何学，都是常曲率空间中的几何学，分别对应曲率为 0、负常数和正常数的情况。其中黎曼几何是爱因斯坦提出广义相对论的数学基础。

的经典,具有极其深远的影响。这也是《几何原本》发行量仅次于《圣经》的重要原因。

你知道吗?

话说当年林肯当总统时,要说服国会通过《解放宣言》,但很多保守议员反对,他们的理由是,当初宪法中并没有涉及废奴这一条,且在此之前,最高法院也将倾向于废奴的《密苏里妥协案》裁决为违宪。

为了让《解放宣言》通过,林肯想了一个新办法。有一天,他到国会演讲时,并没有带与法律有关的文件,而是带了本欧几里得的《几何原本》。在国会,林肯举起这本数学书,说整个几何学的定理和推论都离不开其中一条公理,那就是所有直角都相等。既然所有直角都相等,那么为什么不能人人平等?精妙的类比,让反对《解放宣言》的议员们一时语塞,最终《解放宣言》被通过了。

林肯找的这个关联,是不是没有逻辑的"牵强附会"呢?倘若如此,那就太小看国会里的那些精英议员了。我们知道,数学以"公理"为基础,而人以"原则"为基础。人权中的"人人平等",和《几何原本》里的"(直)角(直)角相等",属于同一个概念范畴,它们都是系统构建之根基。

因此,林肯想要表达的是,一个良好的社会体系,一定要构建在代表公平和正义的公理之上。深受《几何原本》思想熏陶的国会议员们,对林肯的推理自然是心领神会。

事实上,爱因斯坦也对《几何原本》推崇至极,他说,"我们推崇古希腊是西方科学的摇篮。在那里,世界第一次目睹了一个逻辑体系的奇迹,这个逻辑体系如此精密地一步一步推进,以至于它的每个命题都是不容置疑的——我说的是欧几里得几何"。

《几何原本》这种公理体系的逻辑推理方式,也影响了后世许多科学著作。例如,1687 年,牛顿撰写的《自然哲学的数学原理》(见图 1-27),就遵循《几何原本》的写作方式,他以公理出发,推演出宏观自然世界的纷繁复杂的规律。从书名可以看出,牛顿的雄心在于,要将这机械运动的大千世界数学化描述。

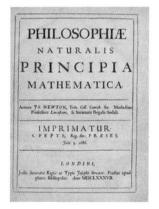

图 1-27　牛顿和他的《自然哲学的数学原理》

1727 年牛顿去世。当时有一位英国诗人叫亚历山大·波普（Alexander Pope），在拜谒牛顿墓时，留下了一句著名的墓志铭，"自然和自然律隐没在黑暗中；神说，让牛顿去吧！万物遂成光明。"的确，自从有了牛顿，纷繁复杂的宏观世界，开始被理解了，人类不再觉得自己身处不可知的黑暗了。

牛顿另外一个伟大贡献在于，他和同时代的科学家们确立了一种新的世界观，那就是机械论。这里的机械论，并非指某种机器，而是指世界是客观的，是确定的，是有规律可循的。

机械论认为，物质世界的变化、我们看到的各种现象都可以用各种机械运动来描述，而人类则可以通过对世界的研究，发现那些运动背后确定的规律[1]。

牛顿很伟大，但这和"人工智能"有何关联呢？的确，牛顿对"人工智能"的启迪，更多来自于方法论层面。例如，在人工智能领域中，经常会被拷问，思考是什么？机器能思考吗？类似这样的问题，看起来非常混乱，难以名状，无从下手。

但从牛顿提出并践行的机械论来看，"所有的混乱，不过是不被理解的和谐"。人工智能之父图灵或多或少地受到机械论的影响。

图灵本人非常讨厌似是而非的概念。他就认为，机器能否思考，亦并非不能回答，而在于你如何定义"思考"，思考是否可被拆解为客观的、确定的、有规律可循的规则（这就是机械论）。于是，就有了著名的简单易行的"图灵测试"。这是后话，我们暂且不表。

图 1-28 大卫·希尔伯特

江山代有才人出。牛顿逝世 200 多年后的 1900 年 8 月 8 日，在巴黎召开的世界数学家大会上，著名数学家大卫·希尔伯特（David Hilbert，见图 1-28）提出了包含 23 个数学问题的行动纲领，该纲领的本质在于，把数学形式化，即数学就是一串字符变成另一串字符的过程。

大卫·希尔伯特希望将整个数学体系矗立在一个坚实的地基上，通过形式化演绎，一劳永逸地解决所有关于对数学可靠性的种种疑问。大卫·希尔伯特的 23 问，归纳起来都为了回答如下三个"灵魂"问题[2]。

（1）数学是完备的吗？也就是说，面对那些正确的数学陈述，我们是否总能找出一个

---

① 机械论在今天看来确有些绝对化（因为量子力学的核心理念之一就是不确定性），但在人类的进步历程中，机械论无疑是一次科学思维的巨大飞跃。

② 方弦.计算的极限（零）：逻辑与图灵机.科学松鼠会，2012-07-17。

证明？数学真理是否总能被证明？

（2）数学是一致的吗？也就是说，数学是否前后一致，会不会得出某个数学陈述既对又不对的结论？数学是否没有内部矛盾？

（3）数学是可判定的吗？也就是说，能否找到一种方法，仅仅通过机械化的计算，就能自动从最基本的公理出发，判定某个数学陈述是对是错？数学证明能否机械化？

有时，一个好问题甚至比答案更重要。因为卓越的问题，能够指点未来探索的方向。而探索的路，总需要先驱者先来走走。众多先驱中，大数学家罗素（Russell）便是其中一位。历经波折，罗素和他的哲学专业导师怀特黑德（Whitehead）十年磨一"书"，于 1910 年出版了《数学原理》（*Principia Mathematica*，见图 1-29）。不同于希尔伯特的形式主义，罗素力推更为具体的逻辑主义。逻辑主义的主旨是，把数学规约到逻辑。如果把逻辑问题解决了，数学问题不过是逻辑演绎罢了[14]。

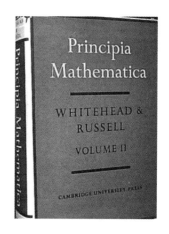

图 1-29 罗素和他的著作《数学原理》

不论是大卫·希尔伯特的形式主义，还是罗素的逻辑主义，它们都有共通的地方，那就是都试图将数学问题机械化，即不依附于人类思维的束缚，让某个机器自动完成数学的演算。以至于罗素在给友人的回信中表明，"我相信演绎逻辑的所有事，机器都能干。"

但人类的进步，总是呈螺旋上升状。有上升的喜悦，亦有回潮时的无奈。就在罗素和怀特黑德沾沾自喜于自己的成就时，1931 年，25 岁的年轻人哥德尔（Gödel）捅破了数学完备性的天，他发表了一篇划时代的论文，题为《论"数学原理"及相关体系中的形式上不可判定命题》[15]。

哥德尔的这篇论文证明了，像《数学原理》那样的体系，假如是自洽的，那就必然是不完备的——即存在一些无法证明的真命题。简单来说，就是在自然数的公理系统中，不但罗素们想要的那种机械化的证明不存在，而且对有些命题来说，连"证明"本身，都压根不存在！这就是著名的"哥德尔不完备性定理"。

据说，哥德尔在宣讲论文时，大名鼎鼎的通过冯·诺依曼当时就在报告现场。在听完哥德尔的报告之后，冯·诺依曼无奈感叹到，"全完蛋啦(It's all over)！"

"哥德尔不完备性定理"的本质是说，任何一个规则可数的系统，是说明不了自己的。这对罗素和他所执着的逻辑主义都是一个沉重打击。数学大厦还未建成，就开始倾倒。

"哥德尔不完备性定理"揭示了公理体系内在而深刻的性质与固有的局限，它告诉我们，不要奢望仅仅通过若干组公理出发，机械地利用基本逻辑规则进行推导，就能够对全部的命题进行判定。

你知道吗？

有个关于哥德尔的奇闻轶事，可辅助说明"哥德尔不完备性定理"（见图 1-30）的本质。

图 1-30 哥德尔与"哥德尔不完备性定理"

话说 1940 年，哥德尔从欧洲逃难到美国，加入美国国籍需要宣誓，宣誓那天，是其好友爱因斯坦陪他去的。

移民官让哥德尔谈谈对美国宪法的看法，作为逻辑学家的哥德尔果然很"轴"，当场就指出美国

> 宪法有个逻辑问题。
>
> 因为根据"哥德尔不完备性定理",《独立宣言》不论有多少条规则,总是有限的,那么一定存在某些规则,完全符合《独立宣言》,但却无法被《独立宣言》所容纳。
>
> 哥德尔正想"兴致勃勃"地发表长篇大论,旁边爱因斯坦急了,赶紧拦住他,说别忘了我们是来干啥的,咱例行公事办个手续不好吗? 你可别刺激移民官。
>
> 哥德尔当时到底想怎么论证的,现在已不可考。据猜测,他说的可能是罗素悖论:美国宪法保护公民自由,那如果一个公民要限制别人的自由,难道宪法也保护他的这个自由吗?

进一步地,如果我们进行意象化地描述,由于人类的语言也是有限的(不管你认识多少个单词,会讲多少句话,其数量在数学上总是一个有限数),那么总会有语言所不能表达的,正所谓"只可意会不可言传"。

接着扩展,计算机语言是一种人造语言,编程语言(不管是 C、C++,还是 Python、Java)的语法规则也是有限的,那么总会有算法(由编程语言实现的运行载体)所不能表达的。那么一个显而易见的推论就是:总有问题,是计算机不能解决的。

图 1-31　维特根斯坦

面对这样的结论,难道就应该因悲观而无所适从吗? 自然不是的。哥德尔的结论其实也启发我们,数学机械化应有所为,有所不为[①]。

人类学家克利福德·吉尔兹(Clifford Geertz)在其著作《文化的解释》中出了一个朴素而冷静的劝告:"努力在可以应用、可以拓展的地方,应用它、拓展它;在不能应用、不能拓展的地方,就停下来。[②]"

其实,类似的话,英国著名哲学家维特根斯坦(Wittgenstein,1889—1951,见图 1-31)在其著作《逻辑哲学论》中指出,"凡能够说的,都要说清楚;凡对于不可说的,就应该保持沉默。[③]"

后来,我们知道,在机器定理证明上,存在可判定和不可判定问题。较为系统地

---

① 需要说明的是,不完备性定理仅限于自然数系统。并非是一切有限的公理系统都不完备。事实上,数学家阿尔弗雷德·塔斯基(Alfred Tarski)就在 1948 年证明了,如果是一个封闭的**实数**系统,那它就有可能是完备的、也是自洽的。比如说,欧几里得几何就是一个关于实数的系统,阿尔弗雷德·塔斯基已证明,欧几里得几何系统虽然仅有 5 条公理和 5 条公设,但它是完备的和自洽的。因此,我们不可滥用哥德尔不完备性定理。

② 对应的英文为 They try to apply it and extend it where it applies and where it is capable of extension; and they desist where it does not apply or cannot be extended。

③ 对应的英文为 Whereof one cannot speak, thereof one must be silent. What we cannot speak about we must pass over in silence。

阐述上述问题的人是图灵，他正是维特根斯坦的学生。

　　而维特根斯坦又是大数学家罗素的学生（至少是名义上的）。从师脉传承来看，图灵可以算作罗素的徒孙。于是师爷解决不了的问题，徒孙解决了（至少是部分解决），正所谓"长江后浪推前浪"。

　　1937 年，图灵发表了一篇题为"论可计算数及其在判定问题上的应用"的论文（1936 年投稿，见图 1-32）[①]，在这篇论文中，图灵开创性地分析了哪些事情计算机可以做到，哪些计算机做不了。为此，他还构想出了一个抽象的计算模型，这就是现在我们熟知的图灵机（Turing Machine），简单来说，就是给定一个任意的算法，构造而出的图灵机能够模拟这个算法的所有逻辑。

230　　　　　　　　A. M. Turing　　　　　[Nov. 12,

ON COMPUTABLE NUMBERS, WITH AN APPLICATION TO
THE ENTSCHEIDUNGSPROBLEM

By A. M. Turing.

[Received 28 May, 1936.—Read 12 November, 1936.]

图 1-32　图灵和他划时代的论文

　　其实，图灵创造图灵机的初衷，仅仅是为了达到一个特定的目的，即证明对于一阶逻辑并不存在通用判定过程。后来，人们发现这种想象中的机器，对理解计算理论也有奠基性的意义，随之图灵机的重要性日渐得以彰显。

　　不仅提出了著名的"图灵机"，图灵还泛化了机器的定义。他认为，"一个有纸、笔、橡皮擦，且严格遵循准则的人，实质上就是一台通用机器。"图灵提出的有限自动机（Finite Automata Machine），解决的是如何自动地实现状态变化。这种自动机的状态转移，在本质上，就是机器指令的执行跳转。井然有序的指令跳转纷飞，演绎出精彩的机器图景。

　　人工智能先驱、图灵奖获得者——马文·明斯基（Marvin Minsky）是这样评价图灵

　　① A. M. Turing. On Computable Numbers，with an Application to the Entscheidungsproblem. Proceedings of the London Mathematical Society，Volume s2-42，Issue 1，1937，230-265.

那篇划时代的论文的,"图灵的论文……从本质上说,孕育了现代计算机的发明和伴随着的一些编程技术(1967)。[①]"

相比于图灵机,现代的通用计算机(不论你用的是笔记本计算机,还是超级计算机),除了计算速度、存储能力、人机交互设备不尽相同外,抽象处理的本质,二者相差无几。

如果说哥德尔和图灵是理论天才,那么在冯·诺依曼(von Neumann)身上则显示出一种工程实践大家的气度,他设计的冯·诺依曼计算机体系结构一直延续至今。如果说是图灵天才似的创造性解决了计算的科学问题,那么冯·诺依曼则是巨匠般地解决了计算的工程问题[11]。

哥德尔、图灵和冯·诺依曼等人的成就,奠定了数学机械化的基础。图灵机和随之而来的计算机,基本上实现了计算的机械化。各种机械化的流程,便形成了当下各种让我们眼花缭乱的算法。而当前大数据时代,以数据驱动的方式,让计算的机械化日趋智能化,这就是我们现代的人工智能。

1.4 现代人工智能的诞生

1.4.1 简洁优雅的图灵测试

图灵被称为计算机之父,亦被称为人工智能之父,这样的盛誉并非浪得虚名。之所以他能在计算机科学领域有着崇高的地位,是源于他曾写过的两篇划时代的论文。第一篇就是前面提到的于 1937 年发表的题为《论可计算数及其在判定问题上的应用》的论文,这篇论文奠定了他的计算机之父的声誉。第二篇论文是图灵于 1950 年发表的有关人工智能的论文《计算机器与智能》[②],在这篇论文中,开篇直奔主题"我提议考虑这个问题,'机器会思考吗?'"(见图 1-33)。

这就涉及两个更为基础的元问题,什么是机器? 什么是思考? "关于什么是机器",图灵在 1937 年的那篇论文里就比较好地回答了。现在焦点集中在"什么是思考"。

事实上,图灵在尝试寻求一个哲学问答:计算机器,这个人造的计算工具,是否可以

---

① 对应的英文为"Turing's paper ... contains, in essence, the invention of the modern computer and some of the programming techniques that accompanied it."——Marvin Minsky(1967)。

② Alan Turing(October 1950). Computing Machinery and Intelligence. Mind LIX(236):433-460.

A. M. Turing (1950) Computing Machinery and Intelligence. *Mind 49*: 433–460.

COMPUTING MACHINERY AND INTELLIGENCE

By A. M. Turing

1. The Imitation Game

I propose to consider the question. "Can machines think?" This should begin with

图 1-33 图灵和他的伟大问题

具备类似人类的智能？

如前文所言，图灵非常不喜欢那种"似是而非"的答案。比如说，心理学家们可能会给"思考"这么一个定义："思考是高级的心理活动形式，人脑对信息的处理包括分析、抽象、综合、概括、对比系统的和具体的过程。"

这样的定义，错吗？并不！

解决问题吗？不能！

当图灵看到诸如此类的定义时，一定会有"钟声当当响，乌鸦嘎嘎叫"的感觉。

正如图灵的授业导师维特根斯坦所言，"要么说清楚，要么闭嘴"。而图灵正是选择了前者。

在 1950 年的那篇论文中，图灵介绍了一种测试机器是否具备智能的方法，即现在广为人知的"图灵测试（Turing Test）[①]"，这篇论文也奠定了图灵在人工智能领域作为先驱的历史地位。在论文中，图灵提出了判断机器是否具有智能的思想实验（即仅靠大脑逻辑推理而完成的一种实验）。

在实验中，将一个人（A）和一台机器（B）分置于不同房间，另外一个人（C）与 A 和 B 分隔开，作为询问者的 C，不能直接见到房间中的 A 和 B，但可通过类似于终端的文本设备，与 A 和 B 进行交互问答。如果 C 在询问过程中，无法分辨出 A 和 B 的差别，即认为 A 和 B 是等同的。而 A 作为人类，是有智能的且具备思考能力，那么作为与 A 无差别的

---

① 图灵测试的主要原则：如果一台机器能够与人类展开对话（通过电传设备），而不能被辨别出其机器身份，那么称这台机器就是智能的。其背后的逻辑：人是具备智能的，这不容置疑。而测试者无法区分人和机器，就说明机器和人是等同的，通过"等同"的传递关系，那么机器也是有智能的。这一简化使得图灵能够令人信服地说明"思考的机器"是可能的。然而，这一观点至今仍有巨大争议。

B,也就是机器,也应是具备智能的,同样也是具备思考能力的。于是 B 通过了图灵测试。图 1-34 给出了图灵测试的示意图。

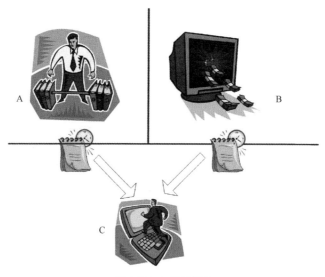

图 1-34　图灵测试

如前文所言,"思考"这一概念难以给予确切的定义。但图灵测试简化了对思考的评判标准,具有直观上的吸引力,令人信服地说明了"思考的机器"是可能的,而会思考的机器,自然是有智能的。因此,图灵测试成为很多现代人工智能系统的评价标准。

当然,图灵测试也引发了很多争议。从中国的先哲荀子,到现代哲学家约翰·塞尔(John Searle),对智能的判断,哲学家们从来都不缺自己的立场。对于图灵测试,约翰·塞尔就不认可。他同样提供了一个思想实验给予反驳。实验的名称叫作中文屋子(The Chinese Room)。该实验的精巧之处在于,约翰·塞尔自己充当了图灵测试中被测机器的角色。

具体实验安排如下: 想象在一间封闭的屋子,里面有一个人,即塞尔自己(仅会说英文,但对中文一窍不通)、一沓纸、一支笔和一个中英文规则对照表。测试人员从门缝里递进纸条,上面是用中文提的问题。塞尔用对照表查出与其对应的英文问题,然后给出英文答案,最后再用对照表查出对应的中文回答,抄写在纸条上塞回门缝,如图 1-35 所示。

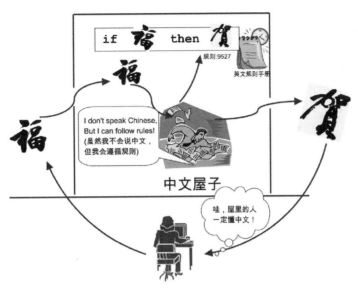

图 1-35　哲学家约翰·塞尔的思想：中文屋子

这样你来我往多个回合，问答完美无缺，屋外的人无法分辨屋里的是人还是机器（不能分辨彼此，意味着二者等同），于是图灵测试通过。

尽管过程完美，但我们知道，对于不懂中文的约翰·塞尔来说，压根就不存在理解中文这回事，更谈不上有什么智能思维。基于这一点，约翰·塞尔认为，形式符号不能表示语义，也就是说，即使通过了图灵测序，一个按照规则行事的机器，是不能说明它已经具备像人一样的智能。

当然，也有很多人对约翰·塞尔的思想实验进行了反驳。对约翰·塞尔"釜底抽薪"式的反击，莫过于怎么定义"智能"了。如，2019 年 12 月，图灵奖得主朱迪亚·珀尔（Judea Pearl）在一次采访中对"图灵测试"就这样表示，"Faking intelligence is intelligence，…，and you can only fake if you have it（伪造智能也是智能，……，只有你有了智能，你才能伪造之）"。

的确，不论是图灵测试，还是中文屋子，这些思想实验，都争议不断。但毫无争议的是，要让机器达到人类智能的水平，即达到强人工智能水平[①]，人类还有很长的路要走。

---

①　"强人工智能"是约翰·塞尔提出的概念，它表示机器具有真正推理（Reasoning）和解决问题（Problemsolving）的能力，这样的机器将被认为有知觉和自我意识。

1.4.2　群星闪耀的达特茅斯会议

1956 年,在美国召开的达特茅斯(Dartmouth)会议,被公认为现代人工智能的起源[①]。约翰·麦卡锡(John McCarthy)是这次会议的主要召集人,"人工智能"这个概念,正是他在这次会议上提出来的。当时,为了办好这次会议,约翰·麦卡锡煞费苦心,给这个学术活动起了一个颇有新意的名字:"人工智能夏季研讨会(Summer Research Project on Artificial Intelligence)"。

鉴于在人工智能领域的杰出贡献,在 1971 年,约翰·麦卡锡荣获图灵奖,亦被世人称为"人工智能之父"。但 1956 年的他,还是一个初出茅庐的学者——仅为达特茅斯学院数学系的一名助理教授。

此次研讨会的另一个积极发起者是马文·明斯基(Marvin Minsky),他和约翰·麦卡锡在年轻读书时就相识,是普林斯顿大学的数学博士,其博士论文的主题是有关神经网络方向的。马文·明斯基时任哈佛大学初级研究员。就是这位马文·明斯基,虽也被尊称为"人工智能之父"(1969 年度图灵奖获得者,是第一位获此殊荣的人工智能学者),却和人工智能的另一大学派——神经网络,结下了不小的"学术"恩怨,后来他关于感知机的论断,直接导致人工智能进入近 20 年的停滞期。

在美国,大学教职人员只有 9 个月有薪,剩余 3 个月(主要集中在夏季),教授们要自谋生路。这样的"路"通常有两条:如果科研经费充足,就自己雇佣自己,用科研经费给自己发薪(这在美国是合法的);另外一条路更为普遍,就是到其他企业或高校做学术兼职。

出于这个原因,1955 年夏,约翰·麦卡锡到 IBM 做学术访问。当时他的顶头上司就是 IBM 第一代通用机 701 的主设计师纳撒尼尔·罗切斯特(Nathaniel Rochester)。纳撒尼尔·罗切斯特与约翰·麦卡锡相处融洽,且也一直对神经网络学习感兴趣。因此,次年约翰·麦卡锡就联合纳撒尼尔·罗切斯特(达特茅斯会议的第 3 位发起者),商定邀请克劳德·香农和马文·明斯基一起,筹备前文提到的达特茅斯会议。

在约翰·麦卡锡的邀请下,信息论创始人克劳德·香农成为达特茅斯会议的第 4 位发起人。相比于其他参会者,克劳德·香农要年长 10 岁左右,当时已是贝尔实验室的资

---

① 有人的地方,就有江湖,古今中外,莫不如此。事实上,1947 年,图灵就做了题为《智能机器》(Intelligent Machine)的科学报告(出于内部交流,当时并未公开)。据此,英国人一直认为,图灵完成该报告之日,便是人工智能诞生之时,而非美国人认为的召开达特茅斯会议的 1956 年。

深学者,后期他被尊称为"信息论之父"。

图 1-36　达特茅斯会议的 4 位发起者

（从左至右：约翰·麦卡锡、马文·明斯基、克劳德·香农和纳撒尼尔·罗切斯特）

除了发起者,这次会议的参与者也都非泛泛之辈。奥利弗·赛弗里奇（Oliver Selfridge）也是达特茅斯会议的参与者之一。他是模式识别领域的奠基者之一,完成了第一个可以工作的人工智能程序,后被称为"机器感知之父"。

另外两位重量级参与者是艾伦·纽厄尔（Alan Newell）和赫伯特·西蒙（Herbert Simon[①]）。1957 年,赫伯特·西蒙与他人合作开发了 IPL 语言（Information Processing Language）,这是最早的一种人工智能程序设计语言。1975 年,赫伯特·西蒙和艾伦·纽厄尔因为在人工智能、人类心理识别等方面进行的基础研究,荣获计算机科学最高奖——图灵奖（三年后,赫伯特·西蒙再获诺贝尔经济学奖）。

召开会议是需要经费的。特别是这个会议要在暑假召开两个月。如果此时召开会议,无疑是断了教授们去他处学术兼职（或直白说挣钱养家糊口）的机会。因此,如何吸引顶级学者来参加一个长达两个月的研讨会,资金是一个急需解决的问题。

于是,达特茅斯会议筹备组想了一个办法,由约翰·麦卡锡、纳撒尼尔·罗切斯特、克劳德·香农和马文·明斯基等四人,联名向洛克菲勒基金会提交申请,希望该基金会能给予资助（见图 1-37）。

约翰·麦卡锡等人申请的会议预算是 13500 美元,但洛克菲勒基金会虽以慷慨大方著称,但也只批准 7500 美元,预算大幅缩水。但聊胜于无,约翰·麦卡锡根据经费,邀请

---

① 　赫伯特·西蒙与中国学术界颇有渊源,他还为自己取了个中文名——司马贺。

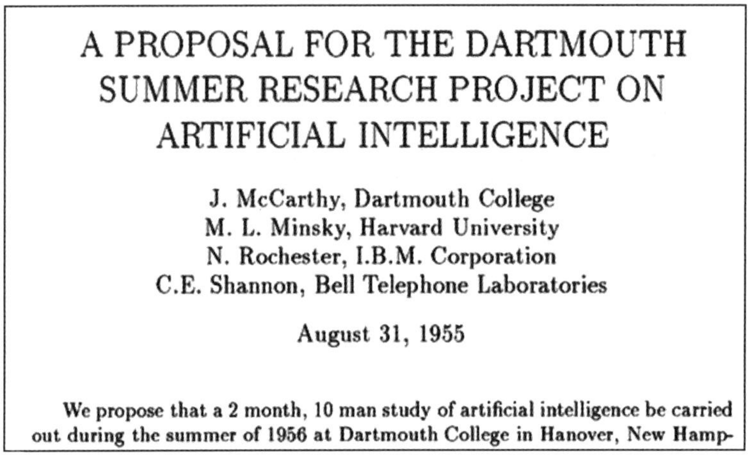
A PROPOSAL FOR THE DARTMOUTH SUMMER RESEARCH PROJECT ON ARTIFICIAL INTELLIGENCE

J. McCarthy, Dartmouth College
M. L. Minsky, Harvard University
N. Rochester, I.B.M. Corporation
C.E. Shannon, Bell Telephone Laboratories

August 31, 1955

We propose that a 2 month, 10 man study of artificial intelligence be carried out during the summer of 1956 at Dartmouth College in Hanover, New Hamp-

图 1-37 历史上最伟大的资金申请书(部分截图)

6 位学界教授出席会议,会议支付每人两个月的薪水,约 1200 美元。由此可见,当时美国大学教授的平均工资并不高。

除了上述学者之外,受邀出席会议的还有来自 IBM 的阿瑟·塞缪尔(Arthur Samuel)。阿瑟·塞缪尔的主要研究方向是机器博弈,如西洋跳棋。其棋力已经可以挑战具有相当水平的业余爱好者。有关人机博弈(包括现在的 AlphaGo)的进展,一直被认为是评价人工智能进展的标准之一。

此外,达特茅斯学院教授特伦查德·摩尔(Trenchard More)也参加了会议。另一位参与人是多被后人忽视的学者雷·所罗门诺夫(Ray Solomonoff),他是算法信息论(Algorithmic Information Theory)的发明人。

1956 年夏,达特茅斯会议顺利召开。会议讨论的议题包括但不限于如下 7 个主题①:自动计算机(Automatic computers)、如何让可编程的计算机使用一种语言(How Can a Computer be programmed to use a language)、神经网络(Neuron nets)、计算理论(Theory of the size of a calculation)②、自我改造(Self-improvement)、抽象(Abstraction)、随机性和创见性(Randomness and creativity)。

① 讨论主题来自约翰·麦卡锡和马文·明斯基等人申请资金的建议书(即国内俗称的"基金申请本子")。主题专业术语出自计划书的原始名称,部分术语含义已迥然于现代人工智能术语,为尊重历史,保留了原有名称。资料来自斯坦福大学:http://www-formal.stanford.edu/jmc/history/dartmouth.pdf。

② 这说的是计算复杂性。马文·明斯基坚持认为,计算理论是人工智能的一部分。

在达特茅斯会议上，约翰·麦卡锡、马文·明斯基、艾伦·纽厄尔、赫伯特·西蒙等十余位先驱，共同叩开了人工智能的大门（见图 1-38），他们一起谱写了"人类群星闪耀时"的壮丽诗篇。在这次会议上，形成了一个基本断言：

图 1-38　开创人工智能时代的先驱们（1956 年，达特茅斯）

"智能的任何方面或者每一个其他特性的学习，都应能被精确地加以描述，并使得机器可以对其进行模拟。"

自此，人工智能正式诞生。

1.5　人工智能的三个流派

人工智能研究大致可分三大学派：符号主义、联结主义和行为主义。下面给予简单介绍。

1.5.1　符号主义

早期的一种人工智能学派认为，智能是理性的，是可解释的，是讲逻辑的。于是，他们就发明了一种基于公理系统的符号演算方法，利用大量的数学推导，来彰显理性的智能。这种定理证明具有强烈主观意识，它对应的学派就是符号主义（Symbolism）。

符号主义学派认为,人工智能源于数理逻辑,只要在符号计算上实现了相应的功能,那么对应的智能就实现了。符号主义主张,智能的本质是使用符号规则来操纵符号表达,因此人们要专注于推理,只要应用逻辑推理法则,把逻辑演算自动化,从公理出发推演整个理论体系。

数理逻辑在 19 世纪获得迅猛发展,到 20 世纪 30 年代开始用于描述智能行为。现代数理逻辑的奠基人戈特洛布·弗雷格(Gottlob Frege)和伯特兰·罗素(Bertrand Russell)表现突出。1922 年,戈特洛布·弗雷格在他的《逻辑》一书中,最早提出使用函数来表示谓词(即刻画事和物之间的某种关系表现的词)。著名逻辑学家威廉·约翰逊(William Johnson)使用"(x)"表示全称,$\exists x$ 表示存在实体。因此,对于"所有人终有一死"这样的判定,就可以用一个简单的一阶谓词逻辑表示为:(x) Mortal(x),对它的理解就是,"对于所有的人,必有一死(mortal)"。

<aside>∃ 即 Exist 首字符 E 的反写。</aside>

1935 年,德国的数学家和逻辑学家格哈德·根岑(Gerhard Gentzen)模仿存在的符号表示存在,引入了符号 $\forall$,它表示"所有"(即 All 首字母 A 的反写),因此前面的一阶谓词,可简化为 $\forall$ Mortal(x)。

推理符号的简化和标准化,为计算机的自动推理,即数学机械化,奠定了基础。1954 年,美国逻辑学家 M. Davis 在普林斯顿大学的一台电子管计算机中,编写了人类历史上第一个定理自动证明的程序——实现了皮尔斯伯格算术(Presburger)的判定过程,从此拉开了自动定理的序幕。

符号主义的主要理论基础是物理符号系统假设,它将符号定义为如下三个部分[2]。

(1)一组符号:对应于客观世界的某些物理模型。

(2)一组结构:由某种方式相关的符号实例构成。

(3)一组过程:作用于符号和结构之上而产生另一组符号和结构,这些作用包括创建、修改和消除等。

在这样的定义之下,一个物理符号系统就是一个能够逐步生成一组符号的生成器。在物理符号假设下,符号主义认为,人的认知基础就是符号。人的认知过程就是符号操作过程。人就是一个物理符号系统,计算机同样也是一个物理符号系统。因此,我们可以用计算机的推理过程,来模拟人类的智能行为。这在实质上认为,人的思维是可操作的。

符号主义的一个代表性作品,就是前文提到的艾伦·纽厄尔和赫伯特·西蒙等人于 1956 年开发的自动推理系统——逻辑理论家(Logic Theorist,LT),该系统可以证明罗素和怀特黑德（Whitehead）所著的《数学原理》第一卷中逻辑部分 52 个命题中的 38 个。

1959 年，华裔著名数学家王浩进一步推动了这项工作，他在 IBM 704 机器上证明了《数学原理》中一阶逻辑全部 150 条定理和 200 条命题逻辑定理。后来，王浩的定理证明程序，成为高级语言的基准程序。例如，约翰·麦卡锡发明的 LISP 语言，在早期就以王浩的程序作为测试程序。

如果说王浩是逻辑系列定理证明的先驱之一，那么将机器定理证明推到巅峰的，则是我国著名学者吴文俊院士（1919—2017，见图 1-39），他开创了几何系列定理证明的先河，其所创立的"吴文俊方法"在国际机器证明领域产生很大影响，当前国际流行的主要符号计算软件（如 Mathematica）都实现了"吴算法"。吴文俊的研究工作涉及数学的诸多领域，其主要成就表现在拓扑学和数学机械化两个领域。

目前，中国人工智能协会的最高奖项就是以他名字命名的"吴文俊人工智能科学技术奖"。

图 1-39　对机器定理证明做出杰出贡献的吴文俊院士

在人工智能的发展史上，符号主义学派曾长期一枝独秀，独领风骚，经历了从启发式算法到专家系统，再到知识工程，为人工智能的发展做出了可圈可点的贡献。

但符号主义也存在如下缺陷，导致它目前的研究陷入不温不火之态。

首先，从理论层面，机器证明难以完备。如前所述，哥德尔已经证明了：任何一个形式系统，只要包括了简单的初等数论描述，而且是自洽的，那么它一定包含该系统内无法证明真伪的命题。换言之，我们（包括机器）无法建立包罗万象的公理体系，总存在游离在有限公理体系之外的真理，这在理论上限制了机器定理证明的应用范围。

其次，从计算角度而言，机器定理证明的算力难以实现。无论是 Grobner 基方法，还是"吴方法"，定理证明的复杂度都是超指数级别的。即便对于简单的命题，机器证明过程都可能引发参数空间的指数爆炸，这揭示了机器定理证明的计算之重。

最后，机器定理证明的意义，存在纷争。比如说，1976 年，K. Appel 和 W. Haken 借助计算机完成了地图四色定理（four-color theorem）的证明，轰动一时。1979 年，美国数学学会授予二人富尔克森奖①，但是对于这一证明的意义，一直饱受争议。

首先，机器在该定理证明中扮演的角色颇为尴尬。其过程简述如下，先由人类将所有可能的情况进行分类组合，然后交给机器验证各类情况的存在性，这样一来，机器始终处于配角状态。机器的贡献大打折扣；其次，这种暴力穷举的证明方法，既不优雅，也没有提出新概念、践行新方法；再次，这样的证明，并没有产生任何"蜜蜂效应"。

蜜蜂的最大效益，可能并非是它酿造的蜂蜜，而是蜜蜂采花传粉对农牧业的贡献。同样，在逻辑命题证明中，命题本身可能并不重要。真正重要的是，在证明过程中，引发新的概念思想、内在联系和理论体系。因此，许多人认为，地图四色定理的证明，不过是"验证"了一个事实，而非"证明"了一个定理。

故此，有学者总结说，和人类的智慧相比，符号主义所推崇的方法，依然处于相对幼稚的阶段。2006 年，曾经风光一时的美国阿贡国家实验室（Argonne National Laboratory）定理自动证明研究小组被裁掉，是符号主义陷入低潮的标志性事件，它宣示符号主义的衰落，同时也呼唤另一种机器证明范式的到来，或和其他技术（如知识图谱）结合，扬长避短。

1.5.2　联结主义

在讨论联结主义之前，我们先来说明一个著名的悖论——莫拉维克悖论（Moravec's paradox）。这个悖论说的是："和传统假设不同，对计算机而言，实现逻辑推理等人类高级智慧只需要相对很少的计算能力，而实现感知、运动等低等级智慧却需要巨大的计算资源。"

比如说，打败人类的阿尔法围棋（AlphaGo）在 2016 年就已经实现，但一个四岁孩子具有的本能，例如辨识各种脸（家人、动画片人物、猫、狗、鱼、虫等）、轻松拿起玩具东奔西跑、毫无违和感地回答问题，甚至给父母意料之外的回答（比如孩子可能会说出"我听到天上白云在说话"之类妙语）等，这些是工程领域内目前为止最难解的问题。

莫拉维克悖论除了说明人工智能的发展困境，其实更是在反讽"符号主义"的研

四色定理说的是，如果在平面上划出一些邻接的有限区域，那么在合适的条件下，必定可以用四种颜色来给这些区域染色，使得任意相邻的两个区域染色都不一样。

很多文献混用"连接主义"和"联结主义"。

其实二者有微妙的区别。"连接"强调的仅仅是物理的勾连。

而"联结"显然不是简单的"连接"，而是在共同目标的基础上，利用数据驱动的方式，达成神经元之间有目的的勾连。

故此，使用"联结主义"更能体现神经网络的"内涵"。

所以，本书统一采用"联结主义"。

---

① 富尔克森奖是国际数学优化学会（Mathematical Optimization Society）和美国数学学会联合设立的奖项，专门奖励在离散数学领域做出杰出贡献的人。

究——是不是"本末倒置"了——人之初，智之始，哪能有那么多理性可言？那什么是"本"呢，人类的智能之"本"显然是孩子。

孩子获取智能的基础是学习，他（她）们是如何学习的呢？其实并不复杂，就是睁大他（她）水灵灵的大眼睛，进行大量的观察，辅以少得多的互动（Largely by observation, with remarkably little interaction）。互动的目的在于获取反馈。然后，孩子们将所习得的知识，以"潜移默化"的方式，内化为大脑神经元的联结。不同神经元联结的强度，就意味着不同的经验知识。

鉴于孩子学习的极简与高效，有人就感叹，"孩子是天生的学习机器"，以至于大思想家老子就问过我们："专气致柔，能婴儿乎？"

孩子的智能提升，如此普通又是那么奇妙，然而，他（她）们的智能并不始于各种高级符号的推理。面对这样的事实，人工智能的研究，难道不应该反思吗？

因此，不同于符号主义的"智能始于推理"，联结主义认为，智能的本质是学习神经网络中联结的优势。因此，人们更应该专注于学习和感知。

的确，在绝大多数场景下，人类的智能是通过对海量视觉、听觉、触觉等各种信号的感知所学习得到，且这种学习是在大脑潜意识下完成的，具体策略就是利用调节海量神经元彼此联结的强度，从而达到学习的目的，进而调节输出，外显为智能。这个认知，已经在一定程度上得到了脑神经科学研究的认可。

1943 年，神经生理学家 McCulloch 和数学家 Pitts，发表了一篇开创性论文，提出了"M-P 神经元模型"，其核心思想是通过模拟大脑皮层神经网络，来模拟大脑神经元的行为。他们的研究工作，开创了人工神经网络方法。

20 世纪 40 年代，加拿大心理学家 D. Hebb 一直致力于研究神经元在心理过程中的作用。1949 年，他出版《行为的组织》一书，书中提出了赫布定律（Hebb's rule）。在本质上，这个定律是心理学和神经科学结合的产物，其中还夹杂着某些合理的猜想。因此，赫布定律也被称之为 Hebb's postulate（赫布假说）。该理论经常被简化为"连在一起的神经元会被一起激活"。

后来，联结主义（Connectionism）学派的科学家们考虑用调整网络参数权值的方法，来完成基于神经网络的机器学习任务，在某种程度上，这个假说就奠定了今天人工神经网络（包括深度学习）的理论基础（见图 1-40）。

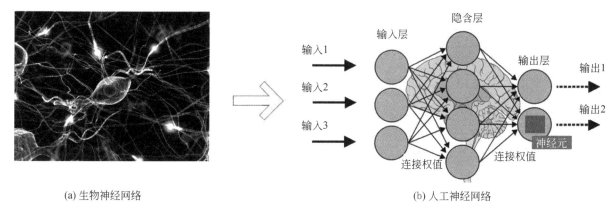

(a) 生物神经网络　　　　　　　　　　　　(b) 人工神经网络

图 1-40　从生物神经网络到人工神经网络

值得一提的是,2019 年图灵奖得主 Yoshua Bengio 在神经系统处理大会(NeurIPS 2019)的主旨报告上表示,由于神经网络(即联结主义)的发展日益呈现瓶颈之态,"系统1"(即理性的逻辑推理)又需要被重新重视起来。正所谓,学术流派的学术起伏也是"三十年河东,三十年河西"。

联结主义的兴起,标志着神经生理学、非线性科学与人工智能领域的结合,这主要表现为人工神经网络(Artificial Neural Network,ANN)的兴起。联结主义认为,人工智能源于仿生学,人的思维就是某些神经元连接的组合。其理念在于,在网络层次上模拟人的认知功能,用人脑的并行处理模式,来表现认知过程。在后续章节中,我们将详细讲解这部分内容,这里不再展开。

1.5.3　行为主义

人工智能还有一个学派,推崇智能源自行为,称之为行为主义(Actionism),又称为进化主义(Evolutionism),它是控制论向人工智能领域渗透的产物。行为主义最早来源于 20 世纪初的一个心理学流派,该学派认为,行为是有机体用以适应环境变化而做出的各种身体反应组合,其目标在于预测和控制行为。

行为主义的理论基础是控制论。在巴甫洛夫提出的生理心理学基础上,1948 年,控制论之父维纳(Wiener)出版了《控制论——关于在动物和机器中控制和通信的科学》,将心理学的某些成果引入到控制理论中。

控制论的逻辑是这样的。根据巴甫洛夫提出的著名条件反射理论,如果我们对动物(如小狗)给定某个"刺激"(stimulus),那么动物就会反馈某类"回应(response)"。维纳发现,这种刺激信号和行为反射好像只在生物体里面有,而机器里没有。那能不能把这个"刺激-反射"的回路,从生物体里面剥离出来,迁移到机器里面呢?

如果机器能像人一样,给一个信号刺激,也能做出合理的行为反射,那该多好啊!于是一个简单的人工智能设计逻辑就可以铺陈开来：人是有智能的，且能对某个外部刺激有合理的反应。如果设计出来的机器也和人有类似反应，那么这样的机器难道不应该也有智能吗？就此维纳提出了他所理解的机器学习和机器繁殖的概念，这也就是行为主义版本的人工智能（见图 1-41）。

(a) 巴甫洛夫的条件反射理论

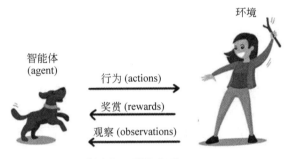

(b) 行为主义（强化学习）

图 1-41 巴甫洛夫的条件反射理论与行为主义

行为主义试图把神经系统的工作原理与信息论联系在一起，着重研究模拟人在控制过程中的智能行为及其作用。该学派认为：

（1）传统人工智能所推崇的知识形式化表达和模型化方法是有问题的，它们反而可能是实现人工智能的重要障碍之一。

（2）智能取决于感知和行为之间的映射规则，所以应直接利用机器对环境的作用，进而后以环境对作用的影响作为获取智能的原动力。

（3）智能只能通过与现实世界和周围环境的交互作用，才能体现出来。

（4）人工智能可以像人类智能一样逐步得以进化（这就是它又被称为"进化主义"的由来），分阶段发展和增强。

行为主义（进化主义学派）的代表性人物首推布鲁克斯（Brooks），他是美国麻省理工学院(MIT)人工智能实验室教授,前文提及的莫拉维克悖论,他就是提出者之一。1991年,布鲁克斯在其著作"没有表征的智能(Intelligence without representation)"[16]和"没有推理的智能(Intelligence without reason)"[17]中,对传统意义上的人工智能提出了尖锐的批评和深刻的反思。他认为,不论是联结主义,还是符号主义,它们对真实世界客观事物的描述,以及对其智能行为的工作模式,都过于简化和抽象,因此,"假"到难以真实反映客观存在。

简而言之,行为主义学派的观点是,感知周围环境,通过进化算法来适应环境,它强调了与外部环境进行交互对智能提升的作用。然而到目前为止,进化主义学派的观点未形成完整的理论体系,但见解独特,也引起了人工智能界的关注。

类似于符号主义与知识图谱有机结合,进而获得一定程度上的新生,行为主义也不以真身面世,而是派生出一个分支"强化学习",构造出"风景这边独好"的繁荣景象,其在当前人工智能领域中依然扮演着可圈可点的角色。

1.6 人工智能的定义

前面我们给出了人工智能的感性认知。下面我们再给出人工智能的学术化定义。由于审视的角度不同,导致人们对人工智能(Artificial Intelligence,AI)的定义也不尽相同。

定义1:人工智能是制造智能机器的科学与工程

——约翰·麦卡锡(John McCarthy,1955)

这是"人工智能"术语的提出者约翰·麦卡锡于1955年给出的定义。

定义2:人工智能是那些与人的思维、决策、问题求解和学习等有关活动的自动化。

——贝尔曼(Richard E. Bellman,1978)

定义3:人工智能是研究智能行为的学科。它的最终目的是建立自然智能实体行为的理论和指导创造具有智能行为的人工制品。这样一来,人工智能可为两个分支:科学人工智能和工程人工智能。

——尼尔森(Nils Nilsson,1987)

以上都是关于人工智能的一些比较权威的定义。整体上来说,人工智能是一门研究如何利用人工的方法和技术,在机器上模仿、延伸及扩展人类智能的学科。

定义 4：人工智能就是一种创造机器的技艺[18]。

——雷·库兹韦尔（Ray Kurzweil，1990）

该定义来自著名未来学家、谷歌工程总监雷·库兹韦尔。库兹韦尔对人工智能的发展有独到的洞察，该定义也和图灵测试（Turing test）非常契合。

定义 5：人工智能就是这样一个系统，它能够正确解释外部数据，从这些数据中学习，并通过灵活的适应，利用这些学习得来的知识，实现特定的目标和任务[19]。

——安德列亚斯·卡普兰（Andreas Kaplan，2019）

安德列亚斯·卡普兰是 ESCP 欧洲高等商学院的新锐教授，从职业看，他并非是人工智能业内人士，但他的观点却非常吻合当前人工智能的特点。要知道，以深度学习为代表的人工智能，实际上就是"数据智能"，其性能高度依赖训练数据的广度和丰度。

1.7　人工智能的研究领域

人工智能是自然科学（如计算机科学、统计学等）和社会科学（如哲学、心理学、伦理学等）的交叉学科。它吸纳了多个学科的最新成果，研究内容十分广泛。由于研究视角的不同，导致研究内容的分类也有所不同。下面仅列出部分具有普遍意义的人工智能研究领域。

1.7.1　认知建模

所谓认知，一般是指和情感、动机、意志相对应的理智或认识过程。人类的认知过程是非常复杂的。认知建模的目的在于，探索和研究人类的思维机制，特别是人的信息处理机制。

尽管计算机和人在信息处理机制上相差较大，但依然能从人类的认知过程中，获得启迪。例如，对符号的处理上，计算机和人具有一定的相似性，它也是人工智能名称的由来，也是人工智能得以实现和发展的基础。

1.7.2　知识表示

与人类似，机器想要拥有智能，要有知识。于是，知识以何种方式表示出来，对人、对机器的智能，都有莫大的影响。在人工智能领域，知识表示是指按照某种约定俗成的方式,对知识进行的描述。它可以是一组规则,也可以是一种计算机能接受的用于描述知识的数据结构。

知识表示是人工智能领域的核心研究问题之一,它的目标是让机器存储相应的知识,并且能够按照某种规则推理演绎得到新的知识。

知识是一切智能系统的基础。任何智能系统的活动过程,都是一个获取并运用知识的过程,而要获取和运用知识,首先需要对知识进行表示。

比如说,本体论(Ontology)将知识表示为一个领域内的一组概念以及这些概念之间的关系。现在人工智能研究热门之一———知识图谱,就是本体论的一个应用。

目前,常见的知识表示有一阶谓词逻辑表示法、产生式表示法、框架表示法、语义网络表示法、状态空间表示法及神经网络表示法。

> 本体论是一个哲学概念,主要探讨存有本身,即一切现实事物的基本特征。

1.7.3　机器感知

感知是获取外部信息的基础。只有获取外部信息,并给出合理的响应,才能呈现出智能。机器感知就是要让计算机具有类似于人的感知能力,如视觉、听觉、触觉、嗅觉、味觉等,其中以机器视觉和机器听觉为主。机器视觉是让机器能够识别并理解图像、文字、景物等外部信息,它包括模式识别、图像处理等子领域;机器听觉是让机器能够识别并理解语言和语音。

机器感知是机器获取外部信息的基本途径。正如人类的智能离不开感知一样,只有机器具备感知能力之后,才能在深加工的基础上,给出智能的输出。对此,人工智能中已经形成了两个专门的子领域——模式识别和自然语言理解。

1.7.4　自动推理

从若干个已知的判断(前提),依据逻辑范式推导出一个新的判断(结论),这样的思维方式称为推理。推理是知识的使用过程,也是人脑的基本功能。几乎所有的人工智能领域都离不开推理。因此,如果想让机器表现出智能,具备推理能力,就是最重要的标志之一。

按照结论(新判断)的推导过程不同,自动推理主要分为归纳推理、演绎推理。归纳推理就是从众多表象中抽取出共性的知识。例比,从 1000 只白色的天鹅观察中归纳出"天鹅都是白色的"。与归纳推理相反的是,演绎是一种从一般到个体的推理过程。例如，给定一个不知道颜色的天鹅，根据一般性的规律"天鹅都是白色的"，推演出，这只天鹅也是白色的。归纳推理和演绎推理是人工智能中的一种重要推理方式，很多智能系统都是用演绎推理实现的。这是因为，在某种程度上，"归纳"代表着"学习"，"演绎"代表着"预测"。而"预测"是大数据系统、机器学习系统的核心价值所在。

需要说明的是，"智能"从来都不是以百分百可靠为唯一的衡量标准，因为作为拥有智能（甚至更高层面的智慧）的人，都不能说处理某件任务上是完全确定的。与之相反的是，人类的大部分智能，都在一定程度上表现出不确定性和模糊性。

1.7.5　机器学习

人工智能的研究有多个脉络。早期以"推理"为重点，后来发展到以"知识"为重点，到目前再发展到以"学习"为重点。机器学习是实现人工智能的一个重要途径。

机器学习的主要目的是为了让机器从用户和输入数据等处获得知识，从而让机器自动地去判断和输出相应的结果。这一方法可以帮助解决更多问题、减少错误，提高解决问题的效率。

机器学习的方法各种各样，主要分为监督学习、非监督学习及半监督学习。监督学习说的是，利用一组已知标签的样本（好比代表正确答案的教师），通过训练资料中学到或建立一个模式，并依此模式推测新样本的归属。如果预测的输出是一个连续的值，则称为回归分析；如果预测的输出是少数离散的值，则称作分类。常见的分类算法有贝叶斯、K-means、决策树、支持向量机等。

非监督学习不使用有标签的训练样本，而是给出一些规则，让机器根据规则自动找到样本具备的一些特殊模式（如聚类、PCA 降维等）。半监督学习的基本思想是，先利用少量有标签的数据，构建数据分布上的模型假设，然后扩展没有标签样本的归属，有点类似于"举一反三"的蕴意。

机器学习已广泛应用于数据挖掘、计算机视觉、自然语言处理、搜索引擎、医学诊断、语音和手写识别、DNA 序列测序及机器人等领域。

1.7.6　问题求解与博弈

人工智能在应用上最早的尝试，就是求解智力难题和博弈。直到今天，这种研究仍在继续。2016 年 3 月，通过自我对弈数以万计棋局，并实施练习强化，谷歌团队开发围棋程序 AlphaGo(阿尔法围棋),在一场五局定输赢的比赛中,以 4∶1 击败人类顶尖职业棋手李世石,成为轰动一时的事件。

机器博弈程序的出现,是人工智能发展的一大成就。在博弈程序中应用的推理,如落子向前多看几步,就是把复杂困难的问题分解为一些较容易的子问题等技术,逐渐发展成为搜索和问题规约等基本技术。为了缩小博弈时的搜索空间,Alpha-beta 剪枝、启发式搜索及蒙特卡洛树搜索(Monte Carlo Tree Search)等方法常被用到,其中最后者就是 AlphaGo 框架中最核心的技术之一。

搜索策略可分为无信息导引的盲目搜索和利用经验知识导引的启发式搜索,它决定着在问题求解过程中使用知识的优先级关系。

1.7.7　自然语言处理

我们知道,人与计算机打交道,少不了使用计算机语言(如 C/C++、Java、Python 等)来编程。为了让计算机能够懂得人类的思维,计算机程序必须严格遵循语法规定,不能越雷池一步,否则编译器就会报错。解决了语法错误之后,还得小心翼翼地处理语义错误。这种模式,其实是方便了计算机理解,而难为了人类。

那能不能角色反转一下呢? 让人类毫无障碍地表达,而让计算机来理解人类的自然语言呢? 事实上,自然语言处理(Natural Language Processing,NLP)领域从事的研究,就是为上述问题提供解决方案。NLP 是人工智能和语言学领域的分支学科。它探讨的主要议题是如何让计算机"懂"得人类的语言。

自然语言处理如果想要达到实用级别,需要在如下几个方面获得突破:单词的边界的界定(也就是分词)、词义的消歧(许多字词有多个意思)、句法的模糊性(自然语言的文法通常是模棱两可的)、有瑕疵的或不规范的输入(比如语言有地方口语,文本拼写错误等)、语言行为与规划(句子通常并非只是字面上的意思,它还表达了实施行动的指令)。

对于最后一个难点,我们列举一个例子说明。例如,对于问题"你能把书本递过来吗",显然,在大多数上下文环境中,仅仅回答一个"能"是不够的。回答"不"或者"太远了我拿不到"也是可接受的。如果回答是"能",还需要配合动作,把书递过去,这才说明真正"理解"了提问者的自然语言,完成了智能的"表达"。

时至今日,自然语言处理依然是个很热门的研究课题,它的研究范畴包括但不限于如下几个方面:语音识别(Speech Recognition)、词性标注(Part-of-speech Tagging)、句法分析（Parsing）、自然语言生成（Natural Language Generation）、信息检索（Information Retrieval）、文本分类（Text Categorization）、机器翻译（Machine Translation）、自动摘要（Automatic Summarization）等。

1.7.8 深度神经网络

神经网络技术起源于 20 世纪 50 和 60 年代，1958 年计算科学家罗森布拉特提出了由两层神经元组成的神经网络[①]，并将其命名为"感知器"。输入的特征向量通过隐含层变换到达输出层，在输出层得到分类结果。

随着研究的深入，人们提出了多层感知机（Multilayer Perceptron）的概念。多层感知机可显著提升网络的表达能力（如轻易解决了"异或"问题），除此之外，还可用 Sigmoid 或 Tanh 等激活函数，能充分模拟神经元对激励的响应，在训练算法上可使用更加高效的反向传播算法。

神经网络的层数，直接决定了它的刻画能力，从而可利用多层神经元拟合出更加复杂的函数。这一洞察，使得神经网络向着深度神经网络（Deep Neural Networks，DNN）进发。现在，深度神经网络已成为人工智能中研究成果最为丰富的领域，值得人们细细探究。

1.7.9 智能信息检索

随着科学技术的发展，特别是（移动）互联网技术的发展，"知识爆炸"反而成为人们获取有用信息的障碍之一。这是因为，从种类繁多、数量巨大的资料库，寻找自己感兴趣的信息，已非人力所能胜任。这时，就需要借助智能检索技术。信息检索是指，把信息按一定的方式组织起来，并根据信息用户的需要，找出有关的信息。

信息检索系统如果想要具备"智能"化性质，它还应该具有如下功能。

（1）能理解自然语言，允许用户使用自然语言提出检索要求。

（2）具有一定的推理能力，能根据知识库存储的知识，推理产生用户询问的答案。比如说，我们提出问题"北京的天气如何"，智能信息检索系统不应只根据上述问题中的关键词，给出搜索网页，而是给出问题的答案，例如"31℃"，如图 1-42 所示。

---

① 拥有输入层、输出层和一个隐含层。由于输入层通常就是输入数据，不需要设计，有时层数统计将不将该层计算在内。

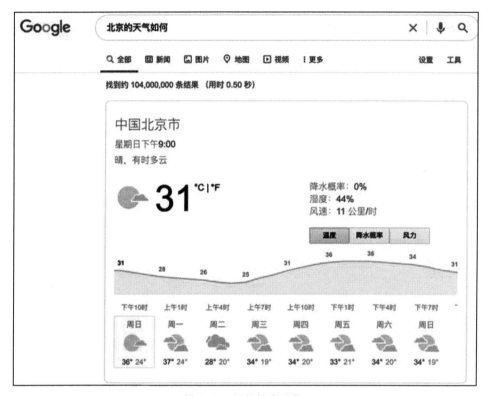

图 1-42　智能搜索引擎

（3）系统具备一定的常识性知识，能根据常识性并结合专业知识，演绎推理出专业知识库中没有包括的答案。

站在智能信息检索研究最前沿的，自然是各类商业搜索引擎，如百度、谷歌和必应等。随着知识图谱（Knowledge Graph）相关技术的快速发展，近年来，学术界和产业界也开始对知识图谱在搜索引擎中的应用进行了积极的探索。例如，Google 知识图谱就是一个知识库，其使用语义检索从多种来源收集信息，以提高 Google 搜索的质量。

1.8　本章小结

在本章，首先简明扼要地给出了人工智能的本质：机器在承担人脑外包工作过程中体现出来的智能。随后，以"历史学是最好的未来学"的视角，审视了古今中外有关人工智能发展的各种历史,包括神话、复杂计算装置以及思维逻辑化的演变。

接着,讨论了现代人工智能诞生,探讨了图灵测试的内涵。图灵测试可能并非完美,但却给出判断机器是否具有智能的最简单可行的标准,这正是它的意义所在。然后我们又讨论了人工智能的三个学派:联结主义学派、符号主义学派和行为主义学派。其中联结主义学派的代表作就是深度学习,目前它正引领人工智能向前进发。

最后,讨论人工智能的几个常见研究领域。事实上,人工智能的研究远不止于此,它还包括机器视觉、语音识别、专家系统、自动驾驶、机器人及分布式智能等多个方面。

但客观来讲,当前人工智能的主要成就,大部分是由机器学习这个支脉来达成的,所以在后续的章节中,机器学习将是我们主要的讨论内容。更为全面的知识,还需要读者自行查阅相关文献。

1.9　思考与练习

1-1　为什么能够用机器模仿人的智能?

1-2　在人工智能的发展过程中,有哪些思想和思潮起了重要作用?

1-3　什么是人工智能? 现在人工智能有哪些学派? 这些学派的主要认知观是什么?

1-4　人工智能的主要研究和应用领域是什么? 其中,哪些是新的研究热点?

1-5　约翰·塞尔用"中文屋子"来反驳"图灵测试",作为思维训练,你能找到它的逻辑漏洞推理来反驳约翰·塞尔观点的不足吗?

1-6　"图灵测试"仅仅是用文本来测试,即自然语言测试,故被称为狭义"图灵测试",如果我们采用"完备图灵测试"(即如人类一样,视觉、听觉、语言一起来),通过图灵测试变得更容易了呢,还是更困难? 认真思考并给出你的逻辑推断。

1-7　有人说,哥德尔的"不完备性"定理已经证明了计算机的内在不足,作为思维训练,你能否逻辑论证,即使如此,人工智能依然极具研究价值。

1-8　有人对"人工智能"提出"阿达·洛芙莱斯(Ada Lovelace,即世界上第一位女程序员)"诘问,既然计算机只能运行程序员所编写好的(即结果确定的)程序,那么,计算机将永远不可能给我们"意外惊喜",你的观点是什么?

参考文献

[1] 费孝通. 乡土中国[M]. 北京：北京大学出版社，2012.

[2] 刘鹏，张玉宏. 人工智能[M]. 北京：高等教育出版社，2020.

[3] 刘伟. 追问人工智能：从剑桥到北京[M]. 北京：科学出版社，2019.

[4] [法]伯纳德·斯蒂格勒. 技术与时间 2.迷失方向[M]. 赵和平，印螺，译. 译林出版社，2010.

[5] MCCORDUCK P，CFE C. Machines who think：A personal inquiry into the history and prospects of artificial intelligence[M]. CRC Press，2004.

[6] [法]伯纳德·斯蒂格勒. 技术与时间 1.爱比米修斯的过失[M]. 裴程，译. 译林出版社，2015.

[7] BUCHANAN B G. A（very）brief history of artificial intelligence[J]. AI Magazine，2005，26(4)：53.

[8] POPPER K. Conjectures and refutations：The growth of scientific knowledge[M]. Routledge，2014.

[9] JESSICA R. The Public Doman Review[M]. The Long Prehistory of Artificial Intelligence，2016.

[10] 李开复. AI·未来[M]. 杭州：浙江人民出版社，2018.

[11] 张玉宏. 品味大数据[M]. 北京：北京大学出版社，2016.

[12] 华杉，华楠. 超级符号就是超级创意[M]. 天津：天津人民出版社，2013.

[13] 吴国盛. 什么是科学[M]. 广州：广东人民出版社，2016.

[14] 尼克. 人工智能简史[M]. 北京：人民邮电出版社，2017.

[15] GÖDEL K. On formally undecidable propositions of Principia Mathematica and related systems[M]. Courier Corporation，1992.

[16] BROOKS R A. Intelligence without representation[J]. Artificial intelligence，Elsevier，1991，47(1-3)：139-159.

[17] BROOKS R A. Intelligence without reason[R]. IJCAI-91，Massachusetts Institute of Technology Artificiai Intelligence Laboratory，1991：1-27.

[18] KURZWEIL R，RICHTER R，KURZWEIL R，et al. The age of intelligent machines[M]. MIT Press Cambridge，1990，579.

[19] KAPLAN A，HAENLEIN M. Siri，Siri，in my hand：Who's the fairest in the land? On the interpretations，illustrations，and implications of artificial intelligence[J]. Business Horizons，Elsevier，2019，62(1)：15-25.

第 2 章

机器学习： 各司其职的四大门派

好好学习，天天向上。

——毛泽东

2.1 人工智能的两种研究范式

2019 年 6 月 23 日，图灵奖得主 G. Hinton 在国际会议 ACM FCRC 2019 上做了题为"深度学习革命"（The Deep Learning Revolution）的主旨演讲，在报告中，Hinton 精彩地总结了自 20 世纪 50 年代开始，人工智能发展的两种范式：基于逻辑启发的方法（the logic-inspired approach）和基于生物学启发的方法（the biologically-inspired approach）。

基于逻辑启发的方法认为，智能的本质是使用特定规则来操纵符号表达。故此人们应该专注于推理，这就是前面章节提到的"符号主义"。生物学启发的方法认为，智能的本质是通过感知外部信息，学习得到神经网络中的联结表达。因而人们应该专注于学习和感知，这就是前面章节提到的"联结主义"。

研究所用的范式不同，使得最终的研究目标"大相径庭"。因此，在知识的内部表示（internal representation）方面，也存在着两种截然不同的观点。

符号主义认为，知识的内部表示就是符号表达式。工程师可以用一种毫无歧义的语言，将它们精确编码，然后交由计算机去计算和推理。在这种模式下，计算机可根据现有演绎规则，从现有知识表示中派生出新的知识。

而联结主义则完全不同，它们没有明确的语言，或者说"一切尽在不言中"。它们的内部知识表示被"凝结"在神经活动的大向量（big vectors）之中，而这些向量并非是"空穴来风"，而是从海量的数据中学到的（比如说，自然语言处理中的词向量，便是一个很好的

范式最早是由托马斯·库恩于 1962 年提出的科技哲学概念，指的是一个科学共同体成员所共享的信仰、价值和行为方式。

例证）。

由此，也导致了两种完全不同的让机器获得智能的方式。符号主义趋向于"设计派"，概括来说，设计派认为，智能是可以设计出来的。如果我们能有意识地精确表达出该如何操纵符号，来推演任务的执行，那么将推演好的"意图"（即程序）交由计算机执行，于是智能就能呼之欲出，如图 2-1 左边所示。

而联结主义却趋向于"学习派"，简单来说，人们只需要向计算机展示大量输入和其对应输出的例子，然后让机器从数据中学习"输入到输出"的某种映射关系。它有点像"经验主义"。事实上"数据"正是某种"经验"的另一种表达形式。与设计派不同的是，人们不需要告知机器具体的规则，只需要无数次地告知机器有什么输入，对应什么样的输出，那么它自己会习得"可能不被人所理解的"映射，这种内部映射实际上就是另外一种知识表示，如图 2-1 右边所示。

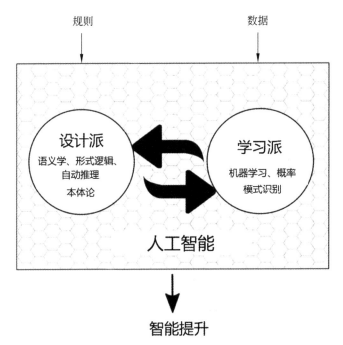

图 2-1　人工智能的两种研究范式

在早期，人工智能的先驱们顺理成章地认为，在人工智能领域，设计派的思路也完全行得通。然而，令他们没想到的是，难题很快扑面而来。其中一个难题叫"积木问题"。

顾名思义,就是教会机器人像小孩子一样堆积木[1]。

"积木问题"的目标是编写一个能够理解命令的程序。比如说,找到一个大块的黄色积木,把它放在红色积木上面,然后按照程序指示,转变为机器手臂可以完成的动作。这任务看起来很简单,小孩子都能轻而易举完成。可是教会机器人堆积木,其实比我们想象的要难得多。"设计派"的人工智能专家发现,即使他们编写了一个庞大的程序,但程序还是错误百出。这是因为,对于人而言,很多规则都内化为"常识",无须明确告知,而机器则不然,少一条规则的输入,都会让任务的完成度大打折扣。

积木问题已是对现实世界的极度简化了,毕竟在现实世界中物体有不同的形状、大小和质量。就算解决了积木问题,想要通过完美无缺的"设计"来完成一栋大楼的建设,这中间还是有巨大的技术鸿沟。所以设计派想通过"人工设计"来完成智能的获取,这路,走起来,真的是举步维艰啊。于是"设计派"研究者心灰意冷,逐渐放弃了积木问题的研究。

从人工智能的发展历程可以看出,在过去的 60 余年里,人工智能几起几落,最终人们发现,能给机器带来最为稳定的智能提升的,主要是"学习"。因此,某种程度上,两雄相争,学习派胜出,至少目前是这样①。当前学习的主体是"机器",因此称之为"机器学习"。

因此,"机器学习"在人工智能研究中占有举足轻重的地位。这也是为什么本书后面的章节中多以机器学习算法为主体,来开展人工智能学习的原因。

2.2　从学习到机器学习

在了解"机器学习"之前,人们需要先搞清楚什么是"学习"。"学习"这个词听起来很普通。从小到大,写作文、引用名人警句时,估计谁都没少说过学习有多重要的话。比如,孔子说"学而时习之",培根说"知识就是力量"。

2.2.1　什么是学习

可到底什么是学习呢？或许我们太过于"身处其中",反而说不清,道不明。而著名

---

① 如何将"机器学习"(学习派)与"逻辑推理"(设计派)相结合,是人工智能领域研究的"圣杯问题"。以往学术界努力方向,有的侧重于"推理",有的侧重于"学习",都未能充分发挥另一侧的力量。有学者(如南京大学周志华教授)提出"反绎学习(Abductive Learning)",期望在下一代人工智能框架下把两个学派的优势更好地融合起来。目前该研究方向还属于学术前沿探讨,值得拭目以待。

Herbert Simon 有很多中文译名,如赫伯特·西蒙,他还有一个更为有名的中文名,叫司马贺。

学者 Herbert Simon 教授(1975 年图灵奖、1978 年诺贝尔经济学奖获得者,见图 2-2)曾对"学习"下过一个简明的定义:

"如果一个系统,能够通过执行某个过程,就此改进了它的性能,那么这个过程就是学习。"

从赫伯特·西蒙教授的观点可以看出,学习的核心目的就是改善自身性能。

图 2-2　图灵奖得主赫伯特·西蒙(1916—2001)

其实对于人而言,这个定义也是适用的。比如,我们现在正在学习"机器学习"的知识,其本质目的就是为了提升自己在"机器学习"上的认知水平。如果我们仅仅是低层次的重复性学习,而没有达到认知升级的目的,那么即使表面看起来非常勤奋,其实也仅仅是一个"伪学习者",因为我们没有改善性能。

按照这个解释,那句著名的口号"好好学习,天天向上",就会焕发新的含义:如果没有性能上的"向上",即使无比辛苦地"好好",即使天长地久地"天天",都无法算作为"学习"。

2.2.2　学习有何用

说到学习,不能不提有"万世师表"之称的孔子。有个成语叫"韦编三绝",说的是,孔子学习认真,有本书孔子反复披览求索,学而不厌,结果把串连竹简的牛皮绳子(即"韦")磨断了多次(成语中"三"为虚数,表示很多)。

很多人学过这个成语,但知道孔子读什么书如此入迷的人,可能就不多了。实际上,孔子所读之书为《周易》。《周易》是本什么书呢?对这本书有很多不同的解读,其中比较统一的认知是"它是一本预测未来的书"(见图 2-3)。

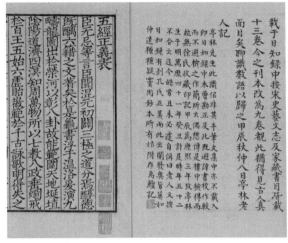

图 2-3 孔子（左）与《周易》（右）

古人预测未来需要道具，这种道具"俯首皆可拾"，那就是树枝。专业一点的巫师就把树枝削剪为小树棍，这些小树棍往天上一抛，随机地落在地上，形成彼此交叉的形状，就称之为"爻（yáo）"。巫师的使命就在于，能自圆其说地解释形式各异的"爻"——即为算卦。

爻，是八卦的基本单位，在《周易》中是组成卦的符号，"▬"为阳爻，"▬▬"为阴爻。每三爻合成一卦，可得八卦；"爻"含有交错和变化之意。

比如《易·系辞》说："爻者，言乎变者也。效此者也。效天下之动者也。"《说文解字》对"爻"有解释："交也。天地万物变动、生生不息。"

那说了半天，这与"学习"有何关系啊？关系自然是有的。这就要提到"学"这个字的演变了。

在"学"的繁体字"學"中，字的上部"爻"代表知识，双手捧"爻"代表对所学知识恭敬的态度，也代表对预测未来能力的掌握。下面是房子，表示是在房子里安稳地学习[①]。甲骨文"学"的本意就是，学习知识以更好地预测（把握）未来（见图 2-4）。

说来一点也不奇怪，当前火热的"机器学习"，其最本质的、最有价值的部分，就是从训练集合学习到某种模式，然后拥有对新样本的预测能力。好好学习，你对未来就更有掌控感，也就拥有更好的未来。时光荏苒，岁月如梭，几千年过去了，蓦然回首，你会发

---

① 老铺识字.得到.学习可以是一种信仰. 2018-02-09.

"学"的字体演变

图 2-4 "学"的字体演变与内涵

现,"学习"的内涵,从未改变过。

2.2.3 什么是机器学习

赫伯特·西蒙认为,对于计算机系统而言,通过运用数据及某种特定的方法(比如统计方法或推理方法)来提升机器系统的性能,就是机器学习(Machine Learning,ML)。

英雄所见略同。在经典教材《机器学习》[①]中,著名学者、卡耐基梅隆大学教授 Tom Mitchell 也给"机器学习"下了更为具体(其实也很抽象)的定义:

对于某类任务(**Task**,简称 **T**)和某项性能评价准则(**Performance**,简称 **P**),如果一个计算机程序在 **T** 上,以 **P** 作为性能的度量,随着经验(**Experience**,简称 **E**)的积累,不断自我完善,那么称这个计算机程序从 **E** 中进行了学习。

例如,学习围棋的程序 AlphaGo,它可以通过和自己下棋获取经验,那么,它的任务 T 就是"参与围棋对弈",它的性能 P 就是用"赢得比赛的概率"来度量的。类似地,学生的任务 T 就是"上课、看书、写作业",他们的性能 P 就用"考试成绩"来度量。

Tom Mitchell 认为,对于一个学习问题,我们需要明确三个特征:任务的类型、衡量任务性能提升的标准,以及获取经验的来源。

---

① Tom Mitchell. 机器学习[M]. 曾华军,等译. 北京:机械工业出版社,2002.

事实上，看待问题的角度不同，对机器学习的定义也略有不同。比如，支持向量机（SVM）的主要提出者 V. Vapnik 在其著作《统计学习理论的本质》①中就提出：机器学习就是一个基于经验数据的函数估计问题。

而另一本由斯坦福大学统计系的 T. Hastie 等人编写的经典著作《统计学习基础》②中则提到，机器学习就是抽取重要的模式和趋势，理解数据的内涵表达，即从数据中学习。

这三个有关机器学习的定义，各有侧重，各有千秋。Tom Mitchell 的定义强调学习的效果；V. Vapnik 的定义侧重机器学习的可操作性；而 T. Hastie 等人的定义则突出了学习任务的分类。但三者共同的特点在于，都强调了经验和数据的重要性，都认可机器学习提供了从数据中提取知识的方法。

2.2.4　机器学习的本质

在《未来简史》一书中，新锐历史学家尤瓦尔·赫拉利（Yuval Harari）指出[2]，根据数据主义的观点，人工智能实际上就是找到一种高效的"电子算法"，用以代替或在某项指标上超越人类的"生物算法"。那么，任何一个"电子算法"都要实现一定的功能（Function），才有价值。

Function 一词，常被翻译成"函数"。这种翻译其实颇有历史韵味，是清末数学家和翻译家李善兰首译。李善兰在翻译西方数学著作时，认为"凡此变数中函（包含的意思）彼变数者，则此为彼之函数。"所以，你看到了，在李善兰的语境下，函数指的是"蕴含"之数，刻画的是自变量与因变量的关系。

但在当今计算机语境中，依然广泛使用"函数"这个词，这就多少有点"词不达意"。这是因为，所谓的"函数"，并不仅仅限于描述一类数蕴含另一类数，而是要实现一定的"功能"，才能称之为 Function。掌握了 Function 这层含义，就可以重新认识机器学习的内涵。

根据李宏毅博士的通俗说法，所谓机器学习，就是找到一个函数，实现特定的功能。函数在形式上可近似等同于在数据对象中通过统计或推理的方法，寻找一个有关特定输入和预期输出的映射 f（参见图 2-5）。这个映射关系并不容易得到，需要从大量的训练数据中"学习"得到。一旦学习完成，就拥有对新样本的预测能力，给定一个输入，函数就能比较准确地给出一个输出。

①　Vladimir N. Vapnik. 统计学习理论的本质[M]. 张学工，译. 北京：清华大学出版社，2000.
②　Hastie T，Tibshirani R，Friedman J. The Elements of Statistical Learning[M]. 北京：世界图书出版公司，2015.

通常,把输入变量(特征)空间记作大写的 X,而把输出变量空间记为大写的 Y。那么机器学习的本质,就是在形式上完成如下变换: $Y = f(X)$ 。

在这样的函数中,针对语音识别功能,如果输入一个音频信号,那么这个函数 f 就能输出诸如"你好""How are you?"等这类识别信息。

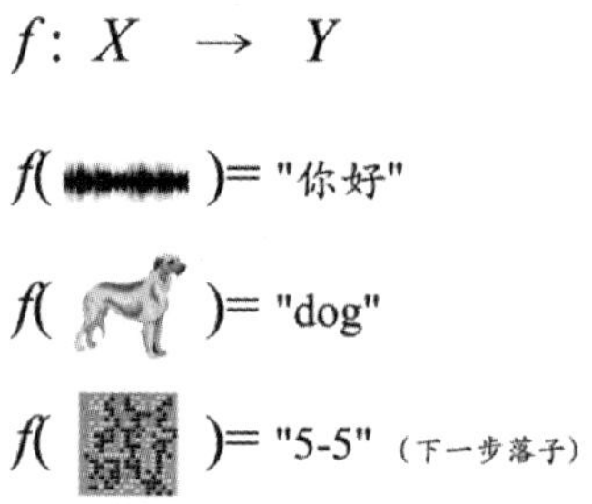

$$f: X \quad \rightarrow \quad Y$$

$$f(\text{〰〰}) = \text{"你好"}$$

$$f(\text{🐕}) = \text{"dog"}$$

$$f(\text{▦}) = \text{"5-5"} \ \text{(下一步落子)}$$

图 2-5　机器学习近似于找一个好用的函数

针对图片识别功能,如果输入的是一张图片,在这个函数的加工下,就能输出(或称识别出)一个或猫或狗的判定结果。

针对下棋博弈功能,如果输入的是一个围棋的棋谱局势(比如 AlphaGo),它能输出这盘围棋下一步的"最佳"走法。

而对于具备智能交互功能的系统(比如微软的小冰),当给这个函数输入诸如"How are you?",它就能输出诸如"I am fine,thank you,and you?"等智能的回应。

每个具体的输入都是一个实例(Instance),它通常由特征向量构成。在这里,将所有特征向量存在的空间,称为特征空间(Feature Space),特征空间的每一个维度,对应于实例的一个特征。

2.2.5　传统编程与机器学习的差别

如前所言,机器学习以数据为"原材料"、不需要显式编程而表现出学习能力(即针对特定任务实现性能上的提升)。

自然,机器学习算法本身的实现是需要编程的,但机器学习和传统的"显式"编程还是有明显区别的。在传统的编程范式中,通过事先编写程序,给定输入(某种数据),通过计算,就会给出可预期的结果。

但机器学习不一样,它在给定输入(即某种数据)和预期结果的基础之上,经过计算

（也就是拟合数据），得到模型参数。这些模型参数反过来构成程序中很重要的一部分，如图 2-6 所示。

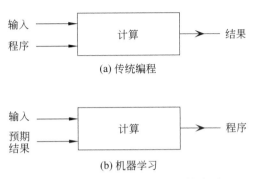

（a）传统编程

（b）机器学习

图 2-6　传统编程和机器学习的差别

对于软件工程师而言，他们关注的是程序的正确性和健壮性。然而，数据科学家（机器学习算法的设计者们）通常与不确定性和可变性打交道，因为在模型还没有被计算完毕之前，他们也不知道程序最终会是什么模样。

传统的编程范式，是把人的思维"物化"为一行行代码，代码中充斥各种 if 条件语句，应对每一种"个性化"的情况，一旦代码"固化"，每次运行的结果都是一样的，没有性能上的提升，故此谈不上它是"学习"。

Y Combinator[①] 中国 CEO 陆奇曾指出，目前大部分的软件，都是"长颈鹿"软件。为什么这么说呢？长颈鹿一出生，基本上就具备了一辈子生存的能力（奔跑、吃树叶等），然而，它们并没有学习能力，其技能都是上天给的，一辈子再也没有性能上的提升。

而我们知道，机器学习的核心特征就是——"从数据中学习，获得性能提升，且不需要显式编程"，这里的不需要显式编程，并非是指不需要编程，而是指在功能实现上，不需要显式地给出实现逻辑，而是让算法从数据中"学习"出规律。而且，一旦程序具备"学习"能力，如果训练的数据变化了，那么程序的功能也会发生相应的变化，但程序的编码逻辑基本无须变更，从而达到"以不变应万变"的目的。

健壮性又称鲁棒性（Robustness），表示系统在扰动或不确定的情况下仍能保持性能的品性。

我们的大脑实际上就是这么工作的。大脑好比一个设计好的程序，一旦完工，就不再变化。但我们看到的、感知到的外部信息，一直在变，它们训练了我们的大脑，并作为知识储备在大脑中，并内化为大脑的一部分，并影响着大脑的输出。

2.2.6　为什么机器学习不容易

乍看起来，机器学习似乎并不复杂，只要人们编写好学习算法，给算法"喂食数据"，

---

①　Y Combinator 成立于 2005 年，是美国著名的创业孵化器。

那么算法就会自动从数据中学习。而事实上，机器学习没有这么简单，让我们来看看计算机看到的世界。感兴趣的读者，请参考随书源代码范例 2-1(show_image.py)。

运行范例 2-1 程序，结果先是显示一个 28×28 的数字矩阵，随后输出这个数字矩阵表征的图像，如图 2-7 所示。

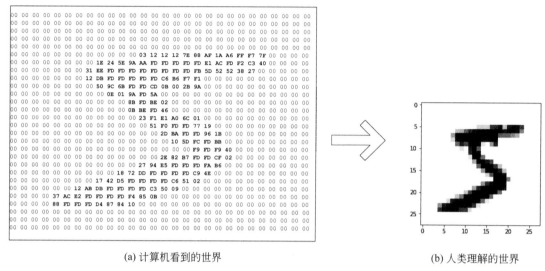

(a) 计算机看到的世界   (b) 人类理解的世界

图 2-7　计算机和人看到的不同世界

针对图 2-7，作者想说的是，机器和人看到的是完全不同的世界。机器看到的 $28 \times 28 = 784$ 个无差别的数字，然后通过机器学习算法的计算，最后判定出是一个人类能够懂得的数字 5。这个过程，想想都觉得很神奇。如果你不觉得"神奇"，可以回顾一下苏轼的名句，"不识庐山真面目，只缘身在此山中"。

小时候，基本上我们都学过《三字经》，其中有一句"**性相近，习相远**"说的就是，"人们生下来的时候，性情都差不多，但由于后天的学习环境不一样，性情也就有了千差万别。"

其实，这句话用在机器学习领域也是适用的。机器学习的学习对象是数据，数据是否有标签，就是机器学习所处的环境，环境不一样，其表现出来的"性情"也有所不同，如果细分的话，机器学习大致可分为 4 大类：**监督学习**、**无监督学习**、**半监督学习**和**强化学习**。下面分别进行介绍。

2.3　监督学习

在本节,首先感性认知监督学习的内涵,然后说明监督学习中的分类和回归之间的区别,最后讨论一下监督学习中常用的损失函数。

2.3.1　感性认知监督学习

用数据挖掘领域著名学者韩家炜的观点来说[3],所有的监督学习(Supervised Learning),基本上都是"分类(Classification)"的代名词。**它从有标签的训练数据中学习模型,然后给定某个新数据,利用学习得到的模型预测它的标签**。这里的标签,其实就是某个事物的分类。

比如,小时候父母告诉我们某个动物是猫、是狗或是猪,然后在我们的大脑里神经元就会形成或猫或狗或猪的印象(相当于模型构建),然后面前来了一条"新"小猫,如果你能叫出来"这是一只小猫",那么恭喜你,标签分类成功! 但如果你回答说"这是一头小猪"。这时你的父母就会纠正你的认知偏差,"乖,不对,这是一只小猫",这样一来二去地进行训练,不断更新你大脑的认知体系,下次再遇到这类新的"猫、狗、猪"等,你就能给出正确的"预测"分类(见图 2-8)。

(a) 根据已知数据集做训练

(b) 对未知数据集合做分类(预测)

图 2-8　监督学习示意图

事实上,整个机器学习的过程就是在干一件事,即通过训练,学习得到某个模型,然后期望这个模型也能很好地适用于"新样本"。这种模型适用于新样本的能力,也称为"泛化能力",它是机器学习算法非常重要的性质。

2.3.2 监督学习的工作流程

下面给出监督学习更加形式化(或者说更正式)的描述。所谓监督学习,就是先用训练数据集合学习得到一个模型,然后再使用这个模型对新样本进行预测(Prediction)。

在学习过程中,需要使用训练数据,而训练数据往往是人工给出的。在这个训练集合中,系统的预期输出(即标签信息)已经给出,如果模型的实际输出与预期不符(二者有差距),那么预期输出就有责任"监督"学习系统,重新调整模型参数,直至二者的误差在可容忍的范围之内。

监督学习的基本流程大致如图 2-9 所示。首先,准备输入数据,这些数据可以是文本、图片,也可以是音频、视频等;然后,再从数据中抽取所需要的特征,形成特征向量(Feature Vector);接下来,把这些特征向量和输入数据的标签信息送入学习模型(具体来

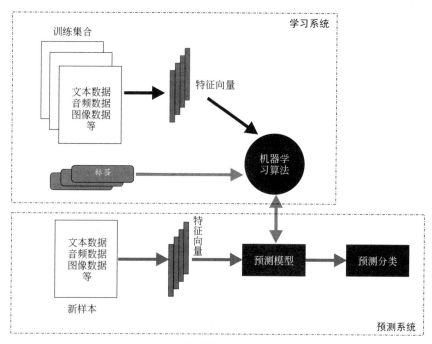

图 2-9　监督学习的基本流程

说是某个学习算法)，经过反复训练，"打磨"出一个可用的预测模型；再采用同样的特征抽取算法作用于新样本时，获取新样本的特征向量；然后，把这些新样本的特征向量作为输入，使用训练好的模型实施预测，最终给出新样本的预测标签信息(Expected Label)。

2.3.3　分类与回归的区分

在监督学习里，根据目标预测变量的类型不同，监督学习可大体分为分类学习和回归分析。二者的主要区别在于输出变量(标签)是否连续，如果输出变量是离散的，则是分类学习；如果输出变量为连续值，则是回归分析。

下面举例说明二者的差别。诗仙李白在《梦游天姥吟留别》中有一句：

云青青兮欲雨。

如果我们从机器学习的角度来解析它，这个"云青青"就是输入，"青青"就是云的特征(Feature)，而雨就是我们的预测。

如果扩展来想这个天气的预测问题，它到底属于分类呢，还是属于回归呢？让我们关注一下它的输出目标，是天气状态。这些天气状态，无非是诸如"晴天""阴天""雨天"或"雪天"等，它们是有限的几个离散值，非此即彼，所以这就是一个典型的分类问题。

我们还拿李白的诗歌说事。他还有一首《秋浦歌》，里面有句：

白发三千丈，缘愁似个长。

假设这个"白发"是我们提取的特征，"三千丈"就是特征值，据此来预测我们"愁"有几分，那么到底有多愁呢？一丝丝愁？有点愁？比较愁？深愁？它们之间，其实并没有明显区分的界限，我们把这类输出状态，看作是连续的。这类输出变量是连续的有监督学习，就属于回归分析的范畴。

回归分析的主要工作就在于，寻找预测输入变量 X(自变量，即特征向量)和输出变量 Y(连续的因变量，即标签)之间的映射关系。这个关系的表现形式通常是一个函数解析式。**回归问题的学习，在某种程度上，就等价于函数的拟合，即选择一条函数曲线，使其能很好地拟合已知数据，并较好地预测未知数据。**

类似地，回归问题也分为学习和预测两大部分。学习系统基于训练数据构建出一个模型，即函数 Y：

$$Y \approx f(\boldsymbol{X}, \beta) \tag{2-1}$$

在这里,$x_i \in \mathbf{R}^n$ 表示输入,$y_i \in \mathbf{R}$ 对应输出,$i = 1, 2, \cdots, N$。$\mathbf{R}$ 表示实数集,$\mathbf{R}^n$ 表示 n 维实数向量空间。这里,β 表示未知参数,它可以是一个标量,也可以是一个向量,这些参数可通过数据拟合"学习"得来。回归模型就把 Y 和一个 X 和 β 的函数关联起来了。然后,给定某个新的输入 x_{N+1},预测系统就根据所学的模型(式(2-1))给出相应的输出 y_{N+1},如图 2-10 所示。

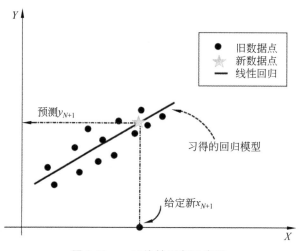

图 2-10　一元线性回归示意图

如果按照输入变量的个数来分,回归分析可分为一元回归和多元回归。如果按照输入变量和输出变量之间的关系类型来分,又可分为线性回归和非线性回归。回归学习常用的"损失函数"是平方损失函数,在这种情况下,回归问题通常用最小二乘法(Least Squares Method,LSM)来求解。

与回归分析相对应的是分类。分类学习算法比较多,比较著名的有 k 近邻(k-Nearest Neighbor,kNN)、支持向量机(Support Vector Machine,SVM)、朴素贝叶斯分类器(Naive Bayes)、决策树(Decision Tree)、集成算法 Adaboost 等。相应地,回归算法也有很多。例如,k 近邻回归、线性回归、支持向量回归、贝叶斯回归等。

2.3.4　监督学习中的损失函数

在 ACM FCRC 2019 会议上,图灵奖得主、著名深度学习学者 Yann LeCun 指出,预测是智能的不可或缺的组成部分,当实际情况和预测出现差异时,实际上就开启了学习流程。

那如何来衡量实际情况与预测之间的差异呢？这就要用到了一个专门的函数——损失函数(Loss Function)，有时也称为代价函数(Cost Function)。

在机器学习的"监督学习"算法中，在假设空间 $\mathbb{F}$ 中构造一个决策函数 f，对于给定的输入 X，$f(x)$ 给出的相应的输出 $\overline{Y}$ 和原先的预期值 Y 可能不一致。于是，需要定义一个**损失函数**来度量这二者之间的"落差"程度。这个损失函数通常记作 $L(Y,\overline{Y})=L(Y,f(X))$，为了方便起见，这个函数的值为非负数。

常见的损失函数有如下 4 类。

(1) 0-1 损失函数(0-1 Loss Function)：

$$L(Y,f(X))=\begin{cases}1, & Y \neq f(X) \\ 0, & Y = f(X)\end{cases} \tag{2-2}$$

(2) 绝对损失函数(Absolute Loss Function)：

$$L(Y,f(x))=|Y-f(X)| \tag{2-3}$$

(3) 平方损失函数(Quadratic Loss Function)：

$$L(Y,f(x))=(Y-f(X))^2 \tag{2-4}$$

(4) 对数损失函数(Logarithmic Loss Function)：

$$L(Y,P(Y\mid X))=-\log P(Y\mid X) \tag{2-5}$$

式(2-5)中对数 log 通常是自然对数，但也可以根据实际情况调整为其他类型的对数（如以 2 或 10 为底）。损失函数值越小，说明实际输出 $\overline{Y}$ 和预期输出 Y 之间的差值就越小，也就说明我们构建的模型越好。第一类损失函数很容易解释，就是表明目标达到了没有。达到了，输出为 0(没有落差)；没有达到，输出为 1。

第二类损失函数就更具体了。拿减肥的例子来说，当前体重秤上的读数和减肥目标的差值有可能为正，也有可能为负。比如，假设我们的减肥目标是 70kg，但一不小心减肥过猛，减到 60kg 时值就是"—10"kg，为了避免这样的正负值干扰，干脆就取一个绝对值好了。

第三类损失函数类似于第二类，同样起到避免正负值干扰的目的。但是为了计算方便(主要是为了求导)，有时还会在前面加一个系数 1/2(如式(2-6)所示)，这样一求导，指数上的 2 和系数的 1/2 就可以相乘为 1 了。

$$L(Y, f(X)) = \frac{1}{2}(Y - f(X))^2 \tag{2-6}$$

当然,为了计算方便,还可以使用对数损失函数,即第四类损失函数。这样做的目的在于,可以使用**最大似然估计**的方法来求极值(将难以计算的乘除法,变成相对容易计算的加减法)。总而言之一句话,怎么求解方便,就怎么来!

或许你会问,这些损失函数到底有什么用呢? 当然有用了! 因为我们就是靠这些损失函数的大小来"监督"机器学习算法,使之朝着预期目标前进的。因此,它是监督学习的核心标志之一。

2.4 无监督学习

与监督学习相反,无监督学习(Unsupervised Learning)所处的学习环境,都是非标签的数据。韩家炜教授又指出,"**无监督学习,就是'聚类(Cluster)'的近义词**。"

2.4.1 感性认知无监督学习

话说聚类的思想起源非常早,在中国,可追溯到《周易·系辞(上)》中的"方以类聚,物以群分,吉凶生矣"。但真正意义上的聚类算法,却是 20 世纪 50 年代前后才被提出的。为何会如此滞后呢? 原因在于,聚类算法的成功与否,高度依赖于数据。数据量小了,聚类意义不大。数据量大了,人脑就不灵光了,只能交由计算机解决,而计算机于1946 年才开始出现。

如果说分类是指,根据数据的特征或属性,划分到已有的类别当中。那么,聚类一开始并不知道数据会分为几类,而是通过聚类分析将数据聚成几个群。

简单来说,给定数据,聚类从数据中学习,能学到什么,就看数据本身具备什么特性了(given data, learn about that data)。对此,北京交通大学的于剑教授对聚类有 12 字的精彩总结[4],"归哪类,像哪类。像哪类,归哪类。"展开来说,给定 N 个对象,将其分成 K 个子集,使得每个子集内的对象尽量相似,不同子集之间的对象尽量不相似。

但这里的"类"也好,"群"也罢,事先我们是并不知情的。一旦归纳出一系列"类"或"群"的特征,如果再来一个新数据,就根据它距离哪个"类"或"群"较近,就预测它属于哪个"类"或"群",从而完成新数据的"分类"或"分群"功能(参见图 2-11)。

(a) 在非标签数据集中做归纳

(b) 对未知数据集做归类(预测)

图 2-11　无监督学习示意图

比较有名的无监督学习算法有 K 均值聚类(K-Means Clustering)、关联规则分析(Association Rule,如 Apriori 算法等)、主成分分析(Principal Components Analysis,PCA,主要用于降维)、受限玻尔兹曼机(Restricted Boltzmann Machine,RBM)和自编码器(Autoencoder,AE)等。目前用在深度学习里,最有前景的无监督学习算法是 Ian Goodfellow 提出来的"生成对抗网络(Generative Adversarial Networks)"。

2.4.2　无监督学习的代表——K 均值聚类

聚类分析在模式识别、机器学习以及图像分割领域有着重要作用。K 均值聚类是一种重要的聚类算法。由于该算法时间复杂度较低,可解释性强,K 均值聚类被广泛应用在各类数据挖掘业务中。它最早是由 James MacQueen 于 1967 年提出来的,时至今日,它仍然是很多改进版聚类模型算法的基础。

2.4.2.1　聚类的基本概念

至今,聚类并没有一个公认的严格定义。宽泛来说,聚类指的是,将物理或抽象对象的集合分成由类似的对象组成的多个类的过程。从这个简单的描述中可以看出,**聚类的关键是如何度量对象间的相似性**。

在实际操作中,对于"相似"的定义,会引出诸多问题。比如,给定 3 个三角形,红、绿、蓝各一个,再给定 3 个方形,红、绿、蓝各一个。对于这 6 个对象,分别按照形状相似和颜色相似,可以得到两种划分方法。如果按形状作为"相似"的度量,那么可以得到两个聚类:三角形类和方形类(这些类名都是"聚"之后取的,下同)。如果按照颜色来度量,可以得到 3 个聚类(即红、绿、蓝三类)。两种方法都对,不同的是对"相似"的定义。所以,"主观"是相似性最大的问题之一。

较为常见的用于度量对象的相似度的方法有**距离**、**密度**等。由聚类所生成的簇(Cluster)是一组数据对象的集合,这些对象的特性是,同一个簇中的对象彼此相似,而与其他簇中的对象相异,且没有预先定义的类(即属于无监督学习的范畴),如图 2-12 所示。

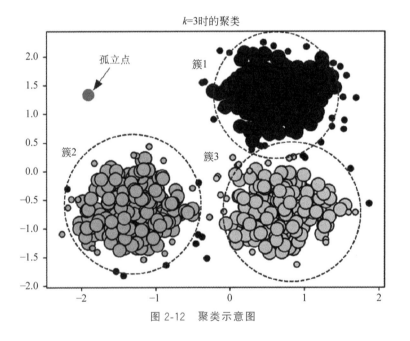

图 2-12 聚类示意图

对于聚类分析而言,它通常要分四步走,即数据表示、聚类判据、聚类算法和聚类评估。数据表示是设计聚类算法的第一步。同一个聚类算法只能用一种数据表示,否则相似性无法在同一尺度下进行度量。数据表示可分为外显和内在两部分。图像、语音、文本等都是数据外显表示的常见形式,而内在表示则显得有点玄妙。

此处，于剑教授给出了一个非常经典的例子：高山流水（最早见于《列子·汤问》）。在这个典故里，琴师伯牙与樵夫钟子期互为知音，钟子期接收到外在的琴声（外在的数据表示是声波信号），而琴声的内在表示却是"高山和流水"以及更为深层次的纯洁友谊。通常，机器擅于感知数据的外显表示，却不长于其内在部分的解析。数据内在部分的解析，还需要 AI 算法进一步的学习和抽象。

聚类的第二步是判据，算法通过判据来确定聚类搜索的方向。第三步才是聚类算法的设计。有了数据表示和聚类方向之后，就可以在战术上施展拳脚，在聚类算法的速度和准确度上，一较高下。

> 这里的"判据"，表示判别的依据，通常的依据有距离或密度等指标。

因此聚类的最后一步是评估。评估是聚类和分类最大的差异之处，分类有明确的外界标准，是猫是狗，一目了然，而聚类的评估，则显得相对主观。

2.4.2.2　簇的划分

在聚类过程中，我们规定同一簇特征相似，有别于其他簇。那么，簇的划分一定是直观可见的吗？不见得。在图 2-13（a）中，可以很直观地看出有 2 个簇；在图 2-13（b）中，可以明显看出有 4 个簇。

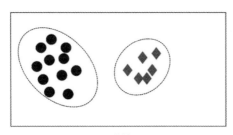
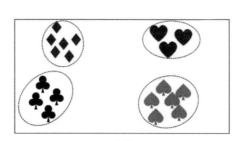

(a) 2 个簇　　　　　　　　　　　　　　　(b) 4 个簇

图 2-13　分簇示意图

但是，当簇的特征不是那么明显时，就无法显而易见地看出来了，如图 2-14 所示。这时，就需要一个算法来帮助我们划分簇，K 均值聚类就是其中最常用的一种算法。

2.4.2.3　K 均值聚类算法的核心

K 均值聚类的目的在于，给定一个期望的聚类个数 K，以及包括 N 个有待聚合的数据对象，将其划分为满足距离方差最小的 K 个簇。

图 2-14 簇的个数未知

该算法的基本流程为：首先随机选取 K 个点作为 K 个簇的初始中心，然后将其余的数据对象按照距离簇中心最近的原则，划分到不同的簇。当所有的点都有簇的归属后，再对簇中心进行更新。更新的依据通常是取每个簇内所有对象的均值，然后，再次计算每个对象到这 K 簇中心的最小值，从而选取新的簇归属，直到满足一定的条件才停止计算。满足的条件一般为函数收敛（比如前后两次迭代的簇中心足够接近）或计算达到一定的迭代次数自动停止。K 均值聚类算法的核心思想如图 2-15 所示。

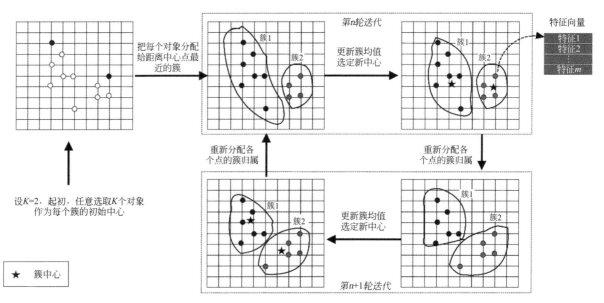

图 2-15 K 均值聚类算法的核心思想

在 K 均值聚类算法中，主要需要考虑两个方面的因素：初始簇中心（也称质心）的选取以及距离的度量。常见的选取初始质心的方法是随机挑选 K 个点，但这样的簇质量往往很差。因此，设置 K 均值聚类参数的常用方法如下。

（1）多次运行调优。即每次使用一组不同的随机的初始质心，最后从中选取具有最小平方误差的簇集。这种策略简单，但效果难料，主要取决于数据集的大小和簇个数 K。

（2）根据先验知识（也就是历史经验）来决定 K 值大小。

另一个因素是如何度量不同对象之间的距离。根据问题场景不同，其度量方式也是不同的。在欧几里得空间中，可以通过欧几里得距离来度量两个数据之间的距离，而对于非欧几里得空间，可以有 Jaccard 距离、Cosine 距离或 Edit 距离等距离度量方式。

2.5　半监督学习

前面简单讲解了监督学习和无监督学习。事实上，还有一种学习方式，是前二者的折中，它就是半监督学习。半监督学习（Semi-supervised Learning）的方式，既用到了标签数据，又用到了非标签数据。设想这样一个场景：大学毕业时，老师对你语重心长地说，"以后踏上社会了，就全靠你自己摸索和打拼了。"抛开老师说教的内涵，其实他刻画的是人生是一场"半监督学习"的过程。在人生的前半段，人们大多数都经历过小学、中学、大学等阶段的教育，这里"教育"意思就是，有人告诉我们事物的对与错（即对事物打了标签），然后我们可据此改善自己的性情，增长自己的知识，变得有礼有节，这自然就属于"监督学习"。

然而，总有那么一天，我们要长大。而长大的标志之一，就是自立。何谓自立呢？就是远离父母、走出校园后，没有人告诉你对与错，一切都要基于自己早期已获取的知识，从社会中学习，扩大并更新自己的认知体系，然后当遇到新事物时，我们能泰然自若地处理，而非六神无主。

从这个角度来看，现代人类成长学习的最佳方式当属"半监督学习"！它既不是纯粹的"监督学习"，也不属于完全的"无监督学习"。如果完全偏向前者，就会扼杀我们的创造力，我们的认知体系永远不可能超越我们的父辈和师辈。反之，如果完全偏向后者，则我们会如无根之浮萍，会花很多时间重造轮子。前人的经验，无疑是我们不断进步的阶梯。

那么到底什么是"半监督学习"呢？下面给出它的形式化定义。

给定一个来自某个未知分布的有标记示例集$\{(\boldsymbol{x}_1,y_1),(\boldsymbol{x}_2,y_2),\cdots,(\boldsymbol{x}_k,y_k)\}$，其中 $\boldsymbol{x}_1$ 是输入数据，y_i 是标签。对于一个未标记示例集 $U=\{\boldsymbol{x}_{k+1},\boldsymbol{x}_{k+2},\cdots,\boldsymbol{x}_{k+u}\}$，$k\ll u$，我们期望学习得到某个函数 $f:\boldsymbol{X}\rightarrow Y$ 可以准确地对未标识的数据 $\boldsymbol{x}_{l+i}$，预测其标记 y_{l+i}。这里 $\boldsymbol{x}_i\in\boldsymbol{X}$，均为 d 维向量，$y_i\in Y$ 为示例 $\boldsymbol{x}_i$ 的标记，如图 2-16 所示。

(a) 少量标签数据集(两个标签数据)

(b) 根据标签数据，对未知数据打标签做归类(预测)

图 2-16　半监督学习示意图

形式化的定义比较抽象，下面列举一个现实生活中的例子来辅助说明这个概念。假设我们已经学习到：

(a) 马小云同学(数据 1)是一个牛人(标签：牛人)。

(b) 马小腾同学(数据 2)是一个牛人(标签：牛人)。

这时来了一个李小宏同学(数据 3)，假设我们并不知道他是谁，也不知道他牛不牛，但考虑他经常和二位马同学共同出入高规格大会，都经常会被达官贵人接见(也就是说他们虽独立，但同分布)，很容易根据"物以类聚，人以群分"的思想，把李小宏同学打上标签：他也是一个很牛的人！

这样一来，我们的已知领域（标签数据）就扩大了（由两个扩大到三个），这也就完成了半监督学习。事实上，**半监督学习就是以"已知之认知（标签化的分类信息）"，扩大"未知之领域（通过聚类思想将未知事物归类为已知事物）"**。但这里隐含了一个基本假设——聚类假设（Cluster Assumption），其核心要义就是：**相似的样本，拥有相似的输出**。

常见的半监督学习算法有生成式方法、半监督支持向量机（Semi-supervised Support Vector Machine，简称 S³VM，是 SVM 在半监督学习上的推广应用）、图半监督学习、半监督聚类等。

事实上，我们对半监督学习的现实需求是非常强烈的。原因很简单，就是因为，一方面，人们能收集到的标签数据非常有限，而手工标记数据需要耗费大量的人力、物力；另一方面，非标签数据大量存在且触手可及，这个现象在互联网数据中尤为突出。因此，半监督学习就显得尤为重要[5]。

人类的知识拓展，大多是以"半监督"滚雪球模式进行，越"滚"越大。半监督学习既用到了监督学习的先验知识，也吸纳了无监督学习的聚类思想，二者兼顾，其"不偏不倚，二者兼顾"的理念类似于中国古老的方法论——中庸之道。

2.6　强化学习

前面讨论了机器学习的三大门派。在传统的机器学习分类中，并没有包含强化学习。但实际上，在联结主义学习中，还有一类学习常用、机器学习也常用的算法——强化学习（Reinforcement Learning，RL）。在本节，主要讨论强化学习的相关知识。

2.6.1　感性认识强化学习

"强化学习"亦称"增强学习"，但它与监督学习和无监督学习都有所不同。**强化学习强调的是，在一系列的情景之下，选择最佳决策。它讲究通过多步恰当的决策，来逼近一个最优的目标。因此，强化学习是一种序列多步决策的问题。**

强化学习的设计灵感，源于心理学中的行为主义理论，即有机体如何在环境给予的奖励或惩罚刺激下，逐步形成对刺激的预期，从而产生能获得利益最大化的习惯行为。

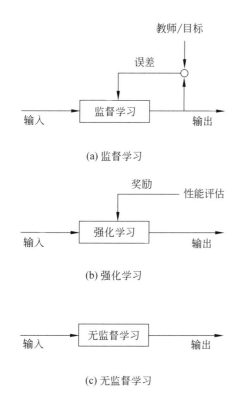

(a) 监督学习

(b) 强化学习

(c) 无监督学习

图 2-17 监督学习、强化学习与无监督学习的区别

上面的论述看起来比较抽象,下面举一个生活中的例子来说明这个概念。对于儿童教育,有句话非常流行,"好孩子是表扬出来的。"

这句话是有一定道理的,它反映了生物体以奖励为动机的行为。比如,我们知道,想让一个小孩静下来学习,是十分困难的。但如果父母在他(她)每学习完一篇课文,就说句"你真棒"并给予奖励(例如一块巧克力),那么孩子就逐渐会明白,只有不断学习,才能获得奖励,从而也有助于孩子培养爱学习的好习惯。

"表扬"本身并不等同于监督学习的"教师信号"(即告诉你行为的正误),却也能逐步引导任务向最优解决方案进发。因此,强化学习也被认为是人类学习的主要模式之一。在了解了强化学习之后,我们来看一下监督学习、强化学习与无监督学习这三者的区别,如图 2-17 所示。

恰如其分地拿捏尺度,显然是智能的外在表现之一。"过犹不及"说的就是这个道理。那么,强化学习是如何让智能体(Agent)从环境中学习,并从中找到这个"尺度"呢?下面举例来感性认知一下,人类是怎么从环境中学习的(参见图 2-18)。

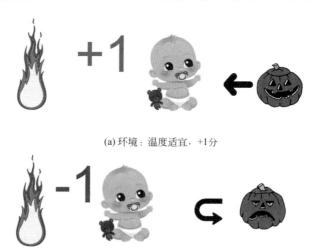

(a) 环境:温度适宜,+1分

(b) 环境:温度太高,-1分

图 2-18 强化学习的一个形象例子

假设，我们还是一个懵懂的孩子，对于一些新事物一无所知。有一天，我们第一次看到了火，然后就爬到了火堆的旁边。在靠近火的过程中，你逐渐感受到了火的温暖，好舒服啊，这时环境给你的回报（Reward）为"＋1"分。于是，你接着爬向火，越靠越近，然后伸手尝试摸火，好烫啊，环境给你的回报为"－1"分，这是要警告你，赶紧把手缩回来，否则小手就变成"烤猪蹄"了。

这样一来二去，你从"环境"中习得一项智能：距离稍远，火是好东西；靠得太近，火对我们就有害！

这也是人类的学习方式之一，从环境交互中获取反馈，增强智能。其实，强化学习在理念上和这个是一致的，不同的是，主角变成了计算机（智能体）。

2.6.2　强化学习的形式描述

在雅号为"西瓜书"的《机器学习》一书中，周志华教授就用种西瓜的例子来说明"强化学习"的含义，也别有意义。

考虑一下种西瓜的场景。西瓜从播种到瓜熟蒂落，中间要经过很多步骤。首先得选种，然后播种、定期浇水、施肥、除草、杀虫等，最后收获西瓜。这个过程要经过好几个月。如果把收获高品质的西瓜作为辛勤劳作奖赏的话，那么在种瓜过程中实施某个操作（如浇水、施肥等）时，我们并不能立即得到相应的回报，甚至也难以判断当前操作对最终回报（收获西瓜）有什么影响，因为浇水或施肥并不是越多越好。

然而，即使我们一下子还不能看到辛勤劳作的最终成果，但还是能从某些操作中获取部分反馈。例如，瓜秧是否更加茁壮了？通过多次的种瓜经历，我们终于掌握了播种、浇水、施肥等一系列工序的技巧（相当于参数训练），并最终能够收获高品质的西瓜。如果把这个种瓜的过程抽象出来，它就是我们说到的强化学习，如图 2-19 所示。

在机器学习问题中，环境通常被规范为一个马尔可夫决策过程（Markov Decision Processes，MDP），许多强化学习算法就是在这种情况下使用动态规划技巧。

马尔可夫决策过程提供了一个数学架构模型，用于在部分随机、部分可由决策者控制的状态下，根据当前状态选择可以进行的最佳决策。具体来说，在强化学习场景中，假设机器处于环境 E 中，状态空间为 X，其中每个状态 $x \in X$ 是机器所能感知的环境描述。针对种西瓜的例子，状态就是瓜秧的长势。机器所能采取的行动就构成了动作空间 A，包括种瓜过程中浇多少水、施多少肥、使用何种除草剂等多种可供选择的动作。

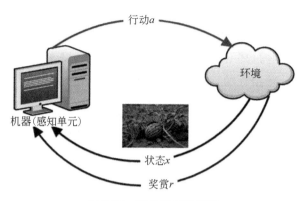

图 2-19　强化学习示意图

　　若某个动作 $a \in A$ 作用于当前状态 x 上,那么潜在的转移函数将驱使环境从当前状态按照某种概率 P,转移到另一个状态。比如,瓜苗状态为缺水,则选择浇水,然后瓜秧的长势有一定的概率长得更加苗壮,也有一定的概率无法恢复。

　　当从一种状态转移到另外一种状态时,环境会根据潜在的"回报(Reward)"函数 R,反馈给机器一个回报 r。例如,如果瓜秧生机勃勃,则回报为"+5"分(即奖赏);如果瓜秧枯萎凋零,则回报为"−10"分(即惩罚),最终收获了高品质的好西瓜,就重赏 100 分。

　　强化学习和监督学习的区别在于,强化学习并不需要出现正确的"输入-输出映射对",也不需要精确校正优化的行为。强化学习更加专注于在线规划,需要在"探索"(在未知的领域)和"利用"(现有知识)之间找到平衡(Tradeoff)。强化学习中的"探索-利用"的交换,这在多臂老虎机问题和有限 MDP 中研究得较多。更多有关强化学习的资料,读者可参考相关资料[5]。

2.7　LeCun 的蛋糕理论

Yann LeCun 给自己取了个中文名字:杨立昆。

　　前面简单介绍了机器学习的 4 大门派:监督学习、无监督学习、半监督学习及强化学习。那么它们在机器学习领域占据什么样的"江湖地位"呢?能给门派划分等级的,自然非等闲之人所能为。2019 年,图灵奖得主 Yann LeCun 用一副有关蛋糕的图片,来说明机器学习各大门派的地位,人称蛋糕理论(见图 2-20)。

　　LeCun 认为,如果把机器学习比作一个蛋糕的话,那么强化学习就好比蛋糕上的樱桃,好看但不过是点缀之物,监督学习就好比蛋糕上面的那层糖衣,美味但份额太少。而

强化学习
（点缀的樱桃）

监督学习
（外层的糖衣）

自(无)监督学习
（蛋糕的本体）

图 2-20　Yann LeCun（左）与他的蛋糕理论

无（自）监督学习才是蛋糕的本体。

在图 2-20 所示的划分中，LeCun 把无监督学习的重要性提到非常高的地位。此外，他还认为，即使为了让强化学习更加奏效，也离不开无监督学习的支持。而目前还不成气候的半监督学习，甚至都不入 LeCun 的法眼。

LeCun 坦言，他这么"褒贬分明"的分类可能会得罪部分研究人员。我们也不妨将其当作一家之言，来了解各个门派的地位。

在蛋糕理论的第一个版本中，蛋糕的本体还是无监督学习（NIPS 2016 主旨报告），到了第二个版本，蛋糕主体就变成了自监督学习（ISSCC 2019 主旨报告）。其实二者并没有多大分别，LeCun 所说的自监督学习就是一种狭义的无监督学习方法。

顾名思义，自监督学习就是自己监督自己学习。其实，所谓的"监督"，就是有预设的"标准答案"，如果实际输出结果和"标准答案"不符，就"知错能改"。自监督学习不同之处在于，它的预期输出（即"标准答案"）就是输入本身或输入的一部分。比如说，常见的自编码器，输入的是某个图片，输出的预期结果（相当于标签）还是同一个图片。如果输出的真实图片和预期结果不一致，则会调整网络参数，就相当于自己监督自己一样。这样做有什么用呢？其目的在于，希望借助神经网络来"重构"图片本身，在"重构"的图片中，找到一个压缩版本的新颖的图片表达方式（因此，在某种程度上，这可归属于人工智能的知识表示范畴）。

再比如，最近几年来比较流行的有关自然语言处理（NLP）预训练语言模型，输入是某种语言的句子，但在训练时会隐藏句子的部分单词，希望训练后的模型重建完整语句（相当于完形填空），这时输入和预期输出也是相同的，因此它也算是一种自监督学习。

自监督学习之所以非常重要,是因为监督学习虽然非常好用,但带标签的数据实在太少,或者说,获取成本实在太高,就好比蛋糕之外的糖衣一般,限于条件,没有办法大规模使用它们。因此,重视自监督学习,是一种直面现实的无奈之举,我们不得不想办法从没有标签的数据中学习所需的知识。

2.8 从哲学视角审视机器学习

从表面上看,机器学习是人工智能的一个分支。但从更抽象、更形而上的层面来看,它和哲学有着千丝万缕的联系。而从哲学层面来看,会让我们对机器学习理解得更加深刻[8]。

2.8.1 预测的本质

我们知道,不论是机器学习,还是它的特例深度学习,大致都存在两个层面的分析(参见图 2-21)。

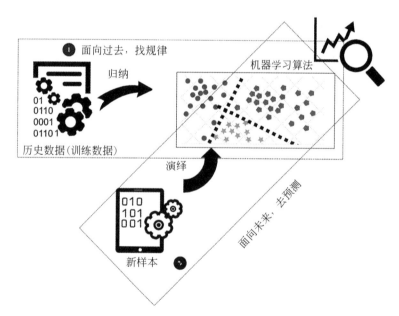

图 2-21 机器学习的两层作用

（1）面向过去（通过收集到的历史数据进行训练），发现潜藏在数据之下的模式，人们称之为描述性分析（Descriptive Analysis）。

（2）面向未来，基于已经构建的模型，对于新输入的数据对象实施预测，人们称为预测性分析（Predictive Analysis）。

在哲学上，前者主要使用了"归纳"，而后者侧重于"演绎进化"。对历史对象（在机器学习中表征为数据）的归纳，可以让人们获得经验洞察、提炼历史模式（patter）；而对新对象实施演绎和预测，可以使机器更加智能。二者相辅相成，缺一不可。

从古至今，人类对未来掌控的渴望，是根深蒂固的。这种渴望，体现出来的外在形式，就是预测。例如，《周易·系辞下》中有这样的描述：

"近取诸身，远取诸物，于是始作八卦，以通神明之德，以类万物之情。"

在上述论述中，其实反映的是古人尝试观察身边变化万千的客观世界，去预测（即"通"之含义）未知世界的尝试。

这种试图通过观察而得出真知的研究方法，实际上属于第一范式。范式（Paradigm）是美国科学哲学家托马斯·库恩在《科学革命的结构》一书中提出的概念[6]。简单来说，范式就是一种公认的模型或模式。

人类先后发生了从"实验观察""理论推导"到"模拟仿真"等的科研范式转移。到目前为止，我们步入大数据时代，海量数据扑面而来。适时，以图灵奖得主 J. Gray 为主的科学家们，提出了第四科研范式[7]，即通过密集计算，直接通过分析数据获取洞察。

但我们应清楚地认知到，所谓数据，不过是人们将观察固化成具体的、可视的东西而已，换句话说，观察换了一种呈现载体罢了。所以说，第四范式应该说是第一范式的升级版，底层的逻辑还是相通的。如果说，我们先辈以"八卦"来算命的话，那么现在的我们，不过利用数据，辅以机器，科学地"算命"罢了，无论是旧时代的先辈们，还是新时代的我们，都是对新事物、新现象、新样本做预测。

说到预测，我们日常生活中最常见的可能就是相面算卦了。抛开事物表象，它的逻辑同样适用于上述两个层面。很多算命先生能猜中（即预测）顾客的情况，这看上去很厉害，但实际上他们的秘诀并不是周易相术，而是归纳和演绎——在方法论上，和机器学习完全一样。

算命这个职业也有门槛，并不是每个人都能做的，算命先生同样需要学习。培训他们

图 2-22 《江湖丛谈》归纳的行走江湖模式

的秘传书籍之一,是一本叫作《玄关》的小册子(著名评书表演艺术家连阔如将该册子收纳进其著作《江湖丛谈》[①],见图 2-22)。这本书里有很多好用的观察口诀,比如,"父来问子,子必险",说的是,如果父亲来问孩子的情况,那么孩子的现状通常不好。

再比如"老妇再嫁,谅必家贫不孝",说的是,年纪大的妇女改嫁,差不多都是因为家穷且孩子不孝顺。这些所谓的口诀,实际上不过是对世间人情世故的归纳。当某人来算命时,算命先生不过是按照事前归纳的模式,"声情并茂"地演绎一番罢了。

2.8.2 归纳法的不完备性

哲学家大卫·休谟(David Hume,见图 2-23)就说,归纳法是人类一切知识的基础。的确,归纳(从众多个体中抽象出一般特征)并不是知识的终点,通过演绎(从一般到个体)来实施预测,才能发挥知识的功效。

图 2-23 哲学家大卫·休谟
(1711—1776)

需要注意的是,休谟也指出,归纳法其实是有问题的。问题主要体现在两个方面:①归纳法并不完备;②从事实中归纳不出价值。

先来说明第一个问题。我们知道,所谓归纳法,就是从单称陈述(即若干零散的观察或实验结果)推导出全称陈述(即一般性假说或理论)。早在 18 世纪,大卫·休谟就对归纳逻辑提出了质疑。按照大卫·休谟的理解,所谓的"归纳",就是不断拓展数据,以便涵盖更多新事例,即列举 n 个事例为真,然后把这个模式扩展到第 $n+1$ 个。但大卫·休谟却质疑,我们为什么要相信这个模式呢?不管 n 有多大,$n+1$ 都有可能不一样。据此,大卫·休谟认为,不管单称陈述有多少,都不能从中推导出全称陈述为真。

上述描述可能过于抽象,下面先用一则小故事来说明第一个问题[9]。

---

① 连阔如. 江湖丛谈[M]. 北京:中华书局,2010.

从前,有一头不在风口长大的小火鸡。自打出生以来,就在鸡栏这个世外桃源美满地生活着。每天都有人时不时地扔进来一些好吃的东西,

第 1 天是这样。

第 2 天还是这样。

……

第 99 天还是这样。

小火鸡觉得日子惬意极了！高兴任性时,可在鸡笼里耍泼打滚。忧伤时,可飞到鸡栏上,看夕阳西下,春去秋来,岁月不争。"火鸡"生若如此,夫复何求?

根据过往 99 天的大数据分析,小火鸡通过归纳得出规律并预测到,以后的日子会依然"波澜不惊"地过下去。

然而,在第 100 天的一个下午,一次血腥杀戮改变了小火鸡(不！已经是大火鸡了)的信念:归纳法都是骗人的啊……惨烈的鸡叫声戛然而止。

图 2-24 归纳法都是骗人的

这个杜撰的小故事,来自半个多世纪以前,英国哲学家伯特兰·罗素(Bertrand Russell,1872—1970)的故事版本——"被宰的火鸡"。

花费笔墨来阐述上面的小故事,实际上是想说明归纳法的短板所在:"观测-归纳法"是不完备的。正如爱因斯坦所说,"从单称陈述到全陈述是没有逻辑通路的。"

事实上,如果你细品,还能从上面的小故事品出另外一层含义。当我们在低认知空间归纳出某些规律时,需要谦卑谨慎一些,因为你可能压根不知道,在更高认知空间的人或事(如农场主或火鸡主人),会轻而易举地打破你所归纳总结的规律。

比如说,假设你是一个生活在二维平面的小人,通过无数次试验,你归纳出一个规律,在这个二维世界里,只能做出两条相互垂直的直线,而无法做出三条相互垂直的直线,如图 2-25(a)所示。在二维世界里,这个归纳所得的规律,自然是正确的。于是,这个规律衍生的推论就是:三维空间是不存在的!

然而,生活在三维世界的我们,很容易知道,纸面小人的结论是荒谬的。因为穿越纸面(二维空间),很容易做出第 3 条相互垂直的直线,如图 2-25(b)所示。

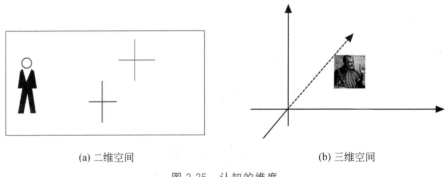

(a) 二维空间　　　　　　　　　　(b) 三维空间

图 2-25　认知的维度

2000 多年前,集数学家、天文学家、占星家等身份于一身的托勒密(约 100—170),就利用同样的逻辑,归纳出一个规律:人们最多只能做出三条彼此垂直的直线,而无法做出四条相互垂直的直线,因此他的证明,似乎印证了亚里士多德的说法,四维空间是不存在的!

然而,托勒密的证明正确吗? 站在当下,以我们现在的认识水平,自然知道托勒密是错的。托勒密顶多说明了,站在三维空间的我们,难以想象出四维空间的模样,但并不能证明四维空间是不存在的。

1854 年 6 月 10 日,伯恩哈德·黎曼(Bernhard Riemann,1826—1866)在格丁根大学做了题为"论作为几何学基础的假设"(*On the Hypotheses Which Lie at the Bases of*

Geometry)的就职演讲,讲演深刻而富有想象力。从那天起,黎曼几何得以创立并蓬勃发展起来,它还为爱因斯坦的广义相对论提供了数学基础。

在这次演讲中,伯恩哈德·黎曼就提出了四维的概念。这是一个极具想象力的概念,给后期的艺术创作、哲学认知甚至科幻小说,都提供了丰富的素材。现在,我们都知道了,在数学上,四维甚至更高维空间都是存在的。在机器学习里亦是如此,例如,在自然语言处理中,词向量空间的维度动辄可达到成千上万维!

上述哲学层面的反思,其目的在于提醒读者,有时不可痴迷于机器学习归纳出的结论,要有一颗敬畏之心,反省一下,自己收集的数据是不是片面的,从而得出是否也是"盲人摸象"般(局部低维认知)的结论。

2.8.3　大卫·休谟问题：事实归纳不出价值

下面我们再来谈谈大卫·休谟提出的第二个问题。我们知道,人工智能认知的起点,就是 being,其本义就是"存在,客观的物质"。比如,human-being(人类)表示的就是作为"人"而存在的物质。某种程度上,being 代表的就是一种客观事实。

目前的机器学习算法,很容易从 being 中归纳出某种模式,进而利用模式,通过演绎来预测。然而,关于人的智能,还应该和 should(应该)有关。

should 在中文语境里,对应着"义",即《三国演义》的"义"和关云长"义"薄云天的"义"。这是一种价值观。

小说家王小波在《沉默的大多数》中表达了类似的观点[9]:

"做了一世的学问,什么叫作"是"(be),什么叫作"应该是"(should be),从来就没搞清楚过。我们知道,前者是指事实,后者是指意愿,两者是有区别的。"

的确。真正的智能载体(如人类),不仅要包括 being(认知事实)的能力,还应该有should(有情有义)的能力。

这是因为,我们所处的世界是多元的,它是由事实和价值混合而成。然而,大卫·休谟毫不客气地指出,"从事实中'推'不出价值。"

那么问题来了。机器学习最擅长的工作,就是从事实中"归纳"出模式。这种策略,如果一以贯之,就可能导致一个"残缺"的智能。

比如说,在《三国演义》中有个世人皆知的一个故事:"诸葛亮智算华容,关云长义释曹操"。关曹二人彼此是敌人,如果我们使用归纳法,一定会从海量的战争事实中,归纳出对待敌人的规律：对待敌人，就要像"秋风扫落叶一样残酷"，手起刀落本是第一选择，但关云长却抬起他的青龙偃月刀，放走了曹操，叹一声：

孟德近前听根源：

当初待某有恩典，

关某亦非无义男。

今日放你回朝转，

千万不可反中原。

关羽违背常理放了曹操，却成为美谈，但由归纳法驱动下的机器学习，推不出这种价值观，只能无奈地说一句，"机（姬）做不到啊！"

"从事实中推不出价值"，难道就是无解的吗？其实，破解大卫·休谟之问（也是人机差异）的关键所在，就在这个"推"字上。这个"推"所含的归纳、演绎越少，类比、隐喻越多，大卫·休谟之问就越有解。这个"推"字，也是东西方思想之间的一个主要差异[10]。

但"归纳和演绎"是当前人工智能取胜的主要方法论，亦不可轻易舍弃。真是难以取舍，不好平衡。我们说，做人难，其实做"机器人"更难！

2.9 本章小结

在本章中，我们主要讲解了机器学习的主要形式，从有无"教师信号"和是否使用标签数据，可分为监督学习、无监督学习、半监督学习。

监督学习是有"教师"指导的学习。这里的"教师"信号是指，在训练模型时，分类或回归的预期答案。如果实际输出和预期输出有差距，那么就利用这个差距，反向调节学习系统中的参数，达到"有则改之，无则加勉"，慢慢让监督学习的输出误差，达到可接受的程度。

无监督学习是一种利用距离的"亲疏远近"，来衡量不同分组的学习方法。无监督学习使用未标记过的数据，即不知道输入数据对应的输出结果是什么，让学习算法自身发现数据的模型和规律，比如聚类或异常检测。无监督学习之所以还能进行"异常检测"，就是判断某些点"不合群"，它是聚类的反向应用。

半监督技术则采用"中庸之道"，利用聚类技术扩大已知标签范围，也就是说，训练中

使用的数据只有一小部分是标记过的,而大部分是没有标记的,然后逐渐扩大标记数据
的范围。机器学习的三大分类示意图如图 2-26 所示。

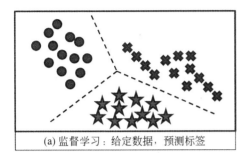
(a) 监督学习：给定数据，预测标签

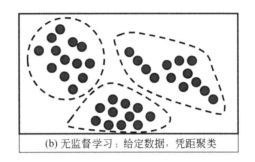
(b) 无监督学习：给定数据，凭距聚类

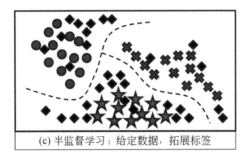
(c) 半监督学习：给定数据，拓展标签

图 2-26　机器学习的三大分类示意图

最后,我们对机器学习方法论(归纳与演绎)做了一定程度上的哲学反思。我们应清
晰地知道,虽然哲学反思并不能真正地解决问题,但它能让问题定位得更加准确、目标追
寻得更为深邃。

2.10　思考与练习

通过本章的学习,思考如下问题。

2-1　什么是机器学习？评价机器学习的标准是什么？

2-2　监督学习、无监督学习和半监督学习的区别在哪里？

2-3　有人说,正确的"伦理"就是存有"是非之心",就是正确的"分类",它和"智慧"是
近似词。你对机器学习的伦理有过怎样的思考？

参考文献

[1] [美]特伦斯·谢诺夫斯基. 深度学习：智能时代的核心驱动力量[M]. 北京：中信出版集团，2019.

[2] HARARI Y N. Homo Deus：A brief history of tomorrow[M]. New York：Random House，2016.

[3] HAN J，PEI J，KAMBER M. Data mining：concepts and techniques[M]. Amsterdam：Elsevier，2011.

[4] 于剑. 机器学习——从公理到算法[M]. 北京：清华大学出版社，2017.

[5] 周志华. 机器学习[M]. 北京：清华大学出版社，2016.

[6] KUHN T S. The Structure of Scientific Revolutions[M]. Chicago：University of Chicago Press，1962.

[7] HEY A J，TANSLEY S，TOLLE K M. The fourth paradigm：data-intensive scientific discovery[M]. Microsoft Research Redmond，WA，2009，1.

[8] 张玉宏. Python极简讲义：一本书入门数据分析与机器学习[M]. 北京：电子工业出版社，2020.

[9] 张玉宏. 品味大数据[M]. 北京：北京大学出版社，2016.

第 3 章

k 近邻算法：近朱者赤、近墨者黑

君君，臣臣，父父，子子。

——《论语·颜渊》

3.1 "君君臣臣"传达的分类思想

在《论语·颜渊》篇中，有这么一段著名的对话：

齐景公问政于孔子。

孔子对曰："君君，臣臣，父父，子子。"

公曰："善哉！信如君不君、臣不臣，父不父、子不子，虽有粟，吾得而食诸？"

其大意是这样的：

齐景公问孔子如何治理国家。孔子说："做君主的，要有像君的样子；做臣子的，要有像臣子的样子；做父亲的，要有像父亲的样子；做儿子的，要有像儿子的样子。"齐景公说："讲得好呀！如果君不像君，臣不像臣，父不像父，子不像子，虽然有粮食，我能吃得上吗？"

一些人在批评儒家主张尊卑森严的等级制度时，上面一段话是常见的"证据"。

但在这里，我们不去评价孔子（见图 3-1）时代的价值观，而是想强调这个"像"字："做君主的要'像'君的样子，做臣子的要'像'臣的样子，做父亲的要'像'父亲的样子，做儿子的要'像'儿子的样子。"

图 3-1 孔子的君臣伦理与分类思想

为什么要强调这个"像"字呢？"像"即为"相似"。相似性为归类之要义[1]。

在第 1 章中，我们也提到，孟子曾说"智者是非之心也"，是非之心就是"智"①。人工智能要想实现"智"，就得有"是非之心"，即要明白"伦理"。有了正确的伦理，就很接近人的智能了[2]。

那什么是"伦理"呢？从古希腊角度来看，伦是分类，分类的道理就是伦理。而要正确地分类就要解决如何评估"像"的问题。

于剑教授曾有一个非常精彩的总结[3]，"归哪类，像哪类。像哪类，归哪类。"上面的描述看似重复，其实不然。"归哪类，像哪类"说得是"归纳"，即发现模式，总结规律，而"像哪类，归哪类"说的是"演绎"，也就是"预测"。

铺陈至此，你应该明白，本章讨论的议题就是机器学习中的分类算法。分类算法中最简单的莫过于 k 近邻（k-Nearest Neighbor，kNN）算法。它虽简单，但非常经典，位列十大数据挖掘算法之中[4]，值得我们去掌握②。

3.2 k 近邻算法的核心思想

在《孔子家语·六本》里，有这样的说法："不知其子视其父，不知其人视其友，不知其君观其所使，不知其地视其草木。"简单来说，这句话说的是，如果你拿不准某个人咋样？就靠近看看这个人所侵染的环境就可以了，因为人和其周遭具有相似性（即具有同质性）。

傅玄《太子少傅箴》中也有言，"近朱者赤，近墨者黑。"这句话说的意思和《孔子家语·六本》是一样的，如果你的邻居多是"朱红"的，那你想不"红"都难。类似地，如果你的朋友多是混迹于江湖的黑道，那你想"出污泥而不染"也很难。

不论是《孔子家语·六本》，还是《太子少傅箴》，都表明一个哲理，那就是用与你最亲的几个（设为 k 个）近邻来给你打标签，进而分组归类，是一种比较靠谱的行为。

上述思想如果被机器学习领域采用，那就是本章要学习的 k 近邻算法，这里 k 表示邻居的个数。

---

① 用机器学习的术语来说，"是非"也可以看作一种"二分类"。

② 根据吴信东等教授的研究，十大算法分别为 C4.5、K-Means、SVM、Apriori、EM、PageRank、AdaBoost、kNN、Naive Bayes 和 CART。

  k 近邻算法是经典的监督学习算法[①]，它不仅可以用于分类，还可以用于回归分析。作为分类算法，*k* 近邻算法的工作机制并不复杂，简单描述如下：给定某个待分类的测试样本，在特征空间（Feature Space）中，基于某种距离（如欧几里得距离）度量，找到训练集合中与其距离最近的 *k* 个训练样本。然后再基于这 *k* 个最近的"邻居"（*k* 为正整数，通常较小），对目标对象进行预测分类。

  预测策略通常采用的是多数表决的"投票法"。也就是说，对于待分类的新样本，它的 *k* 个最近的"邻居"多数属于哪一个类，它"随大流"就归属于哪个类。例如，在图 3-2 中，当 *k*＝1 时，距离待分样本最近的一个邻居是方块，因此待分样本的组别自然就属于第 1 类（即方块类）；再如，当 *k*＝3 时，遵循"少数服从多数"原则，待分样本则归属为第 2 类（即三角类。它的三个最近邻居的组成为 1 个方块，2 个三角形，1：2，三角形类胜出）。自然，当继续扩大 *k* 值时，待分样本的归属又可能发生变化。

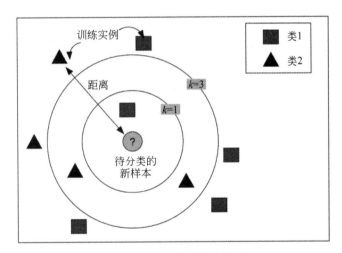

图 3-2 *k* 近邻分类示意图

k＝3 表示距离最近的 3 个邻居，自然也是包括最近的 1 个邻居，就好比班级成绩前 3 名，也包括班级第 1 名一样。

  k 近邻**是一种基于实例的学习模型，也是惰性学习的典型代表**。所谓惰性学习（Lazy Learning）是指，它没有显式的训练过程，它对训练数据完全不做处理或只做少量预处理。

  此类学习方法在训练阶段仅仅将样本保存起来，所以训练阶段的时间开销为零。待收到测试样本时，才正式启动算法流程。与之相反的是，如果**在训练阶段就"火急火燎"地从训练样本中建模型、调参数的学习方法，称为"急切学习（Eager Learning）"**。

---

  ① Cover T M, Hart P. Nearest neighbor pattern classification[J]. IEEE Transactions on Information Theory, 1967，13(1)：21-27.

最后,距离计算的方式不同,也会显著影响谁是它的"最近邻",从而也会显著影响分类结果。常用的距离计算方式有欧几里得距离(Euclidean Distance)、马氏距离(Mahalanobis Distance)及汉明距离(Hamming Distance)等。

3.3 k 近邻算法的数学基础

机器学习算法的计算离不开数学知识,特别是离不开线性代数的知识。下面结合 k 近邻算法的所需,简单回顾一下该算法所需的数学知识。

3.3.1 特征向量与矩阵

首先要说明的概念就是向量(vector)。直观上来看,向量横着的一排数字,如果其内的每一个数字代表一个维度的特征值,那么这样的向量,就称为特征向量。

对同样的事物,我们可以提取出各种各样的特征。比如说,衡量"做臣子的要像臣子的样子(即臣臣)",需要考虑 $n(=5)$ 个维度的特征,如忠诚、智谋、武功、财富、相貌[①],分别给每个特征打个分,放在一起就构成一个特征向量,记为 x_1

$$x_1 = [6, 9, 1, 2, 8]$$

这里,x_1 表示编号为 1 的大臣的特征向量。

当然,庙堂之上的大臣不止一个。于是,就用 x_2 表示第 2 个大臣的特征向量:

$$x_2 = [7, 8, 3, 4, 5]$$

类似地,第 3 个大臣的特征向量为

$$x_3 = [9, 5, 7, 3, 6]$$

以此类推,第 m 个大臣的特征向量为

$$x_m = [5, 8, 6, 1, 2]$$

如果齐景公日理万机,该如何管理这些臣子呢? 也就是说,这么多特征向量放在一起,怎么呈现比较好呢? 最直观的方式,莫过于把它们一行行堆叠起来,这就形成了一个有 m 行 n 列的矩阵(n 表示不同特征的个数)。这就是矩阵(matrix)的由来,我们用 X

---

① 读者先不要质疑"相貌"这个特征能否成为评价一个合格臣子的合理性。这是因为,一方面存在特征选择问题,并不是每个特征都会被用作分类。另一方面,还可以给每个特征分配对应的权值。如果这个特征真的无效,那么这个对应的权值会很小,甚至为负数。

表示：

$$X = \begin{pmatrix} 6 & 9 & 1 & 2 & 8 \\ 7 & 8 & 3 & 4 & 5 \\ 9 & 5 & 7 & 3 & 6 \\ 5 & 8 & 6 & 1 & 2 \end{pmatrix}_{m \times n}$$

为了简化起见，这里 $m = 4, n = 5$。于是，矩阵 X 中的某个元素 x_{ij} 表示第 i 个臣子的第 j 个特征。

有了特征向量表示之后，进一步地，可以把特征向量表示在直角坐标系中。比如 $x_1 = (6, 9, 1, 2, 8)$ 就可以看成是直角坐标系中的一个点。这些表示特征向量的点，被称为特征点。而所有这些特征点构成的空间被称为特征空间（feature space），如图 3-3 所示（为绘图方便，我们仅挑选了前 3 个特征）。[①]

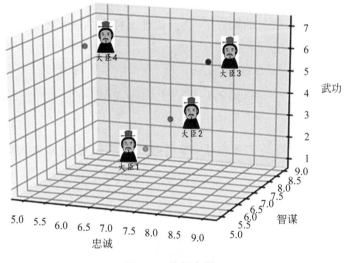

图 3-3　特征空间

目前，臣子有 5 个特征：忠诚、智谋、武功、财富、相貌。如和你以前的疑惑一样，有些特征对分类任务（比如判断是否为一个合格的臣子）是没有多少用处的。比如说，对齐景公来说，或许他只看重前三个：忠诚、智谋、武功。这种从众多特征中，仅选取部分特征服

---

① Python 源代码详见范例 3-1（3d-scatter.py）。代码仅供有编程基础的读者参考。对于没有编程基础的读者，通常并不影响正文理解。全书同。

务于任务这种行为就叫特征选择（feature selection）。

过拟合是指过于精确地匹配特定数据集，以至于无法良好地拟合其他数据的现象。

特征选择在机器学习中特别重要。合适的特征选择，可以达到如下效果：①模型得以简化，使之更易于被用户理解；②缩短训练时间；③改善通用性，降低过拟合（overfitting）。

相同维度的特征向量是可以实施运算操作的。比如，如果齐景公看到了大臣们的特征矩阵 X，按捺不住自己"指点江山"的兴致，对各个臣子的每个特征做了各种期许，比如，他对第 1 个大臣 x_1 的期许是这样的：忠诚（+1，表示忠诚不够，还要加 1）、智谋（+0，表示已经够聪明了，无须改变）、武功（+2，表示还需加强军事训练，还需要提升 2）、健康（+4，表示身体太弱，需要较大幅度提升身体素质）、相貌（−3，表示长得太帅，影响朝政，不需要每次上朝都打扮得光鲜亮丽）。

于是，这些期许放在一起，也搞成了一个向量，记为 y_1：

$$y_1 = [1, 0, 2, 4, -3]$$

如果大臣 x_1 达到齐景公的期许了，会变成什么样子的呢？实际上，这就涉及向量的加法，其结果记为 z_1：

$$\begin{aligned}
z_1 &= x_1 + y_1 \\
&= [6, 9, 1, 2, 8] + [1, 0, 2, 4, -3] \\
&= [7, 9, 3, 6, 5]
\end{aligned}$$

向量的加法实施规则是，"丁对丁，卯对卯"，对应位置的元素两两相加，如图 3-4 所示。

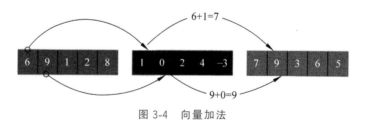

图 3-4　向量加法

类似地，齐景公对第 2 个大臣 x_2 的期许是这样的：忠诚（+2）、智谋（+1）、武功（+4）、健康（+4）、相貌（−2）。于是，这些期许也搞成了一个向量，记为 y_2：

$$y_2 = [2, 1, 4, 4, -2]$$

如果大臣 x_2 达到齐景公的期许了，其结果可记为 z_2：

$$z_2 = x_2 + y_2$$
$$= [7,8,3,4,5] + [2,1,4,4,-2]$$
$$= [9,9,7,8,3]$$

或许，你也感觉出来了，如果都这么处理，效率太低。能不能把齐景公对臣子的期许汇集在一起，形成一个矩阵 Y，Y 和 X 等大，也是 $m \times n$ 维：

$$Y = \begin{pmatrix} 1 & 0 & 2 & 4 & -3 \\ 2 & 1 & 4 & 4 & -2 \\ 0 & 3 & 2 & 4 & -1 \\ 4 & 1 & 2 & 7 & 2 \end{pmatrix}$$

这样一来，就可以批量地把 Y 迭代到 X 上，这就是矩阵的加法：

$$Z = X + Y$$
$$= \begin{pmatrix} 6 & 9 & 1 & 2 & 8 \\ 7 & 8 & 3 & 4 & 5 \\ 9 & 5 & 7 & 3 & 6 \\ 5 & 8 & 6 & 1 & 2 \end{pmatrix} + \begin{pmatrix} 1 & 0 & 2 & 4 & -3 \\ 2 & 1 & 4 & 4 & -2 \\ 0 & 3 & 2 & 4 & -1 \\ 4 & 1 & 2 & 7 & 2 \end{pmatrix}$$
$$= \begin{pmatrix} 7 & 9 & 3 & 6 & 5 \\ 9 & 9 & 7 & 8 & 3 \\ 9 & 8 & 9 & 7 & 5 \\ 9 & 9 & 8 & 8 & 4 \end{pmatrix}$$

从上面分析可知，在本质上，矩阵就是一个人们虚构出来的一种代数工具，利用这种工具，人们能够让计算从单个处理，变成批量处理。相比矩阵加法，矩阵的乘法用途更大。我们先来说说一个矩阵和一个向量如何相乘，然后再扩展到矩阵和矩阵的乘法。

前面我们提到，对于齐景公来说，臣子的某些特征对他有用（比如说忠诚、智谋、武功），而有些特征如财富、相貌等对他用途不大，于是齐景公对这 5 个特征给出了不同的权重，比如说，忠诚(0.5)、智谋(0.2)、武功(0.2)、财富(0.05)、相貌(0.05)，为了便于处理，那么这些权重也可以汇集起来，形成一个权值向量，记为 W：

$$W = [0.5, 0.2, 0.2, 0.05, 0.05]$$

有时，为了表述方便，人们会把这个行向量通过转置(Transpose, T)，得到一个列向量：

$$\boldsymbol{W}^{\mathrm{T}} = \begin{bmatrix} 0.5 \\ 0.2 \\ 0.2 \\ 0.05 \\ 0.05 \end{bmatrix}$$

有时为了方便,在说明是列向量的情况下 $\boldsymbol{W}^{\mathrm{T}}$ 上的 T 也省略了。

如果齐景公觉得每次看一堆数据很麻烦,能不能给每个臣子在整体上打个分数呢,于是,就用到了矩阵与向量的乘法:

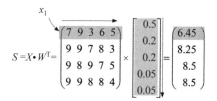

图 3-5　矩阵与向量的乘积

以第 1 个臣子为例,他综合的分数为:忠诚(7×0.5)+智谋(9×0.2)+武功(3×0.2)+财富(6×0.05)+相貌(5×0.05)=6.45。也就是说,矩阵第一行每一个数字,分别与列向量的每一个数字相乘之后再相加求和。类似地,第 2 个臣子的综合分数为:忠诚(9×0.5)+智谋(9×0.2)+武功(7×0.2)+财富(8×0.05)+相貌(3×0.05)=8.25,以此类推[①]。

或许,有读者会说,这不就是算术中加权相乘后的连加求和吗,为什么要搞出矩阵这样一个工具? 是的,如果只有 5 个维度,可能不需要用矩阵,人们心算或许就能得到结果,但如果需要计算的数据是 1 万维、100 万维,人们通常就想不清楚了,而用矩阵运算,就非常直观,使用它既方便又不容易出错。

在图 3-5 中,大臣们的各个特征的权值都是一样的。假设齐景公"审时度势",和平时给大臣们的各个品性一个权值分配,战争时是另外一个权值体系,心血来潮时又是其他一套玩法,那么又将如何呢?

---

① 矩阵操作的 Python 程序,可参见随书源代码范例 3-2:mat_mul.py。

如果将这些权值都汇集起来，就会形成一个权值矩阵。现在我们想要知道齐景公在各个时期对大臣的整体评估分数，这就需要涉及矩阵与矩阵的乘法运算了，如图 3-6 所示。

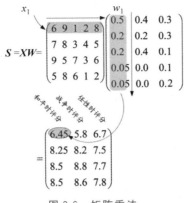

图 3-6　矩阵乘法

计算矩阵的 Python 代码如下所示。

```
01    import numpy as np                      #导入 NumPy 模块
02    X =np.array([[7, 9, 3, 6, 5],          #构造特征矩阵 X
03                  [9, 9, 7, 8, 3],
04                  [9, 8, 9, 7, 5],
05                  [9, 9, 8, 8, 4]])
06    W =np.array([                          #构造权值矩阵 S
07        [0.5, 0.4, 0.3],
08        [0.2, 0.2, 0.3],
09        [0.2, 0.4, 0.1],
10        [0.05, 0.0, 0.1],
11        [0.05, 0.0, 0.2]
12        ])
13    S =np.dot(X,W)                         #计算矩阵乘法 X * W
14    print("矩阵与矩阵相乘:\n",S)            #输出运算结果
```

我们并没有打算给读者讲解有关矩阵运算的 Python 语法，这里之所以给出代码，是想让读者有个感性认知，上述代码中，除了数据准备（第 02~12 行），核心代码就一行，第 13 行的矩阵运算。在这个矩阵运算里，你并没有看到任何 for 循环的迹象。也就是说，

在计算矩阵时,通常并不是一个一个元素串行运算的,而是在 NumPy[①] 等计算框架下做了优化,以向量的形式批量计算。事实上,这种向量化的批量处理操作,在多核 CPU 和众核 GPU 的环境下,性能的提升尤其明显,而规整化的矩阵,为大规模向量运算提供了"物资(数据)基础"。

3.3.2 特征向量的归一化

我们知道,k 近邻免不了计算不同邻居(数据点)之间的距离。然而,样本可能有多个特征,不同特征亦有不同的定义域和取值范围,它们对距离计算的影响可谓大相径庭。

比如,对于颜色而言,245 和 255 之间相差 10。但对于天气的温度,37℃ 和 27℃ 之间也相差 10。这两个距离都是 10,但相差的幅度却大不相同。这是因为,颜色的值域是 0~255,而通常气温的年平均值在 −40℃~40℃,这样,前者的差距幅度在 10/256＝3.9%,而后者的差距幅度是 10/80＝12.5%。因此,为了公平起见,样本的不同特征需要做**归一化(Normalization)**处理,即把特征值映射到[0,1]范围之内处理。

归一化机制有很多,最简单的方法莫过于 MIN-MAX 缩放,其过程是这样的: 对于给定的特征,首先找到它的最大值(MAX)和最小值(MIN),然后对于某个特征值 x,它的归一化值 $\tilde{x}$ 可用式(3-1)表示,图 3-7 演示了这个过程。

$$\tilde{x} = \frac{x - \text{MIN}}{\text{MAX} - \text{MIN}} \tag{3-1}$$

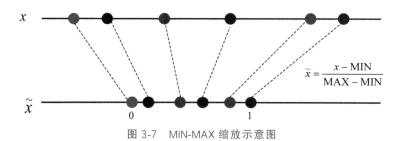

图 3-7　MIN-MAX 缩放示意图

下面用一个简单的例子来说明这个归一化值的求解。假设训练集合中有 5 个样例,其中某个特征的值分别为[6, 9, 1, 2, 8]。为了降低读者的实践门槛,我们用 Excel 来演示它的运算过程(Python 版本代码参见范例 3-3: max-min.py)。

---

① NumPy 是 Python 语言的一个扩展程序库,支持高维度数组与矩阵运算。

首先，在 Excel 中第一列（A）依次输入需要归一化的向量。然后在单元格 B2（表示第 B 列和第 2 行的交界处）输入公式：＝MAX(A2：A6)，这里需要简单说明的是，在 Excel 中，"＝"是输入公式的标记符，MAX 是 Excel 的内置公式，A2：A6 表示数据来源是第 A 列的第 2 行到第 6 行。"："是数据起止范围的分隔符。公式输入完毕后，按回车键即可得到向量的最大值 9。

请注意：对于公式，请不要用全角公式或冒号和等号，全书同。

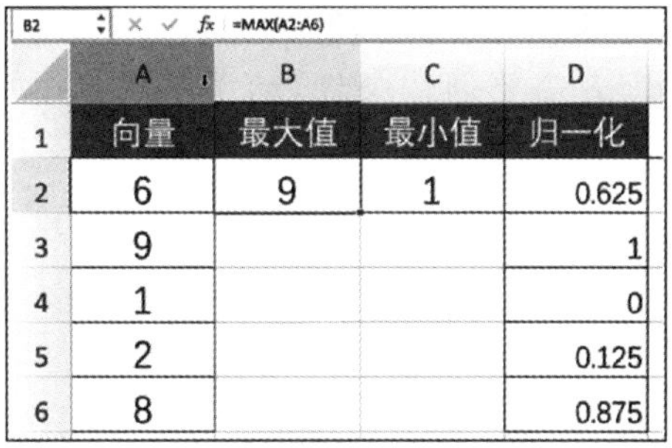

	A	B	C	D
1	向量	最大值	最小值	归一化
2	6	9	1	0.625
3	9			1
4	1			0
5	2			0.125
6	8			0.875

B2 | =MAX(A2:A6)

图 3-8 极大极小归一化（Excel 实践）

类似地，在 C2 单元格输入公式"＝MIN(A2：A6)"即可得到向量的最小值 1。归一化要用到最大值和最小值，然后在 D2 单元格中输入公式"＝(A2－$C$2)/($B$2－$C$2)"即可算得向量 6 对应的归一化数值 0.625（见图 3-9）。然后将鼠标移至 D2 单元格的右下角，鼠标变为一个"十"字模样，压住鼠标左键拖动鼠标至 D6。

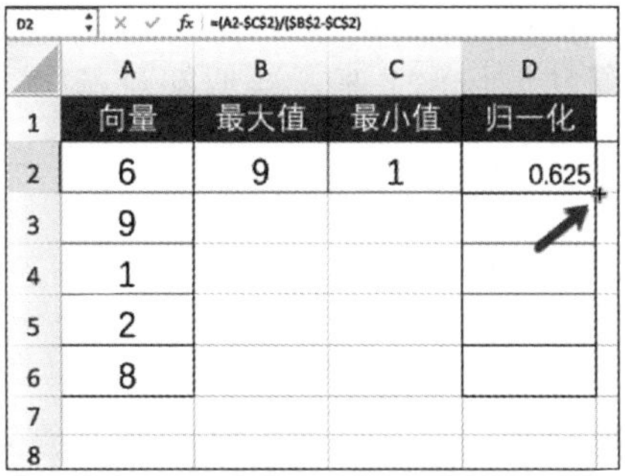

	A	B	C	D
1	向量	最大值	最小值	归一化
2	6	9	1	0.625
3	9			
4	1			
5	2			
6	8			
7				
8				

D2 | =(A2-$C$2)/($B$2-$C$2)

图 3-9 计算极大极小值的过程

默认情况下，单元格引用是相对引用。在拖动鼠标时，从单元格 D2 到 D6 时，公式就变为＝(A6－$C$2)/($B$2－$C$2)。我们知道，最大值(B2)和最小值(C2)是全局的，在拖动鼠标下拉时，我们不希望它的编号发生变化，于是可以在单元格对应的列

在 Excel 中，行或列的编号前面添加美元符号 $，表示绝对公式标记，它表示在拖动单元格，有该标识的单元格被"锁定"，单元格中的内容不会随鼠标拖动而发生变化。

号和行号前面添加美元符号（$），表示绝对引用。这样一来，就可以很方便地得到图 3-8 所示的计算结果。

从图 3-8 输出的结果可以看出，所有的值都落入区间[0,1]，这样就完成了归一化操作。如果每个特征都做归一化处理，那么不同量纲的特征，就不会因为量纲的差异而对计算距离产生重大偏差。

从上面的实践中可以看到，人工智能其实是一门实践性很强的学科。"纸上得来终觉浅，绝知此事要躬行。"读者需要创造条件，动手实践，以便能更为深刻地理解一些概念。

常用的特征归一化操作还有"方差缩放"。它的操作流程是这样的：特征值减去该特征的均值，再除以方差：

$$\tilde{x} = \frac{x - \text{mean}(x)}{\text{sqrt}(\text{var}(x))} \tag{3-2}$$

通过"方差缩放"，数据特征的均值为 0，方差为 1。如果初始特征值服从正态分布，那么缩放后的特征值同样也服从正态分布，不过是方差和均值发生了变化。关于"方差缩放"的归一化实践，就留给读者自行完成吧。

3.4　k 近邻算法的三个要素

言归正传，回到 k 近邻算法的讨论上来。我们知道，k 近邻算法有三个核心要素：k 值的选取、邻居距离的度量和分类决策的制订。下面分别对它们进行简单介绍。

3.4.1　k 值的选取

k 近邻算法的优点很明显，简单易用，可解释性强，但也有其不足之处。例如，"多数表决"会在类别分布不均匀时浮现缺陷。也就是说，k 值的选取非常重要，出现频率较多的样本将会主导测试点的预测结果。

从图 3-2 中可见，k 值的选取，对 k 近邻算法的分类性能有很大影响。如果 k 值选取较小，相当于利用较小邻域的训练实例去预测分类，"学习"的近似误差较小，但预测的结果对训练样例非常敏感。如果这个近邻恰好就是噪声，那么预测就会出错。也就是说，k 值较小，分类算法的健壮性较差。

倘若 k 值较大，则相当于在较大邻域中训练实例进行预测，它的分类错误率的确有所下降，即学习的估计误差有所降低。但随着 k 值的增大，分类错误率又会很快回升。这是因为，k 值增大带来的健壮性，很快就会被多出来的邻居"裹挟而来"的噪声点所抑制，也就是说，学习的近似误差会增大。

换句话说，对于 k 值的选取，过犹不及。通常，人们采取**交叉验证**（**Cross Validation**，**CV**）①的方式来选取最优的 k 值，即对于每一个 k 值（$k=1,2,3,\cdots$），都做若干次交叉验证，然后计算出它们各自的平均误差，最后择其小者定之。

3.4.2　邻居距离的度量

不量化，无以度量远近。k 近邻算法要计算"远亲近邻"，就要求样本的所有特征都能做到可比较的量化。如果样本数据的某些特征是非数值类型的，那也要想办法将其量化。比如颜色，不同的颜色（如红、绿、蓝）就是非数值类型的，它们之间好像没有什么距离可言。但如果将颜色（这种非数值类型）转换为灰度值（数值类型：$0\sim255$），那么就可以计算不同颜色之间的距离（或说差异度）。

在特征空间上，某两个点之间的距离也是它们相似度的反映。距离计算的方式不同，也会显著影响谁是它的"最近邻"，从而也会显著影响分类结果。假设有如下训练集：

$$T=\{(x_i,y_i),i=1,2,\cdots,n\} \tag{3-3}$$

式（3-3）中，x_i 为第 i 个样本的特征向量，$y_i\in\{1,2,\cdots,c\}$ 为类别标签。对于一个新样本 (x,y)，它在训练集合中的最近邻标记为 (x_h,y_h)，可用式（3-4）来选取它的最近邻：

$$d(x,x_h)=\min_i(d(x,x_i)) \tag{3-4}$$

式（3-4）中，$d(x,x_i)$ 表示新样本 x 和训练集中的样本 x_i 之间的距离。于是，新样本的类别就被预测为距离它最近的 k 个邻居的标签，记作 $\hat{y}=y_h$。

很显然，式（3-4）的核心所在，是如何度量任意两个样本之间的距离。对于 m 维样本 x_i 和样本 x_j 之间的距离 L_p，通常可以用欧几里得距离（Euclidean Distance，简称**欧氏距离**）表示：

---

① 交叉验证，亦称循环估计，是一种统计学上将数据样本切割成较小子集的实用方法。算法先在一个子集上做分析，而其他子集则用来做后续对此分析的确认及验证。

$$d(x_i, x_j) = \left(\sum_{s=1}^{m} (x_i^{(s)} - x_j^{(s)})^2 \right)^{1/2} \tag{3-5}$$

当 $m = 2$ 时,对于二维平面两点 x_1 与 x_2 间的欧几里得距离可表示为

$$d(x_1, x_2) = \sqrt{(x_1^{(1)} - x_2^{(1)})^2 + (x_1^{(2)} - x_2^{(2)})^2} \tag{3-6}$$

当然,度量距离的方式并非仅限于欧几里得距离,比如还可以是曼哈顿距离(Manhattan Distance)、切比雪夫距离(Chebyshev distance)、汉明距离(Hamming Distance)、余弦相似度、皮尔逊相关系数、KL 散度等。在实际应用中,要根据不同的应用场景选择不同的距离度量。只有这样才能让基于距离计算的 k 近邻算法表现得更好。

3.4.3 分类决策的制订

本质上,分类器就是一个由特征向量到预测类别的映射函数。k 近邻算法的分类流程大致按如下三步走。

(1)计算待测试样本与训练集合中每一个样本的欧几里得距离。

(2)对每一个距离从小到大排序。

(3)选择前 k 个距离最短的样本,分类任务采用"少数服从多数"的表决规则。k 近邻回归的任务的实现逻辑也不复杂,它可采用 k 个近邻的平均值作为预测值。

k 近邻的损失函数为 0-1 损失函数:

$$L(Y, f(X)) = \begin{cases} 1, & Y \neq f(X) \\ 0, & y = f(X) \end{cases} \tag{3-7}$$

分类函数为

$$f: R^n \rightarrow \{c_1, c_2, \cdots, c_K\} \tag{3-8}$$

那么,分类错误的概率为

$$P(Y \neq f(X)) = 1 - P(Y = f(x)) \tag{3-9}$$

对给定实例 $x \in \chi$,其最近邻的 k 个样本点构成一个小集合,记作 $N_k(x)$。如果涵盖 $N_k(x)$ 的区域的类别为 c_j(虽然这个有待判定的分类未知大小,但肯定在 $\{c_1, c_2, \cdots, c_K\}$ 之列),那么分类错误率为

$$\frac{1}{k} \sum_{x_i \in N_k(x)} I(y_i \neq c_j) = 1 - \frac{1}{k} \sum_{x_i \in N_k(x)} I(y_i = c_j) \tag{3-10}$$

分类错误率，其实就是训练数据的经验风险。如果要使得经验风险最小，那么就得让分类正确率最大，即 $\frac{1}{k} \sum_{x_i \in N_k(x)} I(y_i = c_j)$ 最大化。对于特定 k 近邻分类器而言，k 可视为常数，因此可得

$$c_j = \arg \max_{c_j} \sum_{x_i \in N_k(x)} I(y_i = c_j) \tag{3-11}$$

$\arg \max(f(x))$ 是使得 $f(x)$ 取得最大值所对应的变量点 x（或 x 的集合）。

式（3-11）描述的其实就是 k 近邻的分类规则——"少数服从多数"。式（3-11）中，$I(\cdot)$ 是一个指示函数（Indicator Function），表示其中有哪些元素属于某一子集，这里如果参数为真，则返回值为 1，否则返回值为 0（实际上就是分类投票）。c_j 表示的就是分类器预测的类别标签。

3.4.4　苏格拉底之死与 k 近邻之弊

从上面的分析可知，"多数表决"是 k 近邻分类算法的显著特点，由前面分析可知，它可等价为经验风险（即分类误差）最小，因此算法具有分类准确性高的优点。此外，k 近邻算法的优点还在于，对异常值和噪声有较高的容忍度等，这是因为"多数表决"的策略对异常值或噪音有平滑作用。由此带来的副作用还是 k 近邻算法的计算量比较大，内存消耗量也大。

其实，k 近邻分类带来的最大副作用可能在于，容易产生"多数人的暴政"问题。通过学习历史知识，我们知道，如果某个君王刚愎自用，听不进他人的谏言，不察民情，导致民不聊生的现象，可谓"寡人暴政"。那么什么又是"多数人的暴政"呢？最早提出"多数人的暴政"概念的是法国历史学家托克维尔（Tocqueville），他将这种以多数人名义行使无限权力的情况，称为"多数人的暴政"。

"多数人的意见虽然代表了大多数人的利益，但'多数'可能恰恰就是平庸的多数，精英永远是少数。大众民主，并不能保证人类社会向最正确的方向发展""多数人的暴政"的历史渊源，最早可以追溯到古希腊时代的"苏格拉底之死"，如此智慧之人的死刑判决，竟然是由雅典人一人一票的多数人表决出来的（见图 3-10）。

"众生平等"式投票的问题在于，当 k 近邻分类算法中的 k 过大时，由于距离当前测试样本点"八竿子打不着"的"邻居"，也具有同等的发言权，这反而会导致分类正确率的下降。

图 3-10 "少数服从多数"的投票规则导致苏格拉底之死

3.4.5 瑞·达里奥的"话份"

那么,该如何做才能缓解上述不利的投票规则呢？俗话说得好,"远亲不如近邻"。事实上,可以给不同的"邻居"赋予不同的投票权重,轻重有别,越靠近待测样本点的投票权重越高,越远离待测样本点的投票权重越低,甚至为零,只有这样,才能确保在多数投票原则下更为准确地预测其类别。比如,就有学者提出了可调整权重的 k 最近邻法(weighted k-Nearest Neighbor,wkNN),以促进分类效果[1]。

机器学习的很多算法,在现实生活中都能找到对应的影子,k 近邻算法也不例外。瑞·达里奥(Ray Dalio)是桥水基金的创始人。他的公司桥水资本管理着 1600 亿美元资金,是过去十年最成功的对冲基金。2017 年年底,瑞·达里奥出版他的著作《原则：如何创造出完美独特的自己》[5],副标题是中国某出版社为吸引眼球添加的,英文版书名就是 $Principles$（原则）,书中记载了瑞·达里奥管理自己和公司的各种原则和规范。

他一直用一种看似极端的原则来管理自己的公司。其中一个决策原则叫作 believability-weighted idea meritocracy,直译过来就是"可信度加权的想法唯贤是举体制"。专业术语说起来很拗口,其实用大白话来说,就是"话份"（即说话的分量）。人人都有话份,但话份有差别。

某人水平高,决策效果的历史表现好,他的话份就大,反之话份就小。当决策遇到分

---

① Hechenbichler K，Schliep K. Weighted k-nearest-neighbor techniques and ordinal classification.

歧时，不是按"一人一票"均等投票，而是按"不同意见×话份"来解决分歧。每次决策都有记录，随后根据决策效果反馈，随时更新每个人的话份。所以你看看，瑞·达里奥的决策思想，其实和前面提到的可调整权重的 *k* 最近邻投票法殊途同归。

那如何合理地动态调整每个人的"话份"呢？请注意瑞·达里奥的一个原则细节，"根据决策效果反馈，随时更新"，这其实就是"贝叶斯算法"，我们会在后面的章节中详细讲解，这里不做展开。

3.5　用 Excel 完成 *k* 近邻算法实战

k 近邻算法用公式描述起来比较抽象，难以理解。前面已经提到，实战对理解抽象概念的重要性，下面就利用 Excel 来逐步演示 *k* 近邻算法的运行过程，以增强读者的感性认识（详见随书文件：knn-simple.xlsx）。

3.5.1　分类任务与数据准备

鸢尾花属下的三个亚属，分别是山鸢尾（Iris Setosa）、变色鸢尾（Iris Versicolor）和维吉尼亚鸢尾（Iris Virginica），如图 3-11 所示。人们往往会根据物体具有的一些特点来区分它们，比如辨别不同鸢尾花品种时，依据的是鸢尾花的花瓣特征。

(a) 山鸢尾　　　　　　　　(b) 变色鸢尾　　　　　　　　(c) 维吉尼亚鸢尾

图 3-11　鸢尾花卉的三个品种

经过尝试，人们发现花瓣的花萼长度（sepal length）、花萼宽度（sepal width）、花瓣长度（petal length）和花瓣宽度（petal width）可作为区分鸢尾花类别的特征，这些特征也符合人们根据鸢尾花花瓣的大小来区分花卉种类的生活经验。

我们的分类任务就是,给定一个新样本(新采集的鸢尾花)的 4 个特征,预测出它的亚属类别。分类器就是前面学习的 k 近邻算法。使用的数据集为经典的鸢尾花卉数据集,而该数据集最初是由美国植物学家埃德加·安德森(Edgar Anderson)整理出来的。在加拿大加斯帕半岛上,通过观察,埃德加·安德森采集了因地理位置不同而导致鸢尾属花朵形状发生变异的外显特征数据。这个鸢尾花卉数据集共包含 150 个样本,读者朋友可以从 UCI(加州大学埃文分校)的机器学习库中下载这个数据集[①]。

3.5.2 可视化图展现

一图胜千言。为获取更多感性认识,下面我们还是用可视化的方式,来显示这个数据集合的部分特征分布情况。对于二维空间,选择两个特征比较容易进行可视化表达。这里抽取训练样本的第 1 个特征——花萼长度(sepal length)和第 3 个特征——花瓣长度(petal length),来做二维散点图,运行结果如图 3-12 所示(绘图源代码参考范例 3-4: get-data-scatter.py)[②]。

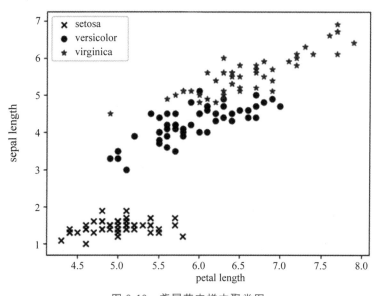

图 3-12　鸢尾花卉样本聚类图

3.5.3　计算相似性

在 k 近邻算法中,距离就代表相似性(similarity)。二者离得越近,说明相似度就越高。为了找到"最近"的邻居,需要找到衡量邻居的标准。简单起见,这里还是利用传统的欧几里得距离作为衡量相似性的标准。对于本例而言,每一个样本实例有 4 个特征,每个特征的度量单位都是厘米,量纲一致,所以欧几里得距离是适用的。

欧几里得距离比较容易通过计算得到。一般来说,先求得每对样本间的不同特征的差异值,然后求差值的平方和,最后再求这个和的平方根,即得欧几里得距离。

$$\text{Dist}(x, z) = \sqrt{(x_1 - z_1)^2 + (x_2 - z_2)^2 + (x_3 - z_3)^2 + (x_4 - z_4)^2} \qquad (3\text{-}12)$$

式中,x 和 z 为两个数据点,x_i 和 z_i 分别为 x 和 z 的第 i ($1 \leqslant i \leqslant 4$) 个特征。

简单起见,从 150 个样本点中随机挑选 20 个点来说明 kNN 算法的运行过程。这 20 个样本点的属性值如图 3-13 所示。

	A	B	C	D	E	F	G	H	I
1	ID	sepal length (cm	sepal width (cm	petal length (cm	petal width (cm)	species		预测样本	
2	1	6.4	3.2	4.5	1.5	1		5.5	
3	2	5.1	3.3	1.7	0.5	0		3.5	
4	3	6	2.7	5.1	1.6	1		1.3	
5	4	5.8	2.7	5.1	1.9	2		0.2	
6	5	5.4	3	4.5	1.5	1			
7	6	4.8	3	1.4	0.3	0			
8	7	5	3.2	1.2	0.2	0			
9	8	5.8	2.7	5.1	1.9	2			
10	9	7	3.2	4.7	1.4	1			
11	10	6.1	2.8	4.7	1.2	1			
12	11	4.9	3.1	1.5	0.2	0			
13	12	6.3	3.4	5.6	2.4	2			
14	13	5.1	3.8	1.5	0.3	0			
15	14	6.5	3	5.5	1.8	2			
16	15	5.7	2.9	4.2	1.3	1			
17	16	5	3.6	1.4	0.2	0			
18	17	4.8	3	1.4	0.1	0			
19	18	6.8	3.2	5.9	2.3	2			
20	19	5.9	3.2	4.8	1.8	1			
21	20	5.4	3.7	1.5	0.2	0			
22									

图 3-13　鸢尾花数据集

给定一个新预测的样本点 (5.5, 3.5, 1.3, 0.2)，我们的任务就是预测它属于鸢尾花的哪一亚属类（为节省篇幅，把这个样本点的 4 个特征依次在同一列给出）。

在 Excel 中，很容易绘制出数据的散点图（为了绘图方便，同样仅选择第 1 个和第 3 个特征），同时把需要预测的样本点也绘制出来，如图 3-14 所示。为了便于处理，分别将三类鸢尾花用数字代号进行标记：Iris-setosa：0、Iris-versicolor：1、Iris-virginica：2。

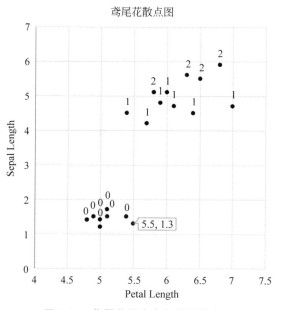

图 3-14　鸢尾花样本点与预测样本点

观察图 3-14 可大致预测，需要预测的样本点（带有方框标识的数据点）属于第 0 类（即 Iris-setosa），因为它周围的邻居大多都属于第 0 类。下面用 k 近邻算法来验证我们的直觉。

首先来计算样本点与其他点之间的欧几里得距离。在 K2 输入如下公式（见图 3-15）。SQRT 函数的功能是求给定数值的平方根，该公式实际上就是式 (3-12) 的 Excel 版本。

```
=SQRT(($H$2-B2)^2+($H$3-C2)^2+($H$4-D2)^2+($H$5-E2)^2)
```

在上述 Excel 公式中，由于待分类的样本点的 4 个坐标值（即 H2～H5）是固定的，所

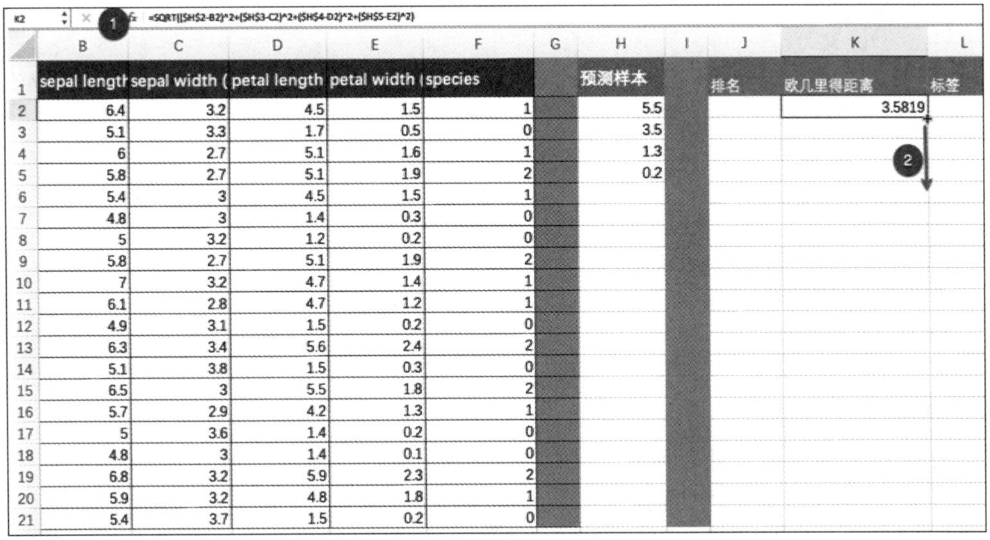

K2　｜　×　✓　fx　=SQRT((\$H\$2-B2)^2+(\$H\$3-C2)^2+(\$H\$4-D2)^2+(\$H\$5-E2)^2)

	B	C	D	E	F	G	H	I	J	K	L
1	sepal length	sepal width (	petal length	petal width (	species		预测样本		排名	欧几里得距离	标签
2	6.4	3.2	4.5	1.5	1		5.5			3.5819	
3	5.1	3.3	1.7	0.5	0		3.5				
4	6	2.7	5.1	1.6	1		1.3				
5	5.8	2.7	5.1	1.9	2		0.2				
6	5.4	3	4.5	1.5	1						
7	4.8	3	1.4	0.3	0						
8	5	3.2	1.2	0.2	0						
9	5.8	2.7	5.1	1.9	2						
10	7	3.2	4.7	1.4	1						
11	6.1	2.8	4.7	1.2	1						
12	4.9	3.1	1.5	0.2	0						
13	6.3	3.4	5.6	2.4	2						
14	5.1	3.8	1.5	0.3	0						
15	6.5	3	5.5	1.8	2						
16	5.7	2.9	4.2	1.3	1						
17	5	3.6	1.4	0.2	0						
18	4.8	3	1.4	0.1	0						
19	6.8	3.2	5.9	2.3	2						
20	5.9	3.2	4.8	1.8	1						
21	5.4	3.7	1.5	0.2	0						

图 3-15　在 Excel 中计算欧几里得距离

以要用绝对索引，即行和列的前面都要加上美元符号 \$。然后将鼠标移至 K2 单元格的右下角，待鼠标变成"＋"形状后，压住鼠标左键向下拖动，直至 K21，这样一来预测样本点和其他 20 个样本点的欧几里得距离就都计算完毕了，如图 3-16 所示。

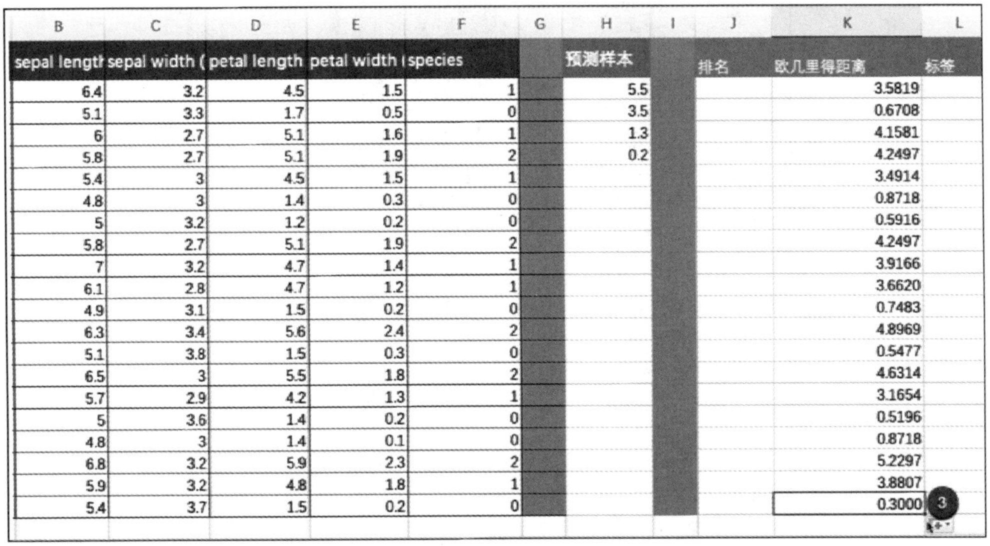

B	C	D	E	F	G	H	I	J	K	L
sepal length	sepal width (	petal length	petal width (	species		预测样本		排名	欧几里得距离	标签
6.4	3.2	4.5	1.5	1		5.5			3.5819	
5.1	3.3	1.7	0.5	0		3.5			0.6708	
6	2.7	5.1	1.6	1		1.3			4.1581	
5.8	2.7	5.1	1.9	2		0.2			4.2497	
5.4	3	4.5	1.5	1					3.4914	
4.8	3	1.4	0.3	0					0.8718	
5	3.2	1.2	0.2	0					0.5916	
5.8	2.7	5.1	1.9	2					4.2497	
7	3.2	4.7	1.4	1					3.9166	
6.1	2.8	4.7	1.2	1					3.6620	
4.9	3.1	1.5	0.2	0					0.7483	
6.3	3.4	5.6	2.4	2					4.8969	
5.1	3.8	1.5	0.3	0					0.5477	
6.5	3	5.5	1.8	2					4.6314	
5.7	2.9	4.2	1.3	1					3.1654	
5	3.6	1.4	0.2	0					0.5196	
4.8	3	1.4	0.1	0					0.8718	
6.8	3.2	5.9	2.3	2					5.2297	
5.9	3.2	4.8	1.8	1					3.8807	
5.4	3.7	1.5	0.2	0					0.3000	

图 3-16　批量计算多个欧几里得距离

3.5.4 判定类别

计算完毕预测样本点和其他训练样本点的距离后,一个很自然的举措就是看哪些点距离预测样本点的距离近,这里就需要对这些距离进行排序。

在单元格 J2 处输入升序排名公式(见图 3-17):

```
=RANK(K2,$K$2:$K$21,1)
```

RANK 函数最常用的是求某一个数值在某一区域内的排名。它的三个参数分别是有待排名的数字 Number,查找的区域 Ref 及排序的方式 Order,该值为 0(默认值)表示降序排列,该值为 1 表示升序排列。然后按照类似的操作,将鼠标移至 J2 单元格的右下角,待鼠标变成"+"形状后,按住鼠标左键向下拖动,直至 J21 单元格,得到如图 3-17 所示的排名。

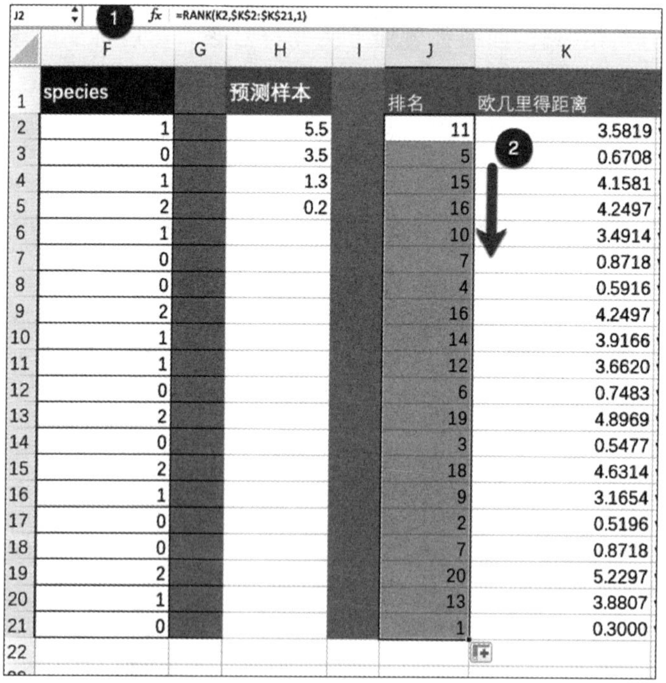

图 3-17 对欧几里得距离进行升序排名

为了找出最近邻居的分类标签，下面把这些距离对应的标签替换过来（即如果是第 0 类，就用 setosa 代替，第 1 类就用 versicolor 代替，以此类推）。这时就需要用到一个好用的函数，具体操作如下，在单元格 L2 处输入如下公式（见图 3-18）：

```
=LOOKUP(F2,{0,1,2},{"setosa","versicolor","virginica"})
```

LOOKUP 是非常强大的查找引用函数。当人们以某一行或一列为检索区域来查询某个值，而想返回的是这个值在另外一个行或列区域对应的值，就需要用到这个函数。比如，假设我们想在"汽车零件编号"列（如 A 列）中查找编号为 100 的数据项，然后想在"价格"列（如 B 列）中返回编号为 100 的汽车零件对应的价格，就可以用 LOOKUP 来完成，如在 C2 单元格中输入公式＝LOOKUP(100，A2:A6，B2:B6)，这里 100 就是所查询的值(lookup_value)，A2:A6 和 B2:B6 分别为查询向量(lookup_vector)和返回结果向量(result_vector)，result_vector 须与 lookup_vector 维度参数一致。拖动鼠标至单元格 L21 即可，得到如图 3-18 所示的结果。

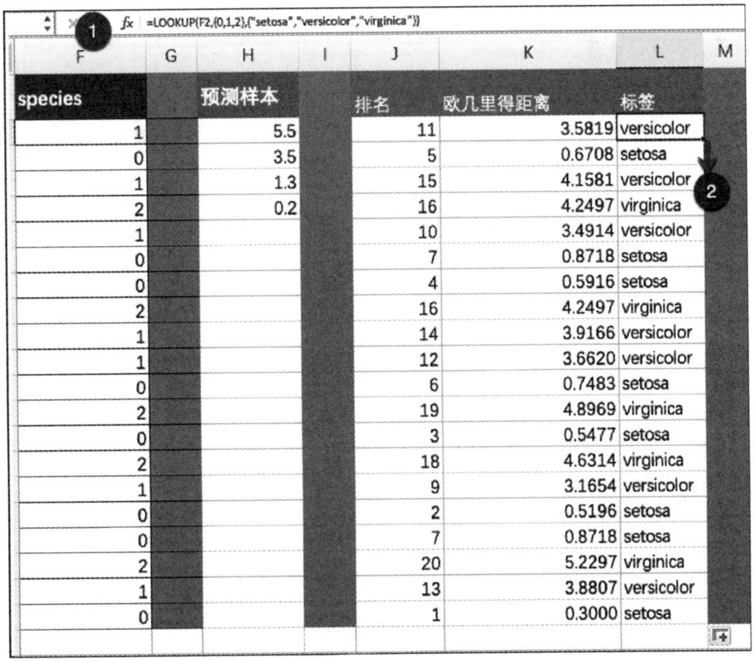

species		预测样本		排名	欧几里得距离	标签
F	G	H	I	J	K	L
1		5.5		11	3.5819	versicolor
0		3.5		5	0.6708	setosa
1		1.3		15	4.1581	versicolor
2		0.2		16	4.2497	virginica
1				10	3.4914	versicolor
0				7	0.8718	setosa
0				4	0.5916	setosa
2				16	4.2497	virginica
1				14	3.9166	versicolor
1				12	3.6620	versicolor
0				6	0.7483	setosa
2				19	4.8969	virginica
0				3	0.5477	setosa
2				18	4.6314	virginica
1				9	3.1654	versicolor
0				2	0.5196	setosa
0				7	0.8718	setosa
2				20	5.2297	virginica
1				13	3.8807	versicolor
0				1	0.3000	setosa

图 3-18　为每个欧几里得距离配置类别标签

下面的工作就是查询最近的 k 个邻居的标签,这里假设 $k=3$,也就是说 3 近邻。这里需要用到一个常用的 Excel 函数 VLOOKUP,该函数的功能是按列查找,最终返回该列所需查询序列所对应的值,其使用格式如下所示。

=VLOOKUP(想要查找的值 lookup_value,要查的值所在区域 table_array,返回数据在查找区域的第几列数 col_index_num,返回近似或精确匹配 range_lookup。

VLOOKUP 函数的第一个参数就是说要查找的数值,第二个参数就是要定义一个查询的区域,它可是 Excel 表格的一部分,第三个参数是以第二个参数定义的表格为基础,返回数据在查找区域的第几列。col_index_num 为 1 时,返回 table_array 所定义表格第一列数值;col_index_num 为 2 时,返回 table_array 所定义表格的第二列数值,以此类推。第 4 个参数 range_lookup 为一个逻辑值,指明函数 VLOOKUP 查找时是精确匹配,还是近似匹配。如果为 FALSE 或 0,则返回精确匹配,如果找不到,则返回错误值 ♯N/A。在 O2 单元格中输入如下公式,然后下拉到单元格 O4,即可得到距离预测点最近的前 3 名的标签,如图 3-19 所示。

O2		✗ 1 fx	=VLOOKUP(N2,$J$2:$L$21,3,FALSE)				
	J	K	L	M	N	O	P
1	排名	欧几里得距离	标签		top K	标签	预测类别
2	11	3.5819	versicolor		1	setosa	
3	5	0.6708	setosa		2	setosa	
4	15	4.1581	versicolor		3	setosa	
5	16	4.2497	virginica				
6	10	3.4914	versicolor				
7	7	0.8718	setosa			2	
8	4	0.5916	setosa				
9	16	4.2497	virginica				
10	14	3.9166	versicolor				
11	12	3.6620	versicolor				
12	6	0.7483	setosa				
13	19	4.8969	virginica				
14	3	0.5477	setosa				
15	18	4.6314	virginica				
16	9	3.1654	versicolor		基于K=3来分类		
17	2	0.5196	setosa				
18	7	0.8718	setosa				
19	20	5.2297	virginica				
20	13	3.8807	versicolor				
21	1	0.3000	setosa				

图 3-19 查询最近邻 k 名的类别标签

```
=VLOOKUP(N2,$J$2:$L$21,3,FALSE)
```

在图 3-19 中，N2 中的值（排名最近的邻居，其值为 1）就是所要查询的值，从 J2 到 L21 这个对角区域所构成的子表格，就是 VLOOKUP 所要查询的区域，在这个子表格中，如果真的查到这个值（如 1），则返回这个值在子表格的第 3 列对应的值。例如，1 在第 21 行，它对应第 3 列的值为 setosa。如果在 O2 单元格中输入公式之后，待该单元格右下角鼠标变成“＋”字模样，拖动鼠标至 O4，即可求得待测样本点前三名的分类标签。从图 3-19 中“肉眼可见”的是，与预测点最近的 3 个邻居都属于 setosa 类别，因此根据“少数服从多数”的投票原则，可以 100％判断预测点归类于 setosa。

由于类别比较少，所以可以很容易判断，但是当类别很多时，判断 k 近邻中出现最多的类别，还得用规整化的公式来完成。在单元格 P2 中输入如下公式：

```
=INDEX(O2:O4,MODE(MATCH(O2:O4,O2:O4,)))
```

按回车键执行即可得到如图 3-20 所示的分类结果。上述公式嵌套了三个常用公式，

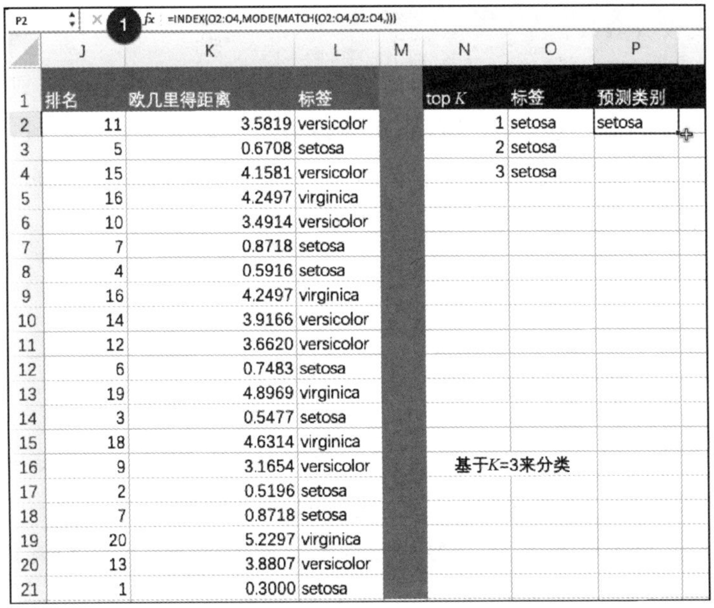
P2　fx =INDEX(O2:O4,MODE(MATCH(O2:O4,O2:O4,)))

	J	K	L	M	N	O	P
1	排名	欧几里得距离	标签		top K	标签	预测类别
2	11	3.5819	versicolor		1	setosa	setosa
3	5	0.6708	setosa		2	setosa	
4	15	4.1581	versicolor		3	setosa	
5	16	4.2497	virginica				
6	10	3.4914	versicolor				
7	7	0.8718	setosa				
8	4	0.5916	setosa				
9	16	4.2497	virginica				
10	14	3.9166	versicolor				
11	12	3.6620	versicolor				
12	6	0.7483	setosa				
13	19	4.8969	virginica				
14	3	0.5477	setosa				
15	18	4.6314	virginica				
16	9	3.1654	versicolor		基于K=3来分类		
17	2	0.5196	setosa				
18	7	0.8718	setosa				
19	20	5.2297	virginica				
20	13	3.8807	versicolor				
21	1	0.3000	setosa				

图 3-20　k（＝3）近邻的分类结果

下面分别简单解释一下它们的功能。其中,MATCH 函数的功能是返回指定内容所在的位置。它返回的结果提交给 MODE 函数。这里的 MODEL 函数是统计学的一个概念——众数(model)。

"众数"一词最早是由卡尔·皮尔逊(Karl Pearson)在 1895 年开始使用的。众数是指在统计分布上具有明显集中趋势的若干个点的对应数值,它们代表数据的一般水平。在统计学上,众数和平均数、中位数类似,都是刻画总体或随机样本集合在某个特征上的数据集中度趋势的重要指标。

一般来说,一组数据中出现次数最多的数就称为这组数据的众数。例如,"1,2,2,3,4,2"这组数据的众数是 2,因为 2 出现了 3 次,其他数据仅出现了 1 次。

需要注意的是,众数是一组数据中的原数据,而不是某个数据出现的次数。对于前面的数据,众数是数字 2,而不是 2 出现的次数 3。

但是有时,众数在一组数据中可能同时存在若干个,这是因为它们出现的次数并列最多。例如,"1,2,2,3,3,4"这组数据的众数是 2 和 3,因为数字 2 和数字 3 都出现了 2 次,而其他数字仅出现 1 次。

此外,如果所有数据出现的次数都一样,那么这组数据没有众数。例如,"1,2,3,4,5"这组数据中就没有众数。

回到上面公式的讨论上。在上面的公式中,简单来说,MATCH 完成的功能就是把分类标签(即诸如 setosa 这类字符串)转换为诸如 1、2 或 3 这样的数值,这是为了方便 MODEL 统计哪个数值出现次数最多。最后,还需要把这个出现最多的数值,根据索引重新映射为分类标签,这时就需要借助 INDEX 函数。至此,关于单样本点的 k 近邻分类预测全部完成[1]。

3.6 机器学习利器——scikit-learn

前面的范例都是基于"自己动手,丰衣足食"的原则,自己调用 Excel 函数(或编写 Python 程序)来实现的。这样做的好处是,能让自己对机器学习算法的运行流程有个感性的认知。有了感性认知之后,还是要回归理性认知。这个理性认知就是,很多时候没

---

[1] 逐步计算的 Python 版本代码,请参考范例 3-5:iris-knn-step-by-step.py。

有必要"重造轮子"：一些常用的机器学习算法，一些专家学者早已开发出来，他们的专业性在很大程度上要胜过我们自己。

比如说，在 k 近邻算法中，如何快速找到 k 个最近邻居。这个核心问题，最简单粗暴的方法，自然就是如前面的范例所示的那样线性扫描。当数据量很小时，这个方法无伤大雅，但当训练集很大，样本的特征空间维度很高时，计算就会非常耗时。此时，必须设计更为高级的数据结构，来提高 k 近邻搜索的效率，采用的数据结构就是 kd 树。

诸如这类提高运行效率和提升运算稳定性的工作，非常重要。但它们并非是机器学习的主要业务逻辑，如果普通用户过度关注这些实现细节，就会非常费时费力不讨好（做得不如专业算法工程师好）。这时，诸如 scikit-learn 这样的机器学习框架的专业性就体现出来了。

2007 年，数据科学家 D. Cournapeau 等发起了机器学习的开源项目 scikit-learn（常被简称为 sklearn），至今已逾十多年。到目前为止，它已成为一款非常成熟的知名机器学习框架。

作为一款"成熟稳重"的机器学习框架，sklearn 提供了很多好用的 API（应用程序接口）。通常，人们使用寥寥几行代码，就可以很好地完成机器学习的 7 个流程，具体如下[6]。

> kd-tree（k-dimensional tree 的简称），是一种分割 k 维数据空间的数据结构，主要应用于多维空间关键数据的搜索（如范围搜索和最近邻搜索）。

1. 数据处理

从磁盘中读取数据，并对数据进行预处理，如归一化、标准化、正则化、属性缩放、特征编码、插补缺失值、生成多项式特征等。

2. 分割数据

将数据随机分割成三组：训练集、验证集（有时为可选项）、测试集。

3. 训练模型

针对选取好的特征，使用训练数据来构建模型，即拟合数据，寻找最优的模型参数。这里的拟合数据，主要是指使用各种机器学习算法来学习数据中的特征，拟合出损失函数最小化的参数。

4. 验证模型

使用验证集的数据接入模型。将模型在验证集上的表现作为模型参数优化和选择的依据。常用的方法有 Holdout 验证、留一验证（leave-one-out cross-validation）等。

5. 测试模型

在优化模型的参数以后,使用测试数据验证模型的表现,可以评估模型的泛化性能。

这里需要展开说明的是,在有些场景下,测试模型和验证模型是有区别的。如果预设验证集,而不断地使用相同的测试集来评估模型性能,久而久之,作为"裁判"的测试集,其角色就会慢慢"蜕变"成训练集,从而让模型陷入过拟合状态。为了解决这个问题,有时会把数据集一分为三:一部分用于训练,即作为训练集;一部分用于模型优化,即作为验证集;最后一部分用来评估模型的泛化误差,即作为测试集,测试集合通常不参与模型的优化。

6. 使用模型

正所谓"养兵千日,用兵一时"。模型训练完毕后,就该"上战场"了,在全新数据集上进行预测。所有机器学习算法的终极价值,都体现在对新数据的预测上。过往的历史数据(即训练数据)的价值,就在于"喂养"出一个靠谱的数据预言家,对人们从未接触过的新数据做出预测,进而指导人们未来的行为方向,实现基于数据的"洞察"。

7. 调优模型

当不断使用更多的数据(包括用于预测的新数据)时,就会得到反馈,算法工程师就会根据反馈重新调整数据使用策略,包括收集更为全面的数据、使用不同的特征、调整过往的模型参数等,以此来迭代优化模型。实际上,以上 1～7 步可以算作一个无限循环、不断迭代升级的过程。

使用 scikit-learn 来实现 k 近邻算法并不复杂,只需要 3 步:①选择模型;②训练数据;③预测。对于 k 近邻算法来说,如前所述,它属于"惰性学习"范畴。因此,它不存在所谓的模型训练[①]。

限于篇幅,没有将 Python 代码呈列出来。如果观察随书的示范代码就可发现,使用计算框架的好处在于非常简洁方便,很多基础性的工作(如求不同数据点的数据)都已经被框架代劳了。因此,使用机器学习的计算好处非常明显,它能让人们更加关注算法的业务逻辑,而非实现细节。在后续的章节,还可能使用 TensorFlow 或 Keras 等深度学习框架,都是因为使用框架能使代码异常简洁高效。

---

① 学有余力的读者可参阅随书源代码范例 3-6:scikit-learn-knn-model.py。

3.7　k 近邻回归

如前所述,在判定一个未知事物时,可以观察离它最近的几个样本的品性,这就是 k 近邻方法的核心思想。如果根据这 k 个邻居,以"少数服从多数"的原则来判断未知样本的类别,就是"k 近邻分类算法"。如果用这 k 个邻居的均值来预测这个未知样本的某个属性值,就属于"k 近邻回归算法"。

商业哲学家吉姆·罗恩（Jim Rohn）曾经说过这样一句话,"我们就是最常接触的 5 个人的平均值[①]。"很显然,吉姆·罗恩仅用了一句大白话说明白了 k 近邻回归算法的精髓。

3.7.1　k 近邻回归的核心思想

如果把 k 近邻算法应用到回归分析任务,其操作和 k 近邻分类具有类似性,包括 k 值的确定和距离的度量,都和分类规则一模一样。

但在最后的预测阶段,有所不同。这个不同,主要来自"分类"和"回归"的目标值不同。回归分析的预测值,不再是分类任务的几个离散标签,而是一个连续值。这时,不同于 k 近邻分类算法的"多数表决法",k 近邻回归算法使用的是"吃大锅饭法",即将这 k 个最近"邻居"的平均值,作为预测结果。

3.7.2　利用 k 近邻回归预测体重

下面举例说明 k 近邻回归算法的应用。假设我们有这么一批数据,包含有某些人的身高、体重和性别。如果根据身高和体重来预测某个人的性别,性别只有两个值:男和女,它们显然是有限个离散值,因此,这就是一个分类任务。但如果我们想通过性别和身高来预测某个人的体重,显然体重是个连续的值,所以它就是一个回归分析任务。

表 3-1 给出了训练数据,下面要用 k 近邻方法来做上述的回归任务,给定某些人的身高和性别（例如身高 160cm、女和身高 185cm、男）,来预测其体重。

[①]　对应的英文为"You're the average of the five people you spend the most time with"。

表 3-1 *k* 近邻回归算法数据集

身高/cm	体重/kg	性别
171	86	男
182	84	男
191	81	男
153	49	女
164	59	女
180	80	男
158	52	女
169	68	女
177	76	男
168	56	女

在编写人工智能算法中,经常会发现我们采集的数据不能直接使用。例如,用某人的身体特征来预测其体重,性别是一个重要的特征。但当我们拿到数据时,却无法直接使用,这是因为,要计算不同样本点之间的距离,"男女"之类的类别数据,无法直接适用于欧几里得距离的计算。

因此,针对表 3-1 所示的数据,为了完成回归分析任务,我们要做的第一步就是数据化(即把非数值的数据变成可比较大小的数据)。不失一般性,最简单的数据化就是把"女"数据化为 0,把"男"数据化为 1。这样一来,二者差别就体现来了,还可以进行数值计算。显然,男女之间的差别,并不能简单地用 0 和 1 来区分,但终归是"聊胜于无"。

还有一个问题值得注意,如果把"男"和"女"数字化为 1 和 0,而身高是以厘米(cm)为单位,在计算欧几里得距离时,身高稍有不同,其带来的差异就会淹没男女的差别,所以在计算欧几里得距离之前,最好先做特征值的归一化处理。

诸如上述的数据变换(即数值化)和归一化(即区间缩放)等都是机器学习中常见的数据预处理手段。在工程领域常有这样的说法:"数据和特征决定了机器学习的上限,而模型和算法只是逼近这个上限而已",由此可见其重要性。

表 3-1 对应的 Excel 操作和 Python 代码操作,请参见随书范例 3-7 Excel 文件(knn-regress.xlsx)和源代码(knn-regression.py)。限于篇幅,这里就不再单独列出。

3.8　本章小结

在本章,首先学习了 k 近邻算法的核心思想,就是依靠最近的 k 个邻居,来帮自己定位。k 近邻分类算法采用了"少数服从多数"的判决方法。k 值的大小和距离的度量方式,都在很大程度上影响分类的效果。

k 近邻算法不仅可以用于分类,还可以应用于回归分析。回归分析的操作和 k 近邻分类具有类似性,包括 k 值的确定和距离的度量,都和分类规则是一样。

但在最后的预测阶段,有所不同。这个不同,主要来自"分类"和"回归"的目标值不同。回归分析的预测值,不再是分类任务的几个离散标签,而是一个连续值。k 近邻回归算法使用的是"吃大锅饭法",即将这 k 个最近"邻居"的平均值作为预测结果。

已有理论证明,k 近邻算法具有卓越的理论性质,通常情况下,能在低维空间取得不错的效果,但在高维空间,由于维度的增大,数据在高维空间开始变得稀疏,从而导致"近邻"难以寻觅,进而导致分类(或回归)效果不佳,这就是 k 近邻算法的"维度诅咒"[1]。

3.9　思考与练习

3-1　k 近邻算法的三个基本要素是什么？

3-2　k 近邻算法的基本执行步骤是什么？

3-3　k 近邻算法的优缺点都有哪些？

3-4　简述 k 的取值对 k 近邻算法的影响。

3-5　列举常见的距离函数。

3-6　用 Excel 或 Python 实现验证：以鸢尾花数据集为例,分析不同的 k 值和权值(等权或加权)对 k 近邻分类效果的影响。

3-7　用 Excel 或 Python 编程实现：利用 k 近邻算法实现红酒品类(数据集：winequality-red.csv)的预测。

---

[1]　Hart P. The condensed nearest neighbor rule (Corresp.)[J]. IEEE Transactions on Information Theory, 2003, 14(3): 515-516.

参考文献

［1］ 维特根斯坦. 哲学研究［M］. 北京：商务印书馆，1996.

［2］ 刘伟. 追问人工智能：从剑桥到北京［M］. 北京：科学出版社，2019.

［3］ 于剑. 机器学习——从公理到算法［M］. 北京：清华大学出版社，2017.

［4］ WU X，KUMAR V，QUINLAN J R，et al. Top 10 algorithms in data mining［J］. Knowledge and Information Systems，2008，14(1)：1-37.

［5］ 瑞·达利欧. 原则：如何创造出完美独特的自己［M］. 刘波，綦相，译. 北京：中信出版集团，2017.

［6］ 张玉宏. Python 极简讲义：一本书入门数据分析与机器学习［M］. 北京：电子工业出版社，2020.

第 4 章

贝叶斯：一种现代世界观的人生算法

人生中最重要的问题，在绝大多数情况下，真的就只是概率问题[①]

—— 皮埃尔-西蒙·拉普拉斯（Pierre-Simon Laplace）

4.1 贝叶斯的历史渊源

如果有人说，信仰其实不过是一种概率。估计很多人会不同意，他们会说，信仰都是坚定不移的，哪能存在不确定性呢？

对此，酷爱较真的哲学家可能有不同意见。1748 年，苏格兰哲学家大卫·休谟（1711—1776）出版了一本书《人类理解力研究》（*An Enquiry concerning Human Understanding*）。在这本书的第 10 章，大卫·休谟写了一篇叫《论奇迹》（*Of Miracle*）的文章[②]，在这篇文章中，大卫·休谟提出了一条理性思维的原则——后人称之为"休谟公理"："没有任何证言足以确定一个奇迹，除非这种证言裹挟而来的谎言，比它企图构建的事实更具有神奇性。"[③]

大卫·休谟为此举了一个例子。如果某人告诉他，说自己看到一个死人复活了，那么他就会比较哪种情况更有可能：①此人在骗人或受到蒙骗而不自知；②此人说的事情真的发生过。除非前者虚假的可能性低于后者，否则就不值得相信。

事实上，大卫·休谟暗指的是耶稣复活的事。但即使江湖地位如他，大卫·休谟也

[①] 对应的英文为"The most important questions of life are indeed，for the most part，really only problems of probability"。

[②] 亦有文献翻译为《神迹》。

[③] 对应的英文为"No testimony is sufficient to establish a miracle，unless the testimony be of such a kind，that its falsehood would be more miraculous，than the fact，which it endeavors to establish"。

未敢直点其名。客观来说，休谟说的没错。对于日常发生的事，给点儿证据，人们很容易接受（比如说，某人有黑眼圈，那么推断她昨晚可能没有睡好。即使推断错了，也不至于离谱），但奇迹的出现，则需要更强的证据。正如物理学家卡尔·萨根讲过一句名言，"非凡的论断需要非凡的证据[①]"。换言之，"倘若证据如此无力，我们为何还要置信？"。

那么，该如何量化证据和论断的联系呢？

图 4-1　托马斯·贝叶斯

无巧不成书。解决这个问题的，正是本章的主角、休谟的同时代晚辈——托马斯·贝叶斯（Thomas Bayes，约 1702—1761，见图 4-1），而他正儿八经的职业是长老会[②]的一位牧师，不过是在闲暇时客串一把数学家罢了。

更有意思的是，贝叶斯在提出这个后来以他名字命名的"贝叶斯定理"时，其目的非常纯洁——他想证明上帝作为第一因，是存在的[1]。

他的做法是这样的：贝叶斯背对一张桌子坐着，他让一位助手往桌子上扔球。因为贝叶斯是背对着桌子的，他不知道球最初落在何处。贝叶斯的任务就是，设计一套猜测策略来定位这个球的位置。他接着让助手再扔一个球，并报告这个球是落在第一个球的左边还是右边，如果第二个球落在第一个球的左边，那么就意味着第一个球更可能落在靠近桌子右侧的位置。反之，第一个球就更可能在桌子的左边。如果助手继续不停地扔球，每次都报告扔出的球落在第一个球的左边还是右边，那么，贝叶斯就能越来越准确地推断出最初的球落在哪里。

贝叶斯通过上面的小实验，去验证一个似乎显而易见的观点：用客观的新信息，更新我们最初关于某个事物的信念后，我们就会得到一个新的、改进了的信念。小球最初位置就好比"第一因"（或者说真理所在），它的确不容易寻找到，但可以通过后续不断的事实观察，逐步调整先前的判断，慢慢逼近这个"第一因"。

从而，我们可以看到，有时候，宗教并非科学的敌人，而是科学的助产士。基于贝叶斯定理的算法是发明时间最早、应用范围最广的人工智能算法之一，但它却出自一位宗教人士之手。

在发现这个有趣的结果之后，贝叶斯就把这项研究成果发给了他的好友——英国哲学家、传教士和数学家 R. Price（1723—1791）。同样是热爱数学的宗教人士 R. Price 对贝叶斯的研究动机和研究结论，都甚为满意。于是，R. Price 就将贝叶斯的论文，通过信

---

①　对应的英文为"Extraordinary claims require extraordinary evidence"。
②　西方基督教新教加尔文宗的一个流派，源自 16 世纪的苏格兰宗教改革。

件推荐给英格兰物理学家、皇家学会院士 J. Canton。

最后，这篇论文——《机会问题的解法》(*An essay towards solving a problem in the doctrine of chances*)，在贝叶斯逝世两年后的 1763 年，在《伦敦皇家学会哲学会刊》(*Philosophical transactions of the Royal Society of London*)上正式发表(见图 4-2)[2]，只可惜，"斯人已去，此念茫茫"。

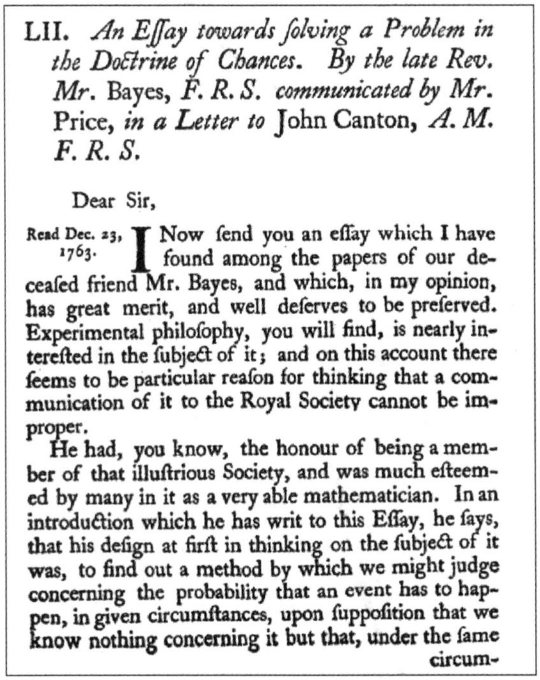

在图 4-2 中，有关贝叶斯这篇论文，有两个细节值得说说。第一，当年发表论文的格式和现在颇为不同。现在的论文格式有点类似"八股文"，格式相对固定，通常就是"摘要、引言、正文、结论和参考文献"，都是简明扼要地有一说一，基本没有废话。

而 200 多年以前的论文通常以"通信(letter)"的形式发表，所以称呼(如 Dear Sir)等客套话是不可少的。事实上，这类格式已经是在罗伯特·波义耳(Robert Boyle，1627—1691)和罗伯特·胡克(Robert Hooke，1635—1703)等多年呼吁下的精简版了。下面就贝叶斯之前论文的示范开头，读者可以来感受一下：

> "您最谦虚亲切的仆人，且让我贸然用这张破纸将自己呈现在您的面前，我想说，我像是一块角落中的黏土，一心想着要被烧成一种什么容器才能为您所用呢？才能成为您最卑微、最感激、跟最忠诚的仆人呢？
>
> 关于独角兽的角磨成粉是否能困住一只蜘蛛的问题，我的观察是这样的……"

LII. *An Essay towards solving a Problem in the Doctrine of Chances. By the late Rev. Mr. Bayes, F. R. S. communicated by Mr. Price, in a Letter to* John Canton, *A. M. F. R. S.*

Dear Sir,

Read Dec. 23, 1763. I Now send you an essay which I have found among the papers of our deceased friend Mr. Bayes, and which, in my opinion, has great merit, and well deserves to be preserved. Experimental philosophy, you will find, is nearly interested in the subject of it; and on this account there seems to be particular reason for thinking that a communication of it to the Royal Society cannot be improper.

He had, you know, the honour of being a member of that illustrious Society, and was much esteemed by many in it as a very able mathematician. In an introduction which he has writ to this Essay, he says, that his design at first in thinking on the subject of it was, to find out a method by which we might judge concerning the probability that an event has to happen, in given circumstances, upon supposition that we know nothing concerning it but that, under the same circum-

图 4-2　托马斯·贝叶斯的那篇神作论文

近似谄媚的冗长铺垫之后，论文才能渐入主题。虽然历史久远，但从这些繁文缛节中，我们依稀还能体会到一些相通的东西，看来在任何年代发表一篇论文都是不容易的，这得多谦卑才行啊。

第二个细节是，如果你在网上找到这篇划时代的论文，大致翻翻，就可发现，文章中有关概率的表述十分准确，却没有使用任何与概率相关的数学表达式，而在教科书经常出现的贝叶斯公式，并没有出现。

是的，我们在数学课本中看到的贝叶斯公式，并不是贝叶斯自己给出的，而是贝叶斯的晚辈——法国大数学家皮埃尔-西蒙·拉普拉斯(1749—1827)给出的。拉普拉斯在数学和物理学方面颇有重要贡献,他亦是拉普拉斯变换和拉普拉斯方程的发现者。拉普拉斯就认为,"概率,不过是简化为计算的常识而已。[①]"我们的数学模型,不过是对客观事件规律的一个总结,而贝叶斯定理正是如此。

数学功底极佳的皮埃尔-西蒙·拉普拉斯,很简练地把贝叶斯论文中蕴含的"常识"数学化表达出来了。从此,贝叶斯定理逐渐被人们接受。下面,我们就一起来重温这个著名的数学定理。

4.2 重温贝叶斯定理

要理解贝叶斯定理,先得了解"条件概率"。在生活中,我们可能会听到这样的话:"今晚刮大风了,明天应该不会再是雾霾天""小明昨天晚上睡得很晚,今天应该不会早起",再比如"头大脖子粗,不是老板就是伙夫"等。这些话听起来都有几分道理,但你是否思考过,这些判断都是怎么得来的呢? 它们的依据是什么呢?

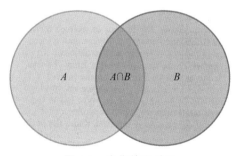

图 4-3 交集的文氏图

是的,这背后的逻辑就是条件概率(Conditional probability)。所谓"条件概率",就是指某个随机事件 B 发生的情况下,另外一个随机事件 A 发生的概率,用 $P(A \mid B)$ 来表示。根据文氏图(见图 4-3)和乘法定理,可以很清楚地看到:

$$P(AB) = P(B) \cdot P(A \mid B) \tag{4-1}$$

如果对式(4-1)做一下简单的变换,就可以得到,在事件 B 发生的情况下事件 A 发生的条件概率为:

$$P(A \mid B) = \frac{P(AB)}{P(B)} \tag{4-2}$$

根据全概率公式,事件 B 发生的情况可分为两种情况:情况一,事件 A 发生时,事件 B 也发生了,即 $P(AB)$;情况二,事件 A 没发生时,事件 B 也发生了,即 $P(\overline{A}B)$。 根据加法定理,关于事件 B 的全概率就可以得到:

$$P(B) = P(AB) + P(\overline{A}B) \tag{4-3}$$

---

① 对应的英文为"Probability theory is nothing but common sense reduced to calculation"。

然后,把式(4-3)代入式(4-2)即可得到贝叶斯公式：

$$P(A \mid B) = \frac{P(A)P(B \mid A)}{P(AB) + P(\overline{A}B)} \tag{4-4}$$

推而广之,式(4-4)更一般的表示为

$$P(H \mid E) = \frac{P(E \mid H)P(H)}{P(E)} = \frac{P(E \mid H)P(H)}{\sum\limits_{i} P(E \mid H_i)P(H_i)} \tag{4-5}$$

到目前为止,贝叶斯定理诞生已愈 250 多年,但其如陈酿,逾久而弥新,到现在依然有很多人在研究它、应用它、拓展它。不少人相信,贝叶斯定理和人脑的工作机制很像。因此,它很可能成为人工智能提升智能水平的基础(此处存在学术争议)。

随着计算机技术的发展,贝叶斯理论中以前难以克服的数据获取问题及计算问题也逐步得以解决。研究贝叶斯理论的人,已然自成一派,称为"贝叶斯学派"。在很多领域,贝叶斯学派不负众望,大放异彩。

一场轰轰烈烈的"贝叶斯革命"就这样发生了：生命科学家用它研究基因是如何被控制的；教育学家突然意识到,学生的学习过程其实暗合贝叶斯法则；基金经理用贝叶斯法则找到投资策略；谷歌工程师用贝叶斯法则改进搜索效果,帮助用户过滤垃圾邮件；图像识别、机器翻译中大量用到贝叶斯法则。贝叶斯法则甚至成为一种时尚[1],以至于有些人把贝叶斯法则当作人生法则,甚至印在 T 恤上(见图 4-4)。

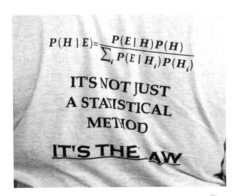

图 4-4　被印在 T 恤上的贝叶斯法则①

---

①　T 恤上的文字为"IT'S NOT JUST A STATISTICAL METHOD, IT'S THE LAW"。中文含义为"它不仅仅是一种统计方法,而是一种法则"。

或许你会惊讶,这个在《概率统计》课本中司空见惯的公式,为什么会有如此魅力呢? 有此疑惑并非你的错,错就错在,数学课本只告诉我们一个"冷冰冰"的公式,而没有赋予它"勃勃生机"的物理意义,导致我们"知其然,不知其所以然"。下面我们就简单探讨一下隐藏在这个冰冷公式背后的生机勃勃内涵。

图 4-5(a)就是数学课本中的"常客"——贝叶斯公式。图 4-5(b)把贝叶斯公式稍做变形,但不要小瞧这个变形,它的物理意义立马显现。在图 4-5(c)可以发现,在本质上,原来等式(=)左右两边求的都是关于事件 H 的概率,不过是等式(=)右边是没有看到新证据之前的概率 $P(H)$,称为"先验概率"(Prior odds),表明在 E 事件发生(即发现新证据)之前,我们对 H 事件概率的一个事前判断。

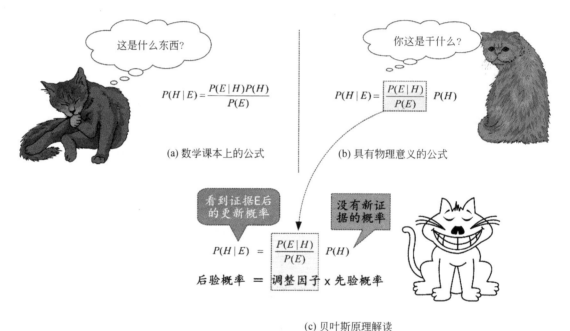

(a) 数学课本上的公式 (b) 具有物理意义的公式

(c) 贝叶斯原理解读

图 4-5 贝叶斯公式的物理意义

等式(=)左边求的依然是关于事件 H 的概率,有所不同的是,它是在 E 事件(新证据)发生之后,我们对 H 事件概率的重新评估,因此也把 $P(H|E)$ 称为"后验概率"(Posterior odds)。而把"后验概率"和"先验概率"连接起来的是 $P(E|H)/P(E)$,在本质上,它就是一个调整因子,使得预估概率更接近真实概率。有时人们也把 $P(E|H)/P(E)$ 称为"似然比(Likelyhood ratio)"。

在这里，如果"似然比" $P(E\mid H)/P(E)>1$，则意味着看到新证据 E，使得"先验概率"增强了，事件 H 发生的可能性变大；如果"似然比" $P(E\mid H)/P(E)=1$，则意味着证据 E 无助于判断事件 H 是否发生；如果"似然比" $P(E\mid H)/P(E)<1$，则意味着新证据 E 的出现，把"先验概率"削弱了，也就是说，事件 H 发生的可能性变小了。贝叶斯定理通过"似然比"搭建了先验概率通向后验概率的桥梁。

现在，回头再来细品一下前文提及的贝叶斯理念：

"用客观的新信息，更新我们最初关于某个事物的信念后，我们就会得到一个新的、改进了的信念。"

是的，这正是贝叶斯法则的内涵。简单吗？简单！大道至简。

这看似简单的贝叶斯法则，实际上是对科学方法的重大升级。传统的科学方法遵循的是这样一套逻辑：①提出理论假设；②通过实验验证；③给出结论。

这套研究逻辑"清澈透底"，是一种"非黑即白"的二元研究法。理论如果可行，就继续保留；如果不行，即，被证伪了，就彻底抛弃。

人们常说"水至清则无鱼"。是的，有时候，我们需要一点儿"浑水"。贝叶斯方法的研究逻辑是这样的，先给理论假设设定一个可信度（相当于是一个灰度理论）。新证据并不直接证实或者证伪理论，而是仅仅调整可信的程度，它做的是一个动态的、不断逼近真相的研判。

在本质上，贝叶斯方法秉持的是一种实用主义的态度。如果不加偏见地审视世界，就会发现，我们搞研究的目的，并不一定是了解"绝对真实"的世界——或许绝对真实的世界，于我们而言，可能压根就不可知——我们研究的目的在于，通过获取实用的知识，犹如"进化"一般，逐步做出尽可能准确的判断和决策，借此去了解"相对真实"的世界。

话说回来，当年国家实施"改革开放"时，提出"摸着石头过河"的策略。究其本质，遵循的也是一种贝叶斯思维：先动起来，大胆假设，小心求证。勇于调整，不断迭代。

科学作家万维钢在《贝叶斯的胆识》一文中，也对贝叶斯方法推崇备至[3]："一个智识分子应该拥有一种复杂的信念体系，时刻调整自己对各种事物的看法，即不断地变动自己的世界观。想要科学合理地做到这一点儿，就需要利用贝叶斯思维。"

商业思想家纳西姆·塔勒布曾说[4]，"数学不仅仅是计算，而是一种思维方式①"。贝

"智识"，即智慧和见识。万维钢表示，想要理解这个现代世界，乃至做些决策，就得有智识，而不是仅靠"知识"。

---

①　对应的英文为"Mathematics is not just a 'numbers game', it is a way of thinking"。

叶斯方法即是如此,它不仅仅是一种人工智能算法,也是一种高级的、能指导人们行为的人生算法。

4.3 贝叶斯的"问题"

这样看来,贝叶斯方法好像"放之四海而皆准"。的确,目前,基于贝叶斯的成功应用,不胜枚举。然而,贝叶斯方法论的发展并非一帆风顺,我们不能"只见贼吃肉,不见贼挨揍"。

其实,贝叶斯方法自提出以来 250 多年里,大多数年份都是处于"雪藏"或被"群殴"状态。为什么呢? 这是因为,贝叶斯方法存在一个先天"缺陷":理念虽好,但它最重要的成分——先验概率从何而来? 下面就用一个案例来说明贝叶斯方法的应用[5],从中读者就能体会到,贝叶斯定理为什么会被很多统计学家所诟病。

4.3.1 案例分析:"汤姆断案"

本节案例分析的名称就叫"汤姆断案"。这里的汤姆,就是著名动画片《猫和老鼠》中的那只永远倒霉的猫。案情是这样的:汤姆闻到杰瑞(即那只老鼠)身上有奶油的味道,请问杰瑞偷了汤姆奶油的可能性有多大? 下面就用贝叶斯方法来完成这个推理任务。

根据贝叶斯公式,先构建两个事件。

事件 H:杰瑞偷了汤姆的奶油(可视为一种假设,Hypothesis,简称 H)

事件 E:杰瑞身上有奶油的味道(可视为新证据,Evidence,简称 E)。

任务:在杰瑞身上闻有奶油味道的情况下,判断杰瑞偷汤姆奶油的概率,即计算条件概率 $P(H|E)$。

根据贝叶斯公式

$$P(H|E) = \frac{P(E|H)}{P(E)} P(H)$$

我们现在需要知道如下几类概率。

$P(H)$:表示在没有任何已知条件下,杰瑞偷奶油的概率(即先验概率)。如果汤姆很相信杰瑞,那么这个值就很低,比如说,$P(H) = 1\%$。反之,这个先验概率可以设置得高一些。

$P(E)$：表示杰瑞身上有奶油味道的概率。分析问题要全面，这要分两种情况。

（1）$P(E \mid \overline{H})$：表示杰瑞没有偷汤姆奶油的前提下依然身上带有奶油味道的概率，这当然也是有可能的，或许杰瑞仅仅是与另一只吃过奶油的老鼠结伴而行，于是就留下了同伴身上的奶油味，这种情况下，杰瑞好冤枉！好在这种情况出现的可能性很低，估计只有 10%。

（2）$P(E \mid H)$：表示在杰瑞已然偷了奶油的前提下，身上留下奶油味道的概率。这个概率或许很高，但需要考虑两种情况：①并不是每只老鼠都喜欢奶油；②杰瑞并不傻，它可能会试图"洗白"自己（比如吃完奶油后洗个澡什么的），所以综合来看，这个概率可设为 60%。

根据全概率公式，这两种闻到奶油味道的概率可以累积为

$$P(E) = P(E \mid \overline{H})P(\overline{H}) + P(E \mid H)P(H)$$

有了这些概率，就可以计算闻到奶油味道来判断偷奶油的概率 $P(H|E)$ 了。

为了计算和比较，不妨放到 Excel 里实现。把汤姆对杰瑞的信任的先验概率 $P(H)$ 分别设置为 3 种情况：信任（1%，即偷奶油的概率很小）、比较信任（20%，即偷奶油的概率较大）和非常不信任（90%，即偷奶油的概率很大）。在图 4-6 所示的 E2 单元格中，输入如下公式来计算似然比：

```
=$D$2/(($D$2*B2)+$C$2*(1-B2))
```

在 E2 单元格输入公式后，按住鼠标左键，拉动变成"十"字图标至单元格 E4，即可得到上述三种情况的似然比。如前所述，后验概率不过等于"先验概率×似然比"。于是在 F2 单元格中输入公式"=B2*E2"，然后拉动变成"十"字鼠标图标至单元格 F4，即可得到各种情况下的后验概率（见图 4-6，参见范例 4-1：Tom-cream-case.xlsx）。

在这个案例中，可以看到，汤姆对杰瑞的先验信任度十分关键。如果汤姆认为杰瑞很可靠，偷奶油的可能性只有 1%，那么即使在杰瑞身上闻到了奶油的味道，那杰瑞偷奶油的后验概率也不高，仅为 6%。但应注意的是，发生了这样的事情，这个后验概率已悄然上升，如果再次出现这种情况，杰瑞偷奶油的先验概率会大幅上升。

如果汤姆对杰瑞的信心稍有动摇，比如先验概率 $P(H) = 20\%$，其他条件都不变，杰瑞偷奶油的后验概率会暴涨到 60%。更糟糕的情况下，汤姆已经对杰瑞高度怀疑，比如

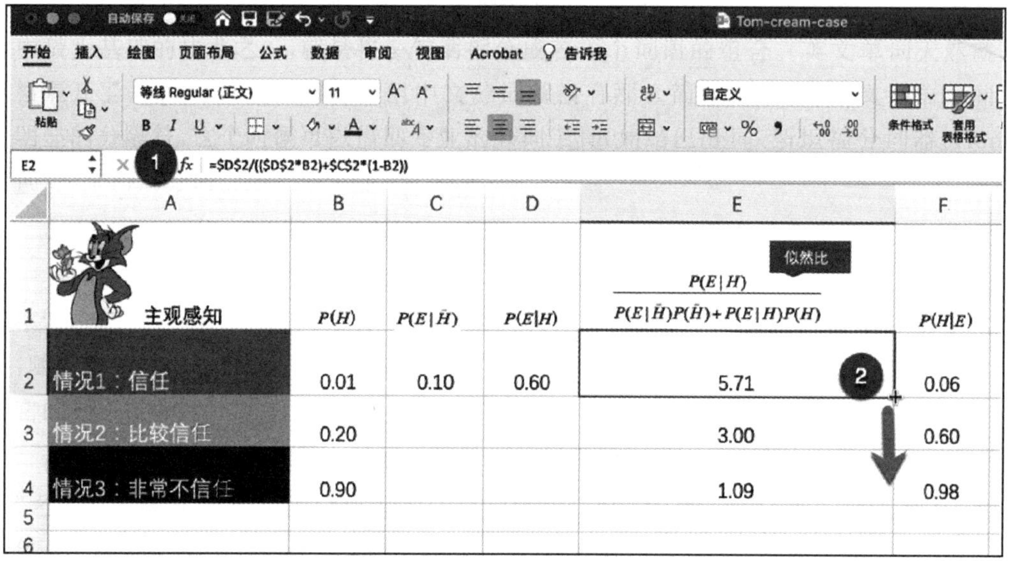

图 4-6 用 Excel 计算贝叶斯公式

先验概率 $P(H) = 90\%$，其他条件不变，那么发生了"奶油门"事件之后，计算得到的后验概率就会达到 98%，基本就证实了杰瑞偷奶油的事实。

在这个计算过程中，"似然比"是核心，它实际上是评估新证据的有效性的。请读者思考这么一个问题：图 4-6 中所示的"似然比"好像都是大于 1 的，也就是"奶油味道"这个新证据强化了先验认知。那有没有"似然比"小于 1 的呢？

当然有。比如，上述案情稍稍变化，汤姆看到的新证据是——杰瑞买了一台价格不菲的钢琴，杰瑞因偷了奶油而买台钢琴的概率应该比较低，不妨设 $P(E|H) = 0.01$，在 D2 单元格输入这个值，就会发现这三种情况下的"似然比"分别是 0.1、0.12 和 0.53（都是小于 1 的），对应计算的后验概率为 0、0.02 和 0.47，这类小于 1 的似然比都分别"弱化"了先验概率。

在上述计算过程中，不知道读者有没有发现贝叶斯定理的"内伤"所在？是的，计算杰瑞偷奶油的概率，先验概率至关重要，然而，如此重要的先验概率居然只凭借汤姆这只猫的直觉。

这，靠谱吗？

4.3.2　江湖恩怨：贝叶斯学派与频率学派

的确,在很多实际问题上,贝叶斯方法所需的先验概率,需要借助主观推测。

那么,如此主观,对于解决实际问题来说,到底可靠不可靠?

这也是贝叶斯方法自提出之日起,就被很多研究学者所"诟病"的地方。不忌往日之讳,有相当一段时间内有的科学家就把贝叶斯理论称为"伪科学"。

为了摒除主观推测的干扰,学者们提出了基于"频率"的统计学方法,史称频率学派。该学派一时风光无限。频率学派认为,在大量重复实验下,事件 A 发生的频率总是逼近某一个常数,这个常数叫事件 A 的概率,记作 $P(A)$。这个定义包括了两个要点。

(1) 事件 A 发生的概率趋近常数。

(2) 事件 A 发生的概率是在相同条件下通过重复多次进行同一实验估算得到的。

频率学派认为,对某个事件来说,先验概率是一种客观存在,而不是贝叶斯主义的那种"摇摆不定"的主观臆测。频率学派理论扎实,成果颇丰。一个众目睽睽的例子是,即使是到现在,大学阶段所用的《概率论》教材,大多都是出自频率学派之手,在提及"贝叶斯定理"时,基本都是"浮光掠影",轻描淡写,鄙夷之情,溢于言表。

那频率学派有没有自己的短板呢,自然也有。

例如,频率学派认为,只有可重复实验事件,其发生的概率才具有一定的现实意义。于是,在很多事件的概率估计上,贝叶斯信徒就可以对频率信徒耸耸肩:"你行,你上啊!"

比如,如果要估算某个人考上名牌大学的概率,频率学派就会遇到很大的问题,因为你很难让同一个人高考多次,然后用考上的次数除以高考的次数。也就是说,这类事件不具有可重复性。

这时,贝叶斯学派就比较轻松了,他们可以找几个对高考有经验的特级教师,对这位同学进行一番评估后(即给出主观概率),再进行几次考前测试来验证自己的评测,就能给出比较靠谱的预测:这个人八九不离十能考上名牌大学。

再如,我们想预测一下某次合同达成的概率,或预测某人相亲成功的概率。此时,频率学派就显得"捉襟见肘"了,原因就在于,很多事情根本不具备多次重复发生的条件,而人们又恰恰估算该类事件发生的概率,这些都需要重复发生足够多次,然后让你统计频率,进而估算概率。

为了解决这类问题,贝叶斯学派换了一套底层逻辑,他们认为,所谓概率,在本质上是对信心的度量,是一种人们对某个结果相信程度的量化表达。如,明天下雨的概率、某某某是凶手的概率,其实表达的都是一种信心(或信念,或信仰)。

贝叶斯学派的核心贡献在于,它有效构建了人们大脑内部的信念(先验知识)和来自外部证据带来信息(后验知识)的有机叠加。也正是这层原因,有研究者甚至认为,人类的大脑其实就是个"贝叶斯大脑"(见图4-7)。

图 4-7　贝叶斯大脑

抛开上述细节的不同,从抽象的哲学层面来说,频率学派和贝叶斯学派在看待世界的方式上也存在不同。频率学派认为,世界是确定的[①],因此,某个事件的发生客观概率本来就存在,只要做足够多的重复实验,就能去逼近这个"本体"的概率。

然而,"不识庐山真面目,只缘身在此山中",我们生活在世界上,很难找到绝对客观的视角来看待世界,找到"本体"概率,谈何容易。

于是,贝叶斯学派就倾向于,世界的本质带有某种随机性[②],所以很难把这个世界"看得真真切切明明白白"。倘若我们去尝试探究那个确定性概率,很可能是徒劳的。

的确,在现实生活中,很多现象无法用"客观概率"来刻画,人们只能从现有事实出发,用脑中的"主观概率"加以非精确地感性描述。贝叶斯学派把自己放在观察者的角色,把先验概率看作一种信念,通过观测数据不断修正前提假设,从而形成新的信念。

---

①　类似于爱因斯坦对玻尔说"上帝不掷骰子"。

②　就如玻尔告诫爱因斯坦,"别告诉上帝怎么做"。目前量子力学的胜出,让世人更倾向于认为,不确定性和概率是物质世界的根本属性之一。

埃德温·杰恩斯（Edwin Jaynes）在其著作《概率论沉思录》（*Probability Theory*：*The Logic of Science*）中证明[6]，假设现实世界中真地存在一个客观概率，那么，在给定足够充分的信息的情况下，贝叶斯采用的主观概率也会逼近这个客观概率。

因此，本质上，贝叶斯学派所构建的，更像是一套知识更新框架。它先把人的先验知识浓缩为一个"先验概率"，然后通过观测获得新证据，在一定条件进行逻辑推断，得出一个更新之后的优化判断（即后验概率），后验概率可视为一种被用来表征观测后得到的新知识状态（state of knowledge）。从这个意义上来讲，贝叶斯方法试图构建的不是客观世界的表征，而是一套知识状态更新体系①。

当然，贝叶斯方法本身也有很多问题，例如，如果先验概率选得不好或者构建的模型不够理想，那么后验概率的分布形式难以表达出来，更别说做统计推断了。

此外，贝叶斯方法还可能产生一些其他的计算困难。我们知道，贝叶斯方法是以积分为基础的方法，频率方法是以求导为基础的方法②。在计算机被发明以前，积分和求导在计算难度上，完全不是一个等级。即便是在计算机普及以后，高维数据的积分仍是一个巨大的计算挑战。这就导致，许多贝叶斯学派的学者不得不"委曲求全"于各种近似计算方法的探索中，在这期间，由于效率之低下，也备受频率学派的嘲弄。

然而，"三十年河东，三十年河西"。就在 20 世纪 90 年代，随着基于采样的马尔可夫链蒙特卡罗（Markov Chain Monte Carlo，MCMC）方法和基于近似的变分推理（Variational Inference，VI）方法的提出，为贝叶斯学派带来"柳暗花明又一村"的底气。

MCMC 方法提供了从后验分布直接抽样的途径，为贝叶斯方法的实际应用带来了革命性的突破。借助 MCMC，贝叶斯统计学家可以跳过令人咂舌的高维积分，直接从后验分布中抽取样本。贝叶斯方法本来就有很好的哲学解释（甚至暗合人类思维的进化模式），是一种有底蕴、有内涵的方法论，一旦计算上的瓶颈被突破，就如打通任督二脉一般，"春风得意马蹄疾"，势不可挡地做出了很多有意义的成就。

现代很多人工智能应用，如垃圾邮件过滤、图像识别、机器翻译及金融交易等，背后无不留下贝叶斯方法的身影。终于，贝叶斯学派得到应有的学术尊重。

---

①　任坤. 贝叶斯学派与频率学派有何不同？访问链接 https://www.zhihu.com/question/20587681.

②　具体来说，频率学派通过最大似然来估算参数，而最大似然估计通常是求极值来实现的，而极值的获得一般都是通过求导得到，因此说，它是以求导为基础。相比而言，贝叶斯学派通过"更新先验概率得到后验概率"的方式来估算参数，这个过程就涉及求边缘概率（marginal probability）的计算，而边缘概率是通过积分求得的，故此以积分为基础。

为什么在大数据时代,贝叶斯方法能发挥更大的作用呢?这是因为,贝叶斯方法的短板——"先验概率",在大数据的"丰度"的保驾护航下,就显得没有那么不靠谱了。也就是说,覆盖面尽可能丰富的大数据,是贝叶斯方法走向准确的最大保障。

拿机器学习来说,它的底层理论就有贝叶斯方法在支撑。为什么人工智能算法在识别猫和狗时,要给它看成千上万张照片?为什么自动驾驶汽车要进行各种路测,千方百计收集用户开车的数据?就是因为数据越多,提供算法自我调整的机会越多,它的计算结果就会从不太确定的先验概率走向更加精确的后验概率,逐步逼近事实真相。所有监督学习算法的底层法则,都或多或少投射着贝叶斯方法的光辉。

4.4 贝叶斯方法在机器学习中的应用

我们知道,数据是所有机器学习系统的关键组成部分。几乎所有的机器学习任务,都可以表述为从观察到的数据中对缺失的或潜在的数据进行推断[7]。贝叶斯方法也不例外,下面我们就从一个简单的案例中体会贝叶斯方法的魔力。

4.4.1 朴素贝叶斯

贝叶斯方法在机器学习中的最典型应用便是分类。以贝叶斯方法为基础的分类方式,统称为贝叶斯分类。而朴素贝叶斯(Naive Bayes)分类是贝叶斯分类中最简单、最常见的一种分类方法。下面来说明这个朴素贝叶斯是如何"朴素"的。

贝叶斯方法是一个关于概率的公式,怎么能实现机器学习的分类任务呢?其原理很简单,那就是它能给出特定条件下的每种情况的概率,概率最大的那种情况就是分类的归宿。比如说针对电子邮件数据,其实就是一个二分类:{"垃圾邮件","非垃圾邮件"},哪种类别的概率大于 0.5,那它就属于哪一类邮件。

为了更好地理解机器学习的分类模式,下面重新描述一下贝叶斯公式:

$$P(y \mid x_1, x_2, \cdots, x_n) = \frac{P(x_1, x_2, \cdots, x_n \mid y)}{P(x_1, x_2, \cdots, x_n)} P(y) \tag{4-6}$$

独立变量 y 有若干类别,条件依赖于若干特征变量 $x_1, x_2, \cdots, x_n$。在机器学习的视角下,把 $x_1, x_2, \cdots, x_n$ 理解成"具有某种特征",把 y 理解成"类别标签"。

上述公式理解起来并不困难,但问题在于,如果特征数量 n 较大,将会带来"维度的诅咒(curse of dimensionality)"。因此,基于纯粹的概率模型来求解各种概率,是不现实的。

实际上,对于特定的训练集,样本的特征值是给定的。因此,分母部分的联合分布 $P(x_1, x_2, \cdots, x_n)$ 可视为一个常量。于是,可以得到:

$$P(y \mid x_1, x_2, \cdots, x_n) \propto P(y)P(x_1, x_2, \cdots, x_n \mid y) \tag{4-7}$$

$\propto$ 表示"正比于"。这时,分类模型只关心分式中的分子部分即可。$P(y)$ 由于变量单一,容易求得。现在计算的问题落在求条件概率 $P(x_1, x_2, \cdots, x_n \mid y)$ 上。如果特征变量 $x_1, x_2, \cdots, x_n$ 彼此不独立,则根据条件概率公式,有

$$P(y \mid x_1, x_2, \cdots, x_n \mid y) = P(x_1 \mid y) \cdot P(x_2 \mid y, x_1) \cdots P(x_n \mid y, x_1, x_2, \cdots, x_{n-1}) \tag{4-8}$$

这个条件概率计算太过于复杂,当 n 较大时,计算难以承受复杂之重。于是,"朴素"的条件独立假设开始发挥作用了:它"简单粗暴"地假设每个特征相对于其他特征是独立的,于是就有

$$P(x_i \mid y, x_1, x_2, \cdots, x_{i-1}, x_{i+1}, \cdots, x_n) = P(x_i \mid y) \tag{4-9}$$

将式(4-9)代入式(4-8)中,可得给定标签 y 其他特征都是彼此独立的计算公式:

$$P(x_1, x_2, \cdots, x_n \mid y) = P(x_1 \mid y) \cdot P(x_2 \mid y) \cdots P(x_n \mid y)$$
$$= \sum_{i=1}^{n} P(x_i \mid y) \tag{4-10}$$

再将式(4-10)代入式(4-7)得

$$P(y \mid x_1, x_2, \cdots, x_n) \propto P(y) \prod_{i=1}^{n} P(x_i \mid y) \tag{4-11}$$

假设没有这种"朴素"的处理,那么计算条件概率 $P(x_1, x_2, \cdots, x_n \mid y)$ 需要的参数计算量达到 $2(2^n-1)$ 个,这带来了前文提到的"维度的咒"带来的问题,而有了"朴素"处理之后,仅仅需要 $2n$ 个参数,模型训练的可行性大大提高。

至此,可以从概率模型中构造分类器。基本的规则就是选出概率最大的那个作为依据类别,这就是最大后验概率决策(Maximum a posterior estimation)准则。相应的分类器为

$$\text{classify}(x_1, x_2, \cdots, x_n) = \arg \max P(Y=y) \prod_{i=1}^{n} P(X=x_i \mid Y=y) \qquad (4\text{-}12)$$

当事件是可重复发生的,且特征值为离散型时(例如,天气是天晴、阴天或雨天等,或苹果的颜色为红或绿等),可通过训练集的各类样本的出现频次来估计各种概率(类似于频率学派的做法),例如,某个类 y 的先验概率 $P(Y=y)$ 可定义为

$$P(Y=y) = \frac{\text{类别为 } y \text{ 的样本数}}{\text{样本总数}} \qquad (4\text{-}13)$$

在类别为 y 条件下,出现特征为 x_i 的条件概率 $P(X=x_i \mid Y=y)$ 可定义为

$$P(X=x_i \mid Y=y) = \frac{\text{类别为 } y \text{ 且特征出现 } x_i \text{ 的样本数}}{\text{类别为 } y \text{ 的样本数}} \qquad (4\text{-}14)$$

然后将式(4-13)和式(4-14)代入式(4-12)中,求得不同类条件下的后验概率,择其大者判其类别。

前面的公式求解的是当特征 x_i 为离散值时的各种情况下的条件概率。当特征值为连续型(如花瓣长度、贵庚几何等)时,无法通过计数来统计频率,这时该如何处理呢?

在处理连续值特征样本的计数问题上有两种选择:连续特征离散化(discretization)和使用连续值版本的朴素贝叶斯。

离散化的原理是将数据人为地分割为若干个分类值。最简单的离散化是构建不同的隔断。例如,年龄是连续值,可以分割为"未成年(小于 18 岁)""青壮年(大于或等于 18 岁且小于 50 岁)""过熟年(大于或等于 50 岁)"三类。有了这三档分割值,就可以分别统计这三档区间中的样本数,进而计算出各种条件下的概率。当然,还有更巧妙但更复杂的方法,比如递归最小熵划分或基于自组织映射(Self-Organizing Map,SOM)的划分。离散化之后的贝叶斯分类和前面介绍的方法一致。

如果特征值连续,又不想离散化,有没有办法处理呢?办法也是有的。这时,通常假设这些连续的特征数值遵循某种概率分布,最常见的概率分布莫过于正态分布(Normal distribution),也称为高斯分布(Gaussian distribution)。

得到这些连续数据之后,先计算标签(分类)为 y 的样本,其特征为 x_i 的均值 μ':

$$\mu' = \frac{\sum_s x_i}{\text{len}(S)} \qquad (4\text{-}15)$$

式中，S 为样本集合，len()表示求样本数量的函数。同样，标签（分类）为 y 的样本，其特征为 x_i 的均方差 σ'^2 为

$$\sigma'^2 = \frac{1}{n-1} \sum_S (x_i - \mu')^2 \tag{4-16}$$

样本方差的期望并不
是无偏的，倘若要无偏
估计，需要再乘上一个
校正系数：$1/(n-1)$。

这里，n 为样本数。下面，就将在类别为 y 条件下出现特征为 x_i 的条件概率 $P(X = x_i \mid Y = y)$ 定义为

$$P(X = x_i \mid Y = y) = \frac{1}{\sqrt{2\pi\sigma'^2}} e^{\frac{(x_i - \mu')^2}{2\sigma'^2}} \tag{4-17}$$

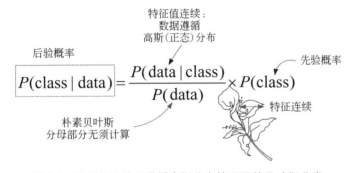

图 4-8　特征值连续且遵循高斯分布情况下的贝叶斯分类

在假设特征相互独立，特征值为连续值的情况下，可根据式(4-17)完成高斯朴素贝叶斯分类。

当然，为了更好地计算概率，就需要考虑数据的分布特征，除了正态分布之外，还可以考虑多项式朴素贝叶斯（Multinomial Naive Bayes）、伯努利朴素贝叶斯（Bernoulli Naive Bayes）等。

我们知道，朴素贝叶斯是复杂情况下的"极简"假设——特征之间彼此是独立的，这个假设基本上是不成立的。然而令人惊奇的是，朴素贝叶斯在很多分类任务（如垃圾邮件过滤、医疗诊断、天气预报等）上的性能表现好得惊人！大自然喜欢简洁——或许这又是奥卡姆剃刀定律的灵光乍现[1]。

_____

[1]　奥卡姆剃刀定律（Occam's Razor）是 14 世纪由英格兰逻辑学家、圣方济各会修士奥卡姆的威廉（William of Occam，约 1285—1349）提出的。这个原理称为"如无必要，勿增实体"，即"简单有效原理"。

4.4.2 能否出去玩，贝叶斯说了算

针对特征值为离散值的情况，下面就以不同天气条件下能否出去玩这个经典案例来说明朴素贝叶斯的使用方法。"适宜去玩（Yes）"和"不适宜去玩（No）"，这显然是个二分类任务。表 4-1 是提供给推断的历史数据。

表 4-1 贝叶斯推断的历史数据

天气情况	是否适宜去玩	天气情况	是否适宜去玩
Sunny	No	Rainy	No
Overcast	Yes	Sunny	Yes
Rainy	Yes	Rainy	Yes
Sunny	Yes	Sunny	No
Sunny	Yes	Overcast	Yes
Overcast	Yes	Overcast	Yes
Rainy	No	Rainy	No

表 4-1 中关于天气的情况分为 3 类：Sunny（晴天）、Overcast（多云）和 Rainy（雨天），显然这些特征是离散的，所以可以套用特征离散情况的先验概率。为了方便和通用性，还是先用 Excel 来演示计算过程。

在单元格 D5 输入如下公式（见图 4-9）[①]：

```
=UNIQUE(A2:A15)
```

UNIQUE 函数返回列表或范围中的一系列唯一值。通过 UNIQUE 函数可以达到"去重"的目的，很容易得到 D5～D7 的 3 个"独一无二"的值：Sunny、Overcast 和 Rainy。使用这个函数的目的在于，从众多记录中找到特征的种类个数。虽然这 3 个特征名称，我们很容易手动输入，但对于较大规模数据的"去重"处理，还是交给专业的函数去做更好，只要公式正确，它们"不怕累、不怕苦"，统计不会出错。

类似地，图 4-9 中的频率表都是通过 Excel 公式完成的。例如，在 E5 单元格中输入

---

① 经测试，Office 2016 家庭和学生版、WPS 均无法使用这个函数，请保证你的 Excel 为最新版本。

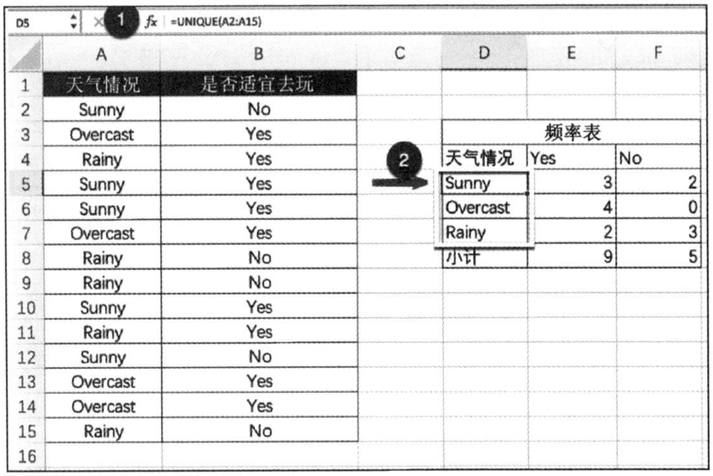

图 4-9　用 Excel 计算贝叶斯值

如下公式：

```
=COUNTIFS($B$2:$B$15,"Yes",$A$2:$A$15,"Sunny")
```

COUNTIF 函数是 Excel 中对指定区域中符合指定条件的单元格计数的一个函数。COUNTIFS 是 COUNTIF 函数的扩展包，其后的 S 表示复数，意为可以同时设定多个条件。该函数的参数的规律是，奇数位置查询的区域 criteria_range，随后的偶数位置设置必要的条件 criteria。条件可以表示为 32、>32、B4、Yes 或 Sunny 等。在单元格 F5 中输入如下公式：

```
=COUNTIFS($B$2:$ B$15,"No",$A$ 2:$A$15,"Sunny")
```

即可得到在 Sunny 条件下能否出去玩的频率为 3 和 2，如图 4-10 所示。

其他两类的天气情况的频率做类似处理，这里不再赘述。统计完毕后，即可在 E8 单元格中输入"=SUM(E5:E7)"、在 F8 单元格中输入"=SUM(F5:F7)"得到 Yes 和 No 两种分类情况汇总数据。

有了这些频率，就可以依据对应的公式计算出先验概率和条件概率（即似然表），如图 4-11 所示。

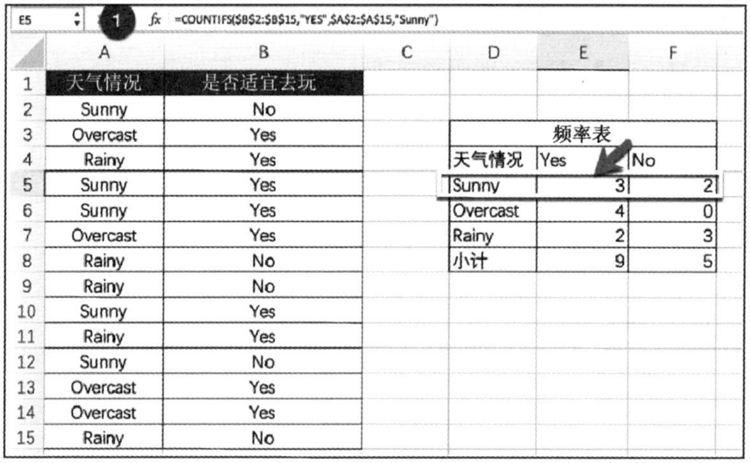

	天气情况	是否适宜去玩
2	Sunny	No
3	Overcast	Yes
4	Rainy	Yes
5	Sunny	Yes
6	Sunny	Yes
7	Overcast	Yes
8	Rainy	No
9	Rainy	No
10	Sunny	Yes
11	Rainy	Yes
12	Sunny	No
13	Overcast	Yes
14	Overcast	Yes
15	Rainy	No

频率表		
天气情况	Yes	No
Sunny	3	2
Overcast	4	0
Rainy	2	3
小计	9	5

图 4-10 在 Excel 中计算频率

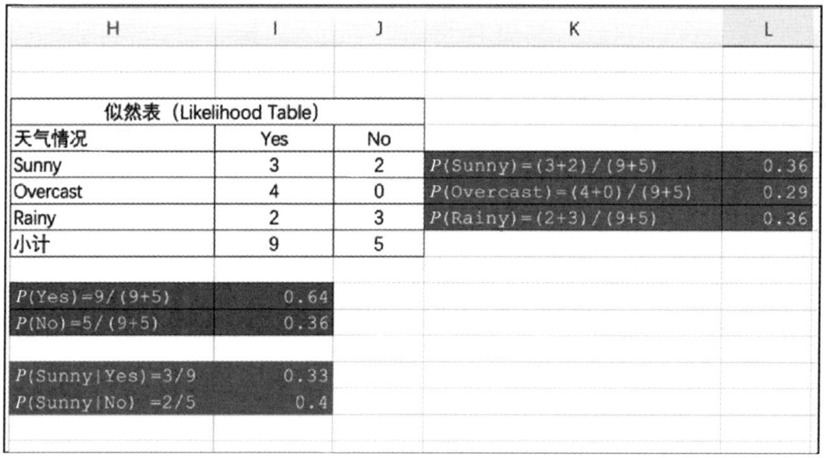

似然表（Likelihood Table）		
天气情况	Yes	No
Sunny	3	2
Overcast	4	0
Rainy	2	3
小计	9	5

P(Sunny)=(3+2)/(9+5)	0.36
P(Overcast)=(4+0)/(9+5)	0.29
P(Rainy)=(2+3)/(9+5)	0.36

P(Yes)=9/(9+5)	0.64
P(No)=5/(9+5)	0.36
P(Sunny|Yes)=3/9	0.33
P(Sunny|No) =2/5	0.4

图 4-11 用 Excel 计算似然表

根据历史数据，现在利用贝叶斯推断一下当天气为晴天(Sunny)时，能不能出去玩。

因为晴天不是影响出去玩的唯一因素(比如温度太高、湿度太大等)，所以这是个概率问题。

现在把这个问题转换为贝叶斯推理，先来看看能出去玩的概率：

$$P(\text{Yes} \mid \text{Sunny}) = P(\text{Yes}) \frac{P(\text{Sunny} \mid \text{Yes})}{P(\text{Sunny})}$$

$P(\text{Yes})$ 为先验概率，$P(\text{Sunny} \mid \text{Yes})/P(\text{Sunny})$ 实际上就是一个系数（或抑制或放大先验概率），它与先验概率相乘，就得到看到新证据之后的后验概率。

在图 4-10 中，通过计算得到：

$$P(\text{Yes}) = 9/14 = 0.64（\text{先验概率}）$$

$$P(\text{Sunny}) = 5/14 = 0.36$$

$$P(\text{Sunny} \mid \text{Yes}) = 3/9 = 0.33$$

那么 $P(\text{Yes} \mid \text{Sunny})$ 是多大呢？

$$P(\text{Yes} \mid \text{Sunny}) = 0.64 \times (0.33/0.36) = 0.60$$

相比于先验概率的 0.64，现在后验概率为 0.60（>0.5），也就是说，看到天晴（Sunny），能去玩的概率下降了。

也可以计算，另外一个类的概率：$P(\text{No} \mid \text{Sunny})$。

$$P(\text{No} \mid \text{Sunny}) = P(\text{No}) \frac{P(\text{Sunny} \mid \text{No})}{P(\text{Sunny})}$$

$$P(\text{No}) = 5/14 = 0.36（\text{先验概率}）$$

$$P(\text{Sunny} \mid \text{No}) = 2/5 = 0.4$$

$$P(\text{Sunny}) = 5/14 = 0.36$$

$$P(\text{No} \mid \text{Sunny}) = 0.36 \times (0.4/0.36) = 0.40$$

不宜出去玩的概率提升了。

但 $P(\text{Yes} \mid \text{Sunny}) > P(\text{no} \mid \text{Sunny})$，适宜去玩的概率还是大，分类为 Yes，即适宜去玩。

在上述计算过程中会发现，对于特定数据集，作为分母的 $P(\text{Sunny})$ 是个固定值，所以没有必要计算。我们只需要计算 $P(\text{Yes})P(\text{Sunny} \mid \text{Yes})$ 和 $P(\text{No})P(\text{Sunny} \mid \text{No})$ 谁大谁小即可，因为它们正比于它们对应的后验概率。

事实上，对于二分类问题，上述概率都不需要计算，只需要计算二者的比值即可：

$$\frac{P(\text{Yes})P(\text{Sunny} \mid \text{Yes})}{P(\text{No})P(\text{Sunny} \mid \text{No})}$$

如果上述比值大于 1，则分类为“Yes(适宜去玩)”，反之分类为“No(不适宜去玩)”。

在 Excel 的 H16 单元格中输入如下公式：

```
=(I10 * I13)/(I11 * I14)
```

得到计算值 1.5，这个比值是大于 1 的。然后在单元格 I16 中输入如下条件判断公式：

```
=IF(H16>=1,"出去玩喽!","不可出去玩!")
```

于是，我们就得到贝叶斯的推断结果“出去玩喽！”，如图 4-12 所示。

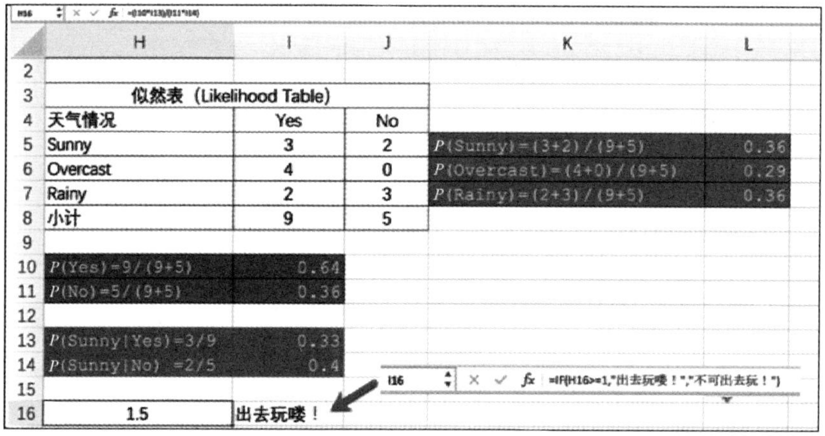

	H	I	J	K	L
2					
3	似然表（Likelihood Table）				
4	天气情况	Yes	No		
5	Sunny	3	2	P(Sunny)=(3+2)/(9+5)	0.36
6	Overcast	4	0	P(Overcast)=(4+0)/(9+5)	0.29
7	Rainy	2	3	P(Rainy)=(2+3)/(9+5)	0.36
8	小计	9	5		
9					
10	P(Yes)=9/(9+5)	0.64			
11	P(No)=5/(9+5)	0.36			
12					
13	P(Sunny|Yes)=3/9	0.33			
14	P(Sunny|No) =2/5	0.4			
15					
16	1.5	出去玩喽！			

图 4-12 在 Excel 中得到贝叶斯推断结果

关于 Excel 计算的详细过程请参阅范例 4-2：weather-play.xlsx。对于有编程基础的读者，Python 版本的代码请参见 weather-play.py。

4.5 基于贝叶斯的垃圾邮件过滤

朴素贝叶斯分类的另一个经典案例就是过滤垃圾邮件。与前面的案例类似，垃圾邮件和非垃圾邮件的判定实际上也是一个典型的二分类问题。下面就来看看贝叶斯方法是如何工作的。

4.5.1　垃圾邮件的来源

1971 年,在 ARPANET 系统上,30 岁的美国程序员雷·汤姆林森(Ray Tomlinson)设计了一个网络协议让用户可以在网上方便传输文件。

后来他灵光乍现,想到如其用来传输文件,还不如传递消息更加便捷有效——于是电子邮件就此诞生。雷·汤姆林森用@符号将"用户名"与"计算机名"分隔开,这一方案在电子邮件地址中沿用至今。

电子邮件在问世很长时间内,只是用于政府和科研单位传递消息,不为外人所知。直到 1978 年,才算有人"滥用"电子邮件。当时 DEC 研发了新型号的计算机,想要在加州开一个产品发布会,市场经理嫌挨个通知太麻烦,就发出一封有 393 个收件人的电子邮件。

这就是历史上第一封垃圾邮件。邮件刚发出去,这个市场经理就挨批评了,这么高级的政府工具怎么能用来发广告呢?

广义来说,垃圾邮件(Spam)指的就是"不请自来,未经用户许可就塞入信箱的电子邮件"。垃圾邮件的英文并不是 Garbage E-mail,而是 Spam,这么称呼是有历史渊源的。Spam 最初是一个罐装肉的牌子。在第二次世界大战后粮食短缺的欧美国家,Spam 非常普及,已多到无处不在达到令人厌恶的程度。在互联网流行后,人们就用 Spam 称呼互联网上遍布的垃圾邮件。

的确,垃圾邮件是一种令人头痛的顽症。有调查报告指出,在用户收到的电子邮件之中,平均有 60%～90% 是垃圾邮件。这些垃圾邮件除了广告以外,部分更包含诈骗内容,甚至包含了间谍软件、木马程序等,以盗取用户的私人数据。

随着垃圾邮件的问题日趋严重,软件商也纷纷推出各自的反垃圾邮件软件。但"道高一尺,魔高一丈",垃圾邮件的格式更加日新月异,以避开此类软件的检测。

正确识别垃圾邮件的技术难度非常大。传统的垃圾邮件过滤方法,主要有"关键词法"和"校验码法"等。前者的过滤依据是特定的词语;后者则是计算邮件文本的校验码,再与已知的垃圾邮件进行对比。但它们的识别效果并不理想,漏网之鱼多,冤枉的也不少。

2002 年,美国著名程序员保罗·格雷厄姆(Paul Graham)出山了[1],在其著作《黑客

---

[1]　2005 年,他与别人共同创建了著名的创业投资公司 Y Combinator。目前,百度集团前总裁陆奇任 Y Combinator 中国创始人及首席执行官。

与画家》中[8]，保罗·格雷厄姆详细描述了如何使用"贝叶斯推断"来实施过滤垃圾邮件。经过几年的工程化应用，才算比较有效地解决了这个问题。

保罗·格雷厄姆在文中提到，基于"贝叶斯推断"的垃圾邮件过滤器，效果好到不可思议。1000 封垃圾邮件可以过滤掉 995 封，且没有一个误判。另外，这种基于贝叶斯的垃圾过滤器，还具有自我学习的功能，会根据新收到的邮件，不断调整后验概率。收到的垃圾邮件越多，它的准确率就越高。

4.5.2　过滤垃圾邮件的贝叶斯原理

假设我们有垃圾邮件和正常邮件各 1 万封作为训练集。现在收到一封新邮件，此时先假定它是"正常邮件（Ham）"和"垃圾邮件（Spam）"的先验概率各是 50%，即 $P(垃圾) = P(正常) = 50\%$。

然后，对这封新邮件的内容进行解析，发现其中含有"发票"一词，那么这封邮件属于垃圾邮件的后验概率提高到多少呢？

如前所述，上述问题是在计算一个条件概率，在有"发票"词语的条件下，邮件是垃圾邮件的概率：$P(垃圾｜发票)$。这时要用到贝叶斯定理：

$$P(垃圾 ｜ 发票) = P(垃圾) \frac{P(发票 ｜ 垃圾)}{P(发票)}$$

根据全概率公式可知，分母部分的概率可写成如下形式：

$$P(发票) = P(垃圾) \cdot P(发票 ｜ 垃圾) + P(正常) \cdot P(发票 ｜ 正常)$$

我们假定，在 1 万封垃圾邮件中，有 500 封包含"发票"这个词，那么它的出现频率就是 5%；而在 1 万封正常邮件中，只有 10 封包含这个词，那么出现频率就是 0.1%。

于是，可以计算得到邮件出现"发票"二字之后，它被标记为"垃圾"邮件的后验概率为

$$P(垃圾｜发票) = 50\% \times \frac{5\%}{(50\% \times 5\% + 50\% \times 0.1\%)} = 98\%$$

从贝叶斯思维的角度，由于出现"发票"新证据，直接将垃圾邮件先验概率 50%，一下子提升到 98%。然而，我们是否就能断定：这是封垃圾邮件？

当然不能！这里还有 2 个核心问题有待解决。

（1）$P(发票｜垃圾)$ 和 $P(发票｜正常)$ 这两个条件的概率值是我们假定的，实际应用

场景中,它们是如何获得的?

（2）正常邮件也可能含有"发票"这个词,误判了怎么办？能否降低误判率？

4.5.3　构建训练集

与前面的案例类似,基于贝叶斯的垃圾邮件过滤器,是通过学习不断提高性能的。而学习的资源,就是各自事先准备好的训练数据。为了训练方便,必须预先提供两组已经识别好类别的邮件,一组是正常邮件(通常称为 Ham),另一组是垃圾邮件(通常称为 Spam)。

用这两组邮件数据,对基于贝叶斯定义邮件过滤器进行"训练"。通常来说,邮件数据规模越大,学习得到的先验知识越准确,过滤的效果就越好[①]。

训练的流程是这样的。首先,解析所有邮件文本,提取每一个词。然后,计算每个词语在正常邮件和垃圾邮件中的出现频率。比如前文提到的"发票"这个词,可以根据频率给它一个初始的先验概率。接着,遵循贝叶斯的后验概率更新原则,随着邮件收集的累计,垃圾邮件的高频词汇都会慢慢收敛到它本来的概率。面向垃圾邮件的贝叶斯分类器如图 4-13 所示。

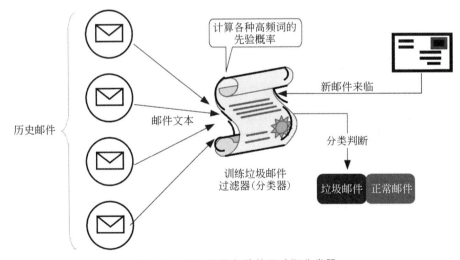

图 4-13　面向垃圾邮件的贝叶斯分类器

---

①　阮一峰. 贝叶斯推断及其互联网应用(二)：过滤垃圾邮件. http://www.ruanyifeng.com/blog/2011/08/bayesian_ inference_part_two.html。

　　为了计算每个单词的出现频率,就需要分词(Tokenization)。分词也是自然语言处理中最为基础的技术之一,就是将一句话拆分成若干个词语的组合。英文单词天然就用空格隔开了,所以分词就很容易。但中文分词就没有那么简单了,因为中文词语之间没有明显的分隔符,这个时候可以借助专业的分词工具(如结巴分词、斯坦福分词器、Hanlp分词等)来协助分词。

　　如果某个词只出现在垃圾邮件或只出现在正常邮件中,雷·格雷厄姆就假定,它在另一类邮件中的出现频率为1‰,反之亦然。这样做是为了避免在计算联合概率时,某些概率"被迫"为0。我们知道,在贝叶斯法则的保护下,初始假设的先验概率并不是太重要,随着邮件数量的增加,后验概率会逐步更新,它的计算结果会自动调整,慢慢会收敛于它的真实概率。

　　在现实生活中,我们不能"见风就是雨"。同样地,邮件过滤器也不能见到"发票""贷款"之类的关键词,就判别为垃圾邮件。这是因为正常的工作邮件,在一定概率上,也可能包含此类词汇。

　　那么,该如何降低误判率呢?这时就可以采用"多特征判断"的思路。就好比判别猫和老虎,如果单看颜色或许难以区分,那就颜色、花纹、大小、体重等一起考虑,综合判断。

　　类似地,对于包含"发票"的邮件,如果不易判断类别,那就联合其他词语一起来判断,对于贝叶斯定理而言,这就意味着需要计算联合概率。

4.5.4　联合概率是如何计算的

　　下面举例说明联合概率的计算过程。假设邮件中有这么一句话:"我司常年代开正规发票,发票点数优惠!",在分词工具的操作下,就可以拆分成如下若干个更小粒度的词:"我""司""常年""代开""正规""发票""发票""点数""优惠"。这时,基于贝叶斯公式的两类邮件概率模型,就变成了如下模样:

$$P(垃圾邮件 \mid (我,司,常年,代开,正规,发票,发票,点数,优惠))$$

$$= P(垃圾邮件) \frac{P((我,司,常年,代开,正规,发票,发票,点数,优惠) \mid 垃圾邮件)}{P(我,司,常年,代开,正规,发票,发票,点数,优惠)}$$

与

$$P(正常邮件 \mid (我,司,常年,代开,正规,发票,发票,点数,优惠))$$

$$= P(正常邮件) \frac{P((我,司,常年,代开,正规,发票,发票,点数,优惠) \mid 正常邮件)}{P(我,司,常年,代开,正规,发票,发票,点数,优惠)}$$

上述公式中的分子部分是一个条件概率，计算很不方便。这时就可以做一个很朴素的近似，这些词的出现是彼此独立的（而现实情况并非如此）。为了让上述公式显得更加紧凑，令字母 S 表示"垃圾邮件"，字母 H 表示"正常邮件"。朴素贝叶斯版本的近似公式如下：

$$P((我,司,常年,代开,正规,发票,发票,点数,优惠) \mid S)$$
$$= P(我 \mid S) \times P(司 \mid S) \times P(常年 \mid S) \times P(代开 \mid S) \times P(正规 \mid S) \times$$
$$P(发票 \mid S) \times P(发票 \mid S) \times P(点数 \mid S) \times P(优惠 \mid S)$$

这就是词频特征的条件独立假设，每个单词都是一个特征。我们知道，作为"语言"的构成部分，单词之间前后是有连贯性的，也就是说它们肯定是不独立的。但是为了简便计算，只能选择妥协。

基于"正常邮件"的条件独立假设的式子与上式类似：

$$P((我,司,常年,代开,正规,发票,发票,点数,优惠) \mid H)$$
$$= P(我 \mid H) \times P(司 \mid H) \times P(常年 \mid H) \times P(代开 \mid H) \times P(正规 \mid H) \times$$
$$P(发票 \mid H) \times P(发票 \mid H) \times P(点数 \mid H) \times P(优惠 \mid H)$$

这样简化处理后，上式中的每一项都非常好求。只需要分别统计各类邮件中该关键词出现的概率就可以了。比如说，求垃圾邮件中出现发票的概率就可以这么做：

$$P(发票 \mid S) = \frac{垃圾邮件中出现"发票"的次数}{垃圾邮件中所有词语的次数}$$

上述工作就是统计各个词语次数，让计算机干这样的活，它非常擅长。邮件样本数量越大，估算出来的概率越接近真实概率。于是，垃圾邮件识别的问题就可解了。

事实上，邮件中的单词千千万。不可能计算每个词语和其他所有词语的联合概率，在计算复杂度上，这是不可行的，其实也不需要。通常，一个简单的优化方式是，借助词频统计，在抛弃某些停用词（stop word）之后[①]，挑选词频前 n 位[②]的词语来计算联合条件概率。联合概率的结果超过 90%，说明它是垃圾邮件。

---

① 停用词大致分为两类。一类是人类语言中包含的功能词，这些功能词极其普遍，与其他词相比，功能词没有什么实际含义，比如英文的 the、is、at、which、on 等，中文的"的""地""呢"等。停用词通常对分类无用，保留它们徒增计算负担。

② n 是工程经验值，可视为一个超参数，通常不小于 15。

4.5.5 朴素贝叶斯"朴素"在哪里

如前所述,加上条件独立假设的贝叶斯方法就是朴素贝叶斯方法(Naive Bayes)。Naive 本义就是"朴素的""幼稚的"。这样命名朴素贝叶斯,它确实名副其实。

因为在朴素贝叶斯模型中,"我司可办理正规发票"与"正规发票可办理我司"这两句的分词完全相同,而根据乘法交换律,用朴素贝叶斯方法计算出这两句的条件概率完全一样!换句话说,为了计算简便,朴素贝叶斯模型抛弃了词语之间的顺序信息。

图 4-14　词袋模型

这就相当于把所有的词汇扔进一个袋子里,无论怎么搅和,朴素贝叶斯方法都认为它们一样。因此这种场景下的假设也称作词袋(Bag of Words)模型。词袋模型与人们的日常经验完全不同。比如,在条件独立假设的情况下,"张三打了李四"与"李四打了张三"被它认作是同一个意思(见图 4-14)。所以,对比于其他分类器,朴素贝叶斯模型确实显得有点"萌蠢",但在垃圾邮件判别上,它却可以非常高效地完成分类任务。

即使有些垃圾邮件特意规避某些单词,比如,将"发票"写成"发飘",将"代开"写成"代開"等,只要训练的数据集合足够大,且在线学习更新,朴素贝叶斯方法都可以慢慢找到它们,且错判率非常低。

朴素贝叶斯方法的条件独立假设,看上去"很天真",可为什么结果却很好、很强大呢?对此有人尝试给出一个理论解释,这个解释的核心意思就是:有些独立假设在各个分类之间的分布都是均匀的,所以对于似然的相对大小不产生影响;即便不是如此,也有很大的可能性各个独立假设所产生的消极影响或积极影响互相抵消,最终导致结果受到的影响不大[①]。对这个理论推导感兴趣的读者,可以阅读相关参考文献[9]。

4.5.6 贝叶斯的不同类型

我们知道,如果判断的文本长度增加,或者分词方法改变,必然会有许多词重复出现,因此需要对这种情况进行进一步探讨。

$$P((我,司,常年,代开,正规,发票,发票,点数,优惠)\mid S)$$
$$=P(我\mid S)\times P(司\mid S)\times P(常年\mid S)\times P(代开\mid S)\times P(正规\mid S)\times$$

①　刘未鹏. 平凡而又神奇的朴素贝叶斯方法. http://mindhacks.cn/2008/09/21/the-magical-bayesian-method/。

$$P(发票 \mid S)^2 \times P(点数 \mid S) \times P(优惠 \mid S)$$

观察上述公式的细节,我们会发现,$P(发票 \mid S)$出现了两次(因为发票在文本中出现了两次)。如果出现多少次,就在概率值上进行多少次方运算,如 $P(发票 \mid S)^2$,这样的模型就叫多项式朴素贝叶斯模型(Multinomial Naive Bayes,在机器学习框架 sklearn 中,被简写为 Multinomial NB)。

对于重复单词,一种更加简化的方法是,无论词语重复多少次,都视为只出现 1 次,例如：

$$P((我,司,常年,代开,正规,发票,发票,点数,优惠) \mid S)$$
$$= P(我 \mid S) \times P(司 \mid S) \times P(常年 \mid S) \times P(代开 \mid S) \times P(正规 \mid S) \times$$
$$P(发票 \mid S) \times P(点数 \mid S) \times P(优惠 \mid S)$$

这样的模型称为朴素伯努利模型(Bernoulli Naive Bayes,在 sklearn 中,被简写为 BernoulliNB)。之所以这么称呼它,因为它把单词就分为两类：出现和不出现(类似于抛硬币,要么是正面,要么是反面)。朴素伯努利模型的决策模型是基于如下规则的：

$$P(\boldsymbol{x} \mid y_k) = \prod_{i}^{n} p_{k_i}^{x_i} (1 - p_{k_i})^{(1-x_i)} \tag{4-18}$$

式中,p_{k_i} 就是在类别 y_k 下某个单词 x_i 出现的概率。

这种方式比多项式贝叶斯更加简化与方便。然而因为简化而付出的代价是,丢失了词频的信息,因此分类的结果效果可能会差一些。

还有一种模型是上述两种模型的混合,即在计算句子概率(即联合概率)时,不考虑重复词语出现的次数,$P(词语 \mid S)^n$,即 n 永远取值为 1,但在单独统计计算词语的先验概率 $P(词语 \mid S)$ 时,却考虑重复词语的出现次数,因为出现的次数越多,先验概率自然越大。

这种综合考虑的模型叫作混合模型。具体工程实践中,需要采用哪种模型,要看具体的业务场景。对于垃圾邮件识别而言,混合模型效果会更好些。

4.5.7　贝叶斯分类的一些工程优化

人们常会发现,"理论很丰满,但实践却很骨感"。工程实践中,有很多理论中遇不到的问题,所以不得不做一些工程上的优化。

比如,在计算联合概率时,需要特别留意的是零概率问题。在计算某个单词的先验概率时,如果某个单词 x_i 在训练集中从来没有出现过,那么该词先验概率为 0,如果用它计算联合概率,在连乘运算中,这个联合概率出现时也为 0。

但这是不合理的,不能因为一个事件暂时没有观察到(或许因为训练样本太小),就武断地认为该事件的概率是 0。

为了解决零概率的问题,法国数学家拉普拉斯最早提出,采用对多个观察对象出现次数同时加 1 的方法,来估计没有出现过的现象的概率,所以这种数据平滑方式也叫作拉普拉斯平滑(Laplace Smoothing)。

当假定训练样本很大时,每个统计量 x_i 的计数加 1 造成的概率偏差,基本可以忽略不计,但却可以方便有效地避免零概率问题。

例如,词语 x_1、x_2、x_3 观测计数分别为 0、990、10,那么它们的先验概率为 0、0.99、0.01,这就出现了零概率事件。如果对这三个单词使用拉普拉斯平滑,那么它们的"观测计数"分别为 1、991、11。

除了上述的拉普拉斯平滑优化,其实还有其他的一些工程优化技巧。如,概率本身就很小,特别是一些出现次数非常少的词语,它们的概率远远小于 1。此时,在计算联合概率时,通过连乘运算,就会让联合概率变得越来越小,而计算机是有精度范围的,如果数值过小,浮点数就可能会溢出,从而让这个很小的概率值变成一个无效值。

这时,就可以使用对数函数操作,把一个"连乘运算",转换变成对数的加法操作,从而有效避免数值计算精度的问题。

或许有读者会问,做对数运算岂不是也很费时间啊?的确如此,但是工程师们可以在预训练阶段提前计算各种对数值,然后把这些对数值存储在一张很大的 Hash 表里。在需要计算时,直接查 Hash 表提取相应的值,拿来即用。这样一来,反而将训练所需的计算时间,大部分转移到了预训练阶段,实时运行时速度就比优化之前快很多。

其实,在工程优化上,贝叶斯的使用,还有很多技巧(比如说,如何选取 Top k 的关键词;如果给不同关键词赋予不同的权值,如何分割样本等)。之所以提到这些工程技巧,就是想让读者感知到,算法工程师和理论工作者同样重要,没有工程师的实现,理论不过是"空中楼阁"。

基于朴素贝叶斯的垃圾邮件 Python 实践代码,请参考随书范例 4-3:bayes-spam.py,事实上,在这个范例中,就使用到前面提到的工程优化技巧,请有编程基础的读者,细细品味其中的工程实现技巧。

4.6　贝叶斯网络

机器学习中最重要的任务,可以看作是根据已观测的数据证据(如训练样本)来对感兴趣的未知变量(如分类标签)进行估计和推测。推测就少不了使用概率。万事万物之间,都有千丝万缕的联系。如果描述事物间联系的强度,用概率的大小来度量,那么它们就构成了一个概率网络。如果事物之间的概率获取,是用贝叶斯方法计算得到的,就形成了一个贝叶斯网络。

大概在 30 年前,人工智能的主要挑战之一,就是如何表征将潜在的原因与一系列可观测的事件联系在一起。贝叶斯网络用节点表示人们感兴趣的变量,用边表示变量之间的相互影响关系,用条件概率定量表示这些影响,可以有效地解决这一问题。

通过条件概率可以构建类似于图(graph)的关联模型,称为概率图模型(probabilistic graphical model,PGM)。概率图模型是用图来表示变量概率依赖关系的理论,结合概率论与图论的知识,利用图来表示与模型有关的变量的联合概率分布[10]。

在形式上,概率图模型是由图结构组成的。图的每个节点(node)都关联了一个随机变量,而图的边(edge)则被用于编码这些随机变量之间的关系。根据图是有向的还是无向的,可将概率图的模式分为两大类:贝叶斯网络(Bayesian network)和马尔可夫网络(Markov network)。前者是 1982 年由朱迪亚·珀尔(Judea Pearl)把贝叶斯方法引入了人工智能领域的成果。

2011 年,朱迪亚·珀尔凭借在贝叶斯网络的研究上取得的杰出贡献而获得当年的图灵奖。

贝叶斯网络(Bayesian network)又称信念网络(belief network)或是有向无环图模型(directed acyclic graphical model),是一种概率图模型,借由有向无环图(directed acyclic graphs,DAG)得知一组随机变量及其 n 组条件概率分布的性质。

一般的贝叶斯网络并不要求有因果关系,$A \rightarrow B$ 中的箭头仅仅代表从 A 到 B 的有条件概率。人们先给网络上每一个节点设置一个信念值,然后依据大量数据,采用贝叶斯法则去更新这些信念值,计算 $P(B|A)$ 或者 $P(A|B)$。每一次更新的数据都能让网络上的信念值更新一遍,叫作"信念传播"(见图 4-15)。

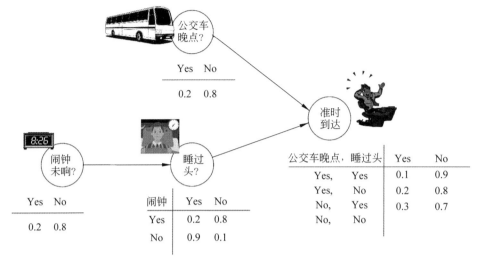

图 4-15 贝叶斯网络

传统的贝叶斯网络仍然是基于经验的,它用网络结构取代了传统的人工智能算法的黑箱操作(如神经网络)。事实上,贝叶斯网络的计算方法,完全适用于因果关系图。若两个节点间以一个单箭头连接在一起,则表示其中一个节点是"因(parents)",另一个是"果(descendants or children)",两节点就会产生一个条件概率值。

2018 年,朱迪亚·珀尔出版名为《为什么:关于因与果的新科学》(*The New Science of Cause and Effect*)的书[11],在书中,朱迪亚·珀尔指出,当前人工智能最大的发展障碍就在于,未能深刻理解"智能"的本质——很多场合下,结果没有可解释性——知其然,不知其所以然。

例如,目前深度学习和神经网络的巨大进步,使机器可以轻而易举地在围棋和扑克等诸多领域战胜人类,无人驾驶亦成为可能。但对此,朱迪亚·珀尔不以为然。他对深度学习有一个著名的批评:深度学习不过是在海量数据中找到一个更好的曲线拟合而已(All the impressive achievements of deep learning amount to just curve fitting)。时至今日,深度学习的研究已然火热,但诸如基于贝叶斯方法的概率推断,由于可解释性强,仍显示出勃勃生机。毕竟,追寻万事万物蕴涵的可解释性,一直是人类的执念。现在可解释的 AI(Explainable AI,简称 XAI)或透明的 AI(Transparent AI)已然成为一种研究趋势,由此可见一斑。由此可以预期,贝叶斯网络将在 XAI 中扮演着越来越重要的角色。

2015 年,知名学术期刊《自然》(*Nature*)发表了一篇题为《概率机器学习与人工智能》[7]，文章详细阐述了关于概率的机器学习(其基础多是贝叶斯原理)以及人工智能中的一些核心的问题和研究进展，感兴趣的读者可以找来一读(网络上亦有论文作者的视频可供参考)。

4.7　本章小结

在本章，主要系统地回顾了贝叶斯方法的来龙去脉。在传统意义上，人们常用频率法计算概率。频率法认为，在有足够多的数据的情况下，随机事件发生的频率会无限接近它真实的概率。频率法理解这个世界的底层逻辑是，只要重复地试验或者观测的数据足够多，随机事件发生的频率就会无限接近它的概率。这就是人们现在常说的"大数定律"。

然而，很多事件并不具备重复高频发生的基础。因此，频率法在一些场所无法使用。比如高考成功的概率、合同签订的概率等，因此，贝叶斯学派"釜底抽薪"，改变了概率的定义，他们认为，概率本质上是对信心的度量，是人们对某个结果相信程度的一种定量化的表达。

根据新信息不断调整对一个随机事件发生概率的判断，这就是贝叶斯推理。从形式上来看，贝叶斯推理就是为了处理所谓"逆概率"问题而诞生的。比如说，基于邮件的文本内容判断其属于垃圾邮件的概率不好求(难以通过直接观测、统计得到)，但基于过去搜集好的垃圾邮件样本，去统计(直接观测)其文本内部各个词语的概率，却非常方便。这需要用到贝叶斯推理。

贝叶斯推理不仅仅可视为一个人工智能算法，更重要的是，它还是一种非常高级的思维模式和人生算法。拥有贝叶斯思维的人，他们会尊重先入之见，因为它是一切新知的出发点，但又随时准备诚实对待新的证据，并以此不断更新认知。

贝叶斯思维还告诉我们，起点不是那么重要，不断迭代才重要，但这需要保持充分的开放和积累。这也能给我们一个启示，输在起跑线上不要紧，"不要悲伤，不要哭泣"，要紧的是你能不能做时间的朋友，不断升级迭代自己的认知。

有学者意象性地指出，事实上，我们天生都是贝叶斯动物，不过是后来慢慢变得固执己见罢了。你是一个终生具备贝叶斯思维的人吗？

4.8　思考与练习

4-1　什么是先验概率？什么是后验概率？

4-2　两个一模一样的碗，一号碗装有 30 颗水果糖和 10 颗巧克力糖，二号碗装有水果糖和巧克力糖各 20 颗。现在随机选择一个碗，从中摸出一颗糖，发现是水果糖。请用贝叶斯定理计算，这颗水果糖来自一号碗的概率有多大？

4-3　根据以下观测数据（见表 4-2），一男生现有四个特征：不帅，性格温柔，身高矮，不上进，用贝叶斯方法（而非直觉）判断他是否值得托付终身（提示：可用 Excel 辅助完成计算）。

表 4-2　观测数据表

英俊与否	性格	身高	为人上进	值得结婚
帅气	粗暴	矮	不上进	不值得
不帅	温柔	矮	上进	不值得
帅气	温柔	矮	上进	值得
不帅	温柔	高	上进	值得
帅气	粗暴	矮	上进	不值得
不帅	温柔	矮	不上进	不值得
帅气	温柔	高	不上进	值得
不帅	温柔	高	上进	值得
帅气	温柔	高	上进	值得
不帅	粗暴	高	上进	值得
帅气	温柔	矮	不上进	不值得
帅气	温柔	矮	不上进	不值得

4-4　什么是拉普拉斯平滑？它对贝叶斯计算有什么用处？

4-5　Python 编程实现（有编程经验的读者适用）：利用贝叶斯分类识别书写数字（数据集为 MNIST）。

参考文献

［1］　何帆.《联邦党人文集》背后的统计学幽灵［J］. 金融时报，2014.

［2］　BAYES T. LII. An essay towards solving a problem in the doctrine of chances. By the late Rev. Mr. Bayes，FRS communicated by Mr. Price，in a letter to John Canton，AMFR S［J］. Philosophical Transactions of the Royal Society of London，1763，53：370-418.

［3］　万维钢. 智识分子：做个复杂的现代人［M］. 北京：电子工业出版社，2016.

［4］　纳西姆·塔勒布. 随机漫步的傻瓜：发现市场和人生中的隐藏机遇［M］. 盛逢时，译. 北京：中信出版社，2012.

［5］　李帅. 世界是随机的大数据时代的概率统计学［M］. 北京：清华大学出版社，2017.

［6］　JAYNES E T. Probability theory：The logic of science［M］. Cambridge，Cambridge University Press，2003.

［7］　GHAHRAMANI Z. Probabilistic machine learning and artificial intelligence［J］. Nature，Nature Publishing Group，2015，521(7553)：452-459.

［8］　GRAHAM P. Hackers & painters：big ideas from the computer age［M］. Boston，O'Reilly Media，Inc.，2004.

［9］　ZHANG H. The Optimality of Naive Bayes，2004［J］. American Association for Artificial Intelligence，2004.

［10］　周志华. 机器学习［M］. 北京：清华大学出版社，2016.

［11］　PEARL J，MACKENZIE D. The book of why：the new science of cause and effect［M］. New York Basic Books，2018.

第 5 章

决策树： 一种高胜算的决策思维

生命以负熵为生[①]。

——薛定谔

5.1　感性认知决策树

所谓决策树,就是数据样本的布局结构呈现树状结构,根据节点处属性值的不同,将数据样本分配到不同类别的节点当中。这么说,还是比较抽象,下面列举一个生活中的案例来辅助说明这个概念。

5.1.1　生活中的决策树

有这样一个生活场景:翠花是一个芳龄 26 岁的女子,一直忙于工作,无暇于婚姻大事。妈妈操心翠花的终身大事,这天又张罗给她介绍对象了。

翠花随口一问:多大了?

妈妈:长你一岁,27。

翠花又问:帅不帅?

妈妈:挺帅的。

翠花:收入咋样?

妈妈:比上不足比下有余,中等。

---

① 　对应的英文为"Life feeds on negative entropy"。

翠花又问：有上进心吗？

妈妈：有，还写过几本不错的书呢。

翠花：那好，去见见吧。

我们知道，不论是处对象、找工作，还是太空探索、国家博弈，小到个人，大到国家，有一些重要决策，无不影响深远，错了就可能会造成严重的后果，那么对于这类重要决策，有没有值得信赖的决策工具可供使用呢？

答案是，当然有。最靠谱的决策工具之一，就是本章的主角——决策树（decision tree）。

什么叫决策树呢？先来简单回顾一下上面的对话，其实刚才翠花那番连珠炮似的问题，就有决策树的基本逻辑在里面。

当翠花问"多大了？"时，其实"相亲决策树"的第一个决策节点已经开启了。这个决策节点有两条分支线：第一，大于 30 岁，则太大了，有代沟，就不见面了；第二，小于 30 岁，则年龄适合，再看看其他条件。

然后，翠花接着问"帅不帅？"，这就启动了下一层的决策点。如果不帅，以至于到了丑的级别，那就算了。如果相貌尚可，那就再往下走到第三个决策节点"收入咋样"。

如果很穷，那也不能接受（请理解，在相亲前，"我很丑，但我很温柔"之类的人品探究，尚未启程）。如果财务尚可，那小日子还有盼头。

于是，就到了第四个决策节点"有上进心吗"。

"有"，那太好了，去见见吧。

通过四个决策节点"年龄、长相、收入、上进"，排除了"老、丑、穷且还不上进的人"，选出"小于 30 岁，收入尚可，但很上进的入眼小伙"，决策质量不错！

这种层层分支、不断递进的决策策略，画成图形，就如同一棵倒立树的枝，故称决策树（见图 5-1）。

如果把决策树看作有向图的话，那么这棵有向树中包含三类节点。

- 根节点（root node）：没有入边，但有零条或多条出边。如图 5-1 中的节点 A。

- 内部节点（internal node）：恰好只有一条入边，但有一条或多条出边。如图 5-1 中的节点 C、D 和 G。

- 叶子节点（leaf node）：恰好只有一条入边，但没有任何出边。遇到叶子节点，就相

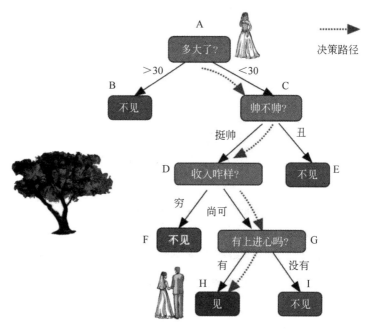

图 5-1 感性认知决策树

当于有向图走到了尽头,所以叶子节点也叫终节点(terminal node)。如图 5-1 中的节点 B、E、F、H 和 I。

内部节点表示判断条件,叶子节点表示决策结果,箭头表示一个判断条件在不同情况下的决策路径,在图 5-1 中,虚线箭头表示了上面例子中翠花相亲的决策过程。

可以把决策树看成一个 if-then 规则的集合[1]。决策树的根节点到叶子节点的每一条路径,都可以构成一条规则,即路径上的内部节点对应着规则的条件,而叶子节点则对应规则的结论。

决策路径中的这些前提条件,都是合取(即同时成立,符号记作 ∧)关系,作为 if-then 规则的 if 前件,叶子节点则对应 then 后件。图 5-1 中的虚线路径所对应的规则就是:if 小于 30 岁 ∧ 帅气 ∧ 收入尚可 ∧ 上进,then 见面。

很显然,同一棵树可以有很多条不同的从根节点到叶子节点的路径。每条路径之间是析取关系(即彼此是"或"的关系,符号记作 ∨)。也就是说,决策之路不止一条。这些路径集合,拥有一个重要的性质:互斥且完备。换句话说,每个训练集合中的样本,有且只有一条路径(或说规则)覆盖(适用于)它。

有了上面直观的认识，我们可以正式定义决策树了。决策树（decision tree）在拓扑结构上是一个树结构（可以是二叉树或多叉树），它的每个非叶子节点表示一个特征或属性上的判断，每个分支代表这个特征属性在某个值域上的输出，每个叶子节点（不再有分支的节点）存放一个类别。

可以看到，决策树以一种"白箱"规则的方式，将不同类按照"显而易见"的规则，不断进行树状细分，直到所有分类（比如相亲的类别：见或不见）都归属于某个叶子节点。

因此，决策树是一种十分常用的分类方法，亦位列十大数据挖掘算法之首[2]。目前决策树已经在医学、天文学、计算生物学以及商业等诸多领域大放异彩。

除了决策树，白箱规则还包括列表法和回归规则。

5.1.2　决策树的智慧

1975 年获得过图灵奖的人工智能先驱之一赫伯特·西蒙（Herbert Simon），在 1978 年，又获得了经济学最高奖——诺贝尔奖，获奖理由是鉴于他在管理学领域做过重要贡献。关于决策，西蒙有个著名判断，他认为："管理就是决策，决策贯穿于管理的全部过程。①"

而我们此刻说的决策树，是一种把决策节点画成树的辅助工具。从上面的生活案例来看，决策好像一点都不难。但需要注意的是，翠花的"相亲决策树"有个不太现实的地方，那就是妈妈居然能"分毫不差"地回答出每一个问题。这让翠花的决策变得如同"行云流水"，非常简单而直接。

然而，现实情况通常不是这样的。更一般的情况是，人们赖以决策的依据，是没有确定答案的，或者说存在一定的不确定。比如说，如果翠花问妈妈"他的脾气好吗？"，妈妈估计会说："这个不好说啊，只见过一面，从谈吐上来看，感觉脾气八成还不错吧。"

再如，如果翠花再问"未来他会变得有钱吗？"妈妈估计会说："这谁知道！他的确很努力，倒是写过几本书，但卖得不温不火的，估计至少有五成概率未来会有钱吧。"

听完这些回答：80％可能脾气不错，50％可能将来会有钱，那翠花还去不去相亲啊？这就作难了。这时，要往"决策树"中引入了一个概念"概率"。

概率代表着不确定性。在人工智能领域，决策树是一种分类算法。在分类之前，决策树面对所有训练数据，犹如混沌一片。不过在描述这个"混沌无序"的数字世界，计算

---

　　①　对应的英文为"Management was primarily a decision-making process"。

机科学家常用另外一个专业术语——熵（Entropy）。熵，代表的是信息的一种未知的程度。

5.1.3　决策树与熵

从本质来说，今天的机器智能，基本都是来自于利用数据而消除的不确定性，在这方面机器比人类聪明。而消除数据的不确定性，就和"熵减"有密切联系。这一特性，是所有基于熵的人工智能算法的核心思想。

决策树就是一种基于"熵减"的人工智能算法。作为一种预测算法，其关键在于，构建对象属性与对象类别之间形成一种映射关系，即如何构建一棵好用的决策树。

然而，决策树的构造（即子树的划分），不是想当然而为之的，而是和训练数据的内部特征紧密耦合。子树划分的一个基本原则就是，相比于没有划分之前，划分之后如何最大限度地减少不确定性（即熵）。

鉴于熵在机器学习中有着重要的应用，下面先简单介绍一下与熵有关的概念。

5.2　机器学习中的各种熵

5.2.1　熵是一种世界观

图 5-2　奥地利物理学家玻尔兹曼

"熵"这个概念，最早应用在物理学。根据热力学第一定律，能量是守恒的，可以互相转化（比如机械能转化为电能），而不会消失。能量守恒的公式可简单概括为

$$能量总和＝有效能量＋无效能量$$

这里"有效能量"指的是可以被利用的能量；"无效能量"指的是无法再利用的能量，又称为熵。所以，熵就是系统中的无效能量。

为什么会出现熵呢？1877 年，奥地利物理学家玻尔兹曼（Boltzmann，见图 5-2）对"熵"做出了令人信服的解释。他认为，任何粒子的常态都是随机运动，也就是"无序运动"。如果让粒子呈现"有序化"，必须耗费能量来维持秩序。所以，能量可以被看作"有序化"的一种度量。相比而言，熵表示一个系统的无序状态，或者说随机性。

热力学第二定律指出，在任何一个孤立的系统里，总体的混乱程度，只会增大而不会变小，直到达到混乱的最大化（见图 5-3）。这个定律实际上是说，当一种形式的"有序化"转化为另一种形式的"有序化"，必然伴随产生某种"无序化"。一旦能量以"无序化"的形式存在，就无法再利用了，除非从外界输入新的能量，让无序状态重新变成有序状态。

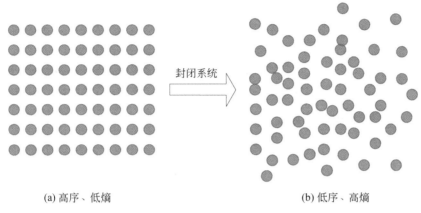

(a) 高序、低熵　　　　　　　　　　　　(b) 低序、高熵

图 5-3　热力学第二定律示意图

需要注意的是，热力学第二定律成立的限定条件是"孤立系统"。那么，什么是孤立系统呢？孤立系统就是没有能量和物质输入输出的系统。如果存在某个系统，它的外部不断地有能量持续输入，那么热力学第二定律就好像开了一个后门：在一定空间、一定时间的范围内，混乱程度有可能持续下降。

于是，可以得出这样一个推论：如果想让一个系统变得更有序，必须"对外开放"，必须有外部能量的输入。

如果熵代表着混乱，那么它的相反面——负熵，自然就代表有序。著名物理学家薛定谔于 1944 年曾跨界写过一本生物学的科普名著《生命是什么？》（见图 5-4）[4]，书中最经典的观点莫过于"生命以负熵为生"。

生命之所以能维持有序，就是因为生命是一个开放系统，它会持续不断地从外部世界获取有序的能量（如吃饭）和有序的信息（如学习）。封闭系统更容易进入熵增的快车道；反之，如果打开系统就带来新的能量和信息。面对外部压力，反而可以激发内部活力，带来更为有序的世界。对个人如此（如为什么人需要学习），对国家亦是如此（如，国家为什么要改革开放）。

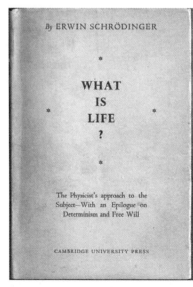

图 5-4　薛定谔的名著《生命是什么？》

从上面的分析可知,"熵"不仅仅是一个物理观念,其实它还是一个解释力很强的世界观、甚至人生观[3],许多现象都可以用熵来解释,看上去非常合理。比如恋爱或婚姻关系,如果你不去有意识地输入(如送个鲜花、吃个浪漫晚餐什么的),那么结局一定是向糟糕的方向发展,而一味地抱怨、争吵,只会增加情"熵",让无序更加无序!

再例如,锻炼身体,减少赘肉,就是在做负熵运动。事实上,维持一个公司正常运转,也需要做负熵运动。华为公司的任正非先生就是这方面的高手,他提出了一系列的对抗熵增的改革措施。

读到这里,或许你会疑惑,为什么我们要花这么多笔墨,来描述与机器学习算法看似无关的话题呢?事实上,在后面的学习中,你会发现,很多看似复杂的公式背后,隐藏的思想其实非常朴素,它就是上面提到的几个价值观和世界观——如果想维持有序,务必保持有外界的信息输入。

"今天之大数据,之所以再次吸引众人的眼球,就是因为当下的数据体积之庞大、种类之繁多、呈现之迅速,再次超过了当前秩序的容量,于是混沌重现。

但大数据的价值之大,也吸引着人们不得不接纳这种'混沌'。但'混沌无序'的大数据,是不能给我们创造价值的。因此,目前所有大数据的研究,在本质上都在干一件事,无非就是将这个无序的大数据时代,变得更加有序、变得可控、变得能为我所用[5]。"

人工智能算法的本质就在于,能利用更多的信息,消除不确定性(即确保负熵来临)。后面讲到有关决策树的 ID3 算法、C4.5 算法和 CART 算法,事实上,都是在学习如何利用训练样本的特征这个外部信息,来维持分类的有序性。它们的不同,仅仅在于怎样度量特征带来的信息。

5.2.2 信息熵

在前面的章节中,简单讨论了物理学意义上的熵。但毕竟我们要在信息领域讨论熵的概念。下面,我们就接着讨论与"熵"密切相关的——"信息"。

简单来说,当数据用来描述客观事物之间的关系时,就形成了有逻辑的数据流,即为信息[5]。吴军博士在《全球科技通史》中指出[6],我们过去说世界是物质的,其实,更准确地说,世界应该是能量的,因为物质从本质上讲就是由能量构成的。

那信息又是什么呢?信息就是组织和调动能量的法则。科学的本质,就是通过一套有效的方法去发现这样一些特殊的信息。

能量的度量，是相对容易的。物理学家们早已发明一套行之有效的方法来描述和度量它们。信息是如此重要，它也该有合适的度量方法吧？很可惜的是，在克劳德·香农（Claude Shannon，见图 5-5）之前，人们始终没找到有效量化度量信息的手段。

图 5-5　克劳德·香农

比如，我们用天平称重，一边是重物，在另一边就需要摆放相应质量的砝码。那么，衡量信息的砝码是什么呢？香农最大的贡献在于，他找到了这个"砝码"，他创造性地将不确定性与信息的量化度量联系起来，提出了"信息熵"的概念。

简单来说，"信息熵"描述了这样一件事情：一条信息的信息量和它的不确定程度有密切关系。例如，我们要搞清楚一件非常不确定的事，就得知道关于这件事的大量信息。相反，如果我们已然对某件事情了如指掌，那么就不需要掌握太多的信息，就能把它搞得明明白白。

所以，从这个角度来看，信息量可以从侧面反映出一个系统的不确定性程度。而事物的不确定性程度，香农给取了一个另类的名称——一个从物理学借用的名称——熵。

简单来说，熵就是一个从"不知道"变成"知道"的差值。我们拿中文来举例说明，假设有两句话：第一句是"明天会日出"；第二句是"明天有日食"。如果按照语言分析的路数，这两句话都是 5 个字，且都没有进一步简化的空间，所以，两句话的信息量好像是一样的。

> **你知道吗？**
>
> 1948 年，香农的论文在发表之初，论文题目为《一个关于通信的数学理论》（*A Mathematical Theory of Communication*）。
>
> 然而，随后的 1949 年，香农与同事韦弗将论文整理成书，但出版时，题目稍有变化，变成了《通信的数学理论》（*The Mathematical Theory of Communication*）。
>
> 请注意，香农原始论文题目用的是不定冠词 A，而合著的书却用了定冠词 The。在英语中，从不定冠词变为定冠词马上就从谦虚变为自负！
>
> 鉴于香农信息论的划时代的意义，这难道不是值得自负的一种理论吗？要知道，它的问世改变了整个信息时代！

不过，这个判断似乎和我们的直觉判断不太一致。直觉上，第一句话没什么信息量，因为只要晴天,就会日出。而第二句话,好像还有点儿信息量,因为它至少告诉了一个我们以前并不知道的事实。可是,这种信息量的差别,到底如何把握和衡量呢?

这就要体现香农的过人之处了。他直接穿越语言文字的纠缠,抓住了信息的本质。信息的本质是什么?是消除不确定性。当我们接收到一条信息,这条信息究竟有多大的信息量,在于它能帮助我们消除多少不确定性[7]。

还拿上面的两句话来说明。按照香农的解释,明天会日出是常识,对我们来说,本来就是一种确定情况,听到这句话,并没有帮助我们额外消除任何不确定性,因此它没什么信息量。

而明天有没有日食,则存在很大的不确定性。所以,"明天有日食"这句话,帮我们完成了一个把不确定性变成确定性的过程,它是有信息量的。一言以蔽之,能帮我们消除的不确定性越多,它的信息量就越大。这样一来,香农不仅解决了信息的本质是什么的问题,连如何度量信息的问题,看上去也有了头绪。

我们知道,为了方便量化和比较,人们事先设定了很多单位,例如,质量的单位是"千克",热量的单位是"焦耳",诸如此类。那么信息度量的单位是什么呢?香农给出一个度量信息量的基本单位,它就是计算机领域常用的"比特"(bit)。"比特"的定义是这样的:如果黑盒中有 A 和 B 两种可能性,它们出现的概率相同,那么要搞清楚黑盒里到底是 A 还是 B,所需的信息量就是 1 比特。如果黑盒里不止 A、B 两种可能性呢?在更复杂的环境下,消除不确定性需要多少信息呢?为了感性认知"信息量"这个概念,不妨用一个猜测 NBA 球队夺冠的例子来说明[8]。

假设进入 NBA 联赛的有 32 支球队①,现在比赛结束了,冠军已经产生,但我们错过了比赛过程,很想知道比赛结果。这时,就好比一个黑箱中有 32 个不同的球,于是就有 32 种不同的可能性,现在只有一个球能中奖,现在我们想知道是哪个球,这时我们需要多少信息量来指引呢?

为了知道结果,我们去问一个看过比赛的人,但他不愿意直接告诉我们结果,而是让我们猜,每猜一次,他只回答"是"或"不是",并为此收取我们一块钱,那么我们需要至少付几块钱才能知道谁是冠军呢?

如果我们把球队从 1～32 进行编号,一个直观的想法是,我们猜 32 次,分别问是不是 1 号球队夺冠,是不是 2 号球队夺冠,……,是不是 32 号球队夺冠。运气好的话,我们

---

① 实际上,NBA 共有 30 支球队,这里为了描述问题方便,暂用 32 支球队代替。

一次猜对，付 1 元就够了，如果运气不好，可能需要付 32 元。这样猜的结果存在很大的随机性，且也不经济（因为我们付钱的平均期望值是 16 元）。

但如果换做让香农来猜，他能确定以不超过 5 元的代价，就能找到冠军球队（见图 5-6）。他是怎么做的呢？他会如下提问。

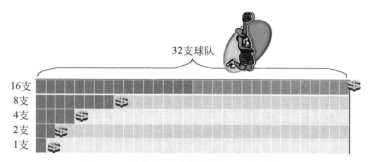

图 5-6　信息不确定的度量——信息熵

冠军球队是 1～16 号球队吗？是或不是（消除一半不确定性，花费 1 元）[①]。

冠军球队是 1～8 号球队吗？是或不是（消除一半不确定性，花费 1 元）。

冠军球队是 1～4 号球队吗？是或不是（消除一半不确定性，花费 1 元）。

冠军球队是 1～2 号球队吗？是或不是（消除一半不确定性，花费 1 元）。

冠军球队是 1 号球队吗？是或不是（消除一半不确定性，花费 1 元）。

因此，知道谁是冠军这条信息，值 5 元。

当然，香农并不是用钱，而是用"比特"来衡量信息量。1 比特就是 1 个二进制位。我们知道，刚开始时，我们对 32 支球队夺冠的情况一无所知，此时无序程度最大，也就是它的熵最大，最后终于确定下来谁是冠军，此时信息的确定性最大，而熵最小。

事实上，我们可能不需要猜五次，就能把冠军找出来。这是因为，诸如洛杉矶湖人队、芝加哥公牛队等强队夺冠的概率高很多。因此，第一次猜测时，我们不需要把 32 支球队一分为二，而是把最有可能夺冠的几个热门球队分为一组，其他低概率夺冠的球队分为一组。然后猜测冠军队是否在热门球队里。重复上述过程，根据夺冠概率对余下候选球队做非对称分割，直至找到冠军球队。这样，或许 2～3 次就能猜出正确结果。

---

① 如果回答"是"，那么接着在 1～16 号球队里猜。如果回答"不是"，就在 17～32 号球队中猜测，可以把 17～32 号重新编号，序号为 1～16。不失一般性，为了描述简单，统一把猜测结果为"是"的队列编号均放到靠前的队伍中。

换句话说,如果每次球队的夺冠概率不相等时,谁是冠军的信息量将少于 5 比特。如何衡量非等概率情况下所需的信息量呢?克劳德·香农给出了所需比特数的加权计算公式:

$$H = -(p_1 \cdot \log_2 p_1 + p_2 \cdot \log_2 p_2 + \cdots + p_{32} \cdot \log_2 p_{32}) \tag{5-1}$$

其中,$p_1, p_2, \cdots, p_{32}$ 分别是这 32 支球队夺冠的概率(呆视为权值)。香农把式(5-1)的计算结果称为"信息熵(Entropy)"。

熵和不确定性,在本质上,就是同义词。事实上,在早期,香农本来就想直接用"不确定性"来表达"熵"的内涵。但当香农向冯·诺依曼请教这个问题时,冯·诺依曼高屋建瓴,对香农建议说:"你应该把它称为'熵'。"冯·诺依曼给出两个理由:一是"不确定性"这个概念已被广泛用于统计力学,再用容易有歧义;二是在信息领域没有人知道"熵"到底是什么,标新立异,独一无二,反而不致引起争论。

不要小看"命名"这件事,它的用处大着呢。马尔克斯在其名著《百年孤独》中,开篇就有这么一句经典的名句:"世界新生伊始,许多事物还没有名字,提到的时候尚需用手指指点点。"

设想一下当时的情景:由于所有东西都没有被命名,无从指代,外部世界描述起来就是混沌一片,那该如何是好?简单来说,就是分门别类地命名。命名的本质,就是主观世界客体化的过程。只有不断给事物命名分类,外部世界才能从混沌变得可认、可知。

你知道吗?

人类文化学上有一个有趣的发现,各个民族的神话中似乎都有一条通行的规则——妖魔鬼怪出现时,如果你能叫出它的名字,它的魔力就会减损大半,甚至完全丧失。反过来,如果你被对方叫出了名字,你的力量也会化为乌有。回想一下《西游记》,就有这样的情节。妖怪(金角大王)叫孙悟空"孙行者"时,悟空定不能答应,一旦答应就要被收服(收进宝葫芦)。

你看,这就是名字的作用。只有给对方命名,叫出对方的名字,才能把它从混沌的外部世界分割开,单独召唤到我们面前,它才能被我们认识。

因此,能为一个现象或规律取一个无歧义的名字,本身就功德无量。正所谓"名不正,则言不顺"。反过来,如果"名正"了,后面事情就好办多了。自从香农提出"熵"这个概念后,的确极大地推动了信息论的发展。

通常,人们把具备不确定性的黑盒子叫作"信息源",而"信息"就是用来消除这些不确定性的,所以要搞清楚黑盒子内部是怎么回事,就需要一定的"信息量",它的值就等于黑盒子里的"信息熵"。从信息论的角度看,信息量的度量就等于不确定性的多少。因此,式(5-1)一般性的描述是这样的:

$$H(X) = -K \sum_{i=1}^{n} p_i \log_2 p_i \tag{5-2}$$

其中,K 为一个仅和测量设备相关的非负常量,通常取值为 1,即

$$H(X) = - \sum_{i=1}^{n} p_i \log_2 p_i \tag{5-3}$$

需要说明的是,在熵的计算过程中,对数的底(base)并不必然是 2,还可以是自然对数,以 e 为底。这取决于实际情况。从式(5-3)可知,信息熵 $H(X)$ 是各项信息的累加值,由于等号右侧的每一小项都是正数,故而可得随机变量个数越多,状态数也就越多,信息熵就越大,说明混乱程度就越大。

此外,从信息论的角度来看,$-\log_2 p(x_i)$ 表示的是某个状态需要的信息量(也称为编码长度,以比特计),当有多个状态时,$-p(x_i)\log_2 p(x_i)$ 的物理意义就是加权的编码长度(这个权值为这个状态的发生概率 $p(x_i)$)。因此,对于编码而言,信息熵的度量就是加权的编码长度。

可以通过数学证明,当随机变量分布为均匀分布时,熵最大(也就是说,需要编码的长度也最长)。为了简单起见,下面就用两个状态来说明这一结论。这两个状态分别记作 A 和 B,它们的关系是非 A 即 B。因此,假设状态 A 发生的概率为 p,那么另一状态 B 发生的概率 $q=1-p$。于是,根据式(5-3),这两种状态"勾兑"在一起形成的信息熵为

$$\begin{aligned} H &= -(p\log_2 p + q\log_2 q) \\ &= -(p\log_2 p + (1-p)\log_2(1-p)) \end{aligned} \tag{5-4}$$

由式(5-4)可知,这时的信息熵 H 是一个关于概率 p 的函数。此时信息熵的变化规律类似一个抛物线,如图 5-7 所示。

图 5-7 中的横轴是 A 发生的概率,其取值范围为 $[0,1]$,纵轴就是熵(单位为比特),也就是确定它发生所需要的信息量。容易观察到,当 A 发生的概率正好是 0.5 时(此时 B 状态的概率也是 0.5),也就是说,两种状态是等概率时,需要的信息熵达到顶峰,即 1 比特。

这也告诉我们,永远不要听信那些正确率总是 50% 的专家的建议,因为那相当于什

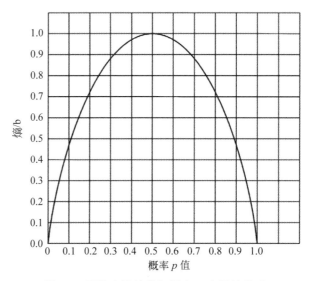

图 5-7　两状态下的熵与概率 p 之间的关系

么都没说,因为他们没有提供任何可以减少"信息熵"的信息量。如前文所言,翠花的妈妈说:"他估计有五成概率未来会有钱吧",这句话的熵是最大的,其带来的不确定性,对制定决策的伤害也是最大的。

观察图 5-7,还可以观察到这么一个有趣的事实:当状态 A 的概率 $p=0$ 或 $p=1$ 时,对应地,或者说另一个状态 B 的概率 $q=1$ 或 $q=0$,信息熵 $H=0$。这说明什么?它说明了,当一个状态"尘埃落定"成为 100% 的事实时,就没有混杂,没有无序,熵就消失了。类似地,如果个别状态容易发生(比如 99%),而大部分状态都不可能发生,这也表明不确定性很小,这时熵值也相应比较低。

人们对一维事件熵的定义,也很容易推广到多维事件中。比如说,假设有两个事件 X 和 Y,X 有 n 种可能性,Y 有 m 种可能性,$p(i,j)$ 表示 X 第 i 个取值可能性和 Y 事件第 j 个可能性的联合概率分布,那么信息熵 H 也容易从式(5-3)推广得到联合熵(Joint Entropy):

$$H(X,Y) = -\sum_{i,j} p(i,j)\log_2 p(i,j) \tag{5-5}$$

5.2.3　互信息

著名学者舍恩伯格在其著作《大数据时代——生活、工作与思维的大变革》一书中[9]，有个十分醒目的观点："在大数据时代，我们要相关，不要因果。"

其实，这中间的道理并不复杂，世界上大部分相关的信息，未必有因果关系，它们之间更可能的只是一种间接的互联的关系。比如说，A 发生了，B 随之发生的可能性就增加，这就是相关性。

如果 A 和 B 之间的相关性比较强，在得到信息 A 之后，就可以借此消除关于 B 的不确定性。两个随机变量的互信息（mutual information）就是变量间相互依赖性的量度。

互信息 $I(X,Y)$ 描述的是，在给定 Y 之后，X 不确定性减少的程度，或者说在给定 X 之后，Y 不确定性减少的程度。两种描述是等价的。

在本质上，互信息也是一种熵，它的定义如下：

$$I(X,Y) = \sum_{x \in X, y \in Y} p(x,y) \log_2 \frac{p(x,y)}{p(x)p(y)} \tag{5-6}$$

其中，$p(x,y)$ 是 X 和 Y 的联合概率分布函数，而 $p(x)$ 和 $p(y)$ 分别是 X 和 Y 的边缘概率分布函数。互信息度量的是 X 和 Y 共享的信息：它度量的是知道这两个变量其中一个，对另一个不确定度减少的程度，即

$$\begin{aligned} I(X,Y) &= H(X) - H(X \mid Y) \\ &= H(Y) - H(Y \mid X) \\ &= H(X) + H(Y) - H(X,Y) \end{aligned} \tag{5-7}$$

式中，$H(X)$ 和 $H(Y)$ 是边缘熵，$H(X \mid Y)$ 和 $H(Y \mid X)$ 是条件熵，$H(X,Y)$ 是 X 和 Y 的联合熵。从式（5-7）中可以看出，互信息是对称性的，这也是它名称的来源（可参考图 5-8 所示的韦恩图获得启示）。

如果 X 和 Y 相互独立，则知道 X 不能对 Y 提供任何信息，那么它们的互信息就为零，反之亦然。因为此时有 $p(x,y) = p(x)p(y)$，代入到式（5-6）右侧部分中有

$$\log_2 \left(\frac{p(x,y)}{p(x)p(y)} \right) = \log_2 1 = 0$$

边缘熵就是由边缘概率计算得到的熵。

边缘概率是指由单个随机变量决定（其他随机变量视作常数）的概率。

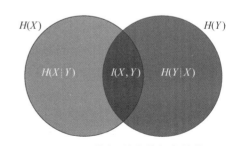

图 5-8　互信息、信息熵与条件熵

5.3 如何构建决策树

熵,在构造决策树中有非常重要的作用。如果把没有分割前的数据比拟为盘古开天地之前的混沌,那么决策树每一次分割都是让"混沌"的程度减弱,决策树的构造是有讲究的。简单来说,它需要借助于外部信息的导入,这些外部信息就是数据样本的各个特征。哪个特征带来的信息熵越多,那么这个特征越有可能成为被"子树"分割的依据。

这里,将决策树内部节点的"混沌程度"称为"不纯度"(impurity)。决策树算法的努力方向是,让节点的混沌度降低,而让"纯度"越来越高。如果节点"不纯度"用"熵"来定量描述的话,构建决策树的过程,就是一个"熵减"的过程。

构造一棵合理的决策树,是决策树算法的核心。事实上,决策树的构造过程,其实也就是学习过程。学习过程的关键之处在于,如何选择最优的划分属性,也就是说,依据哪个特征,将一棵树"开枝散叶"。

在构造决策树的过程中,熵的利用方式有多种,对应着不同的决策树算法。决策树算法包括 ID3、C4.5 和 CART 等。下面分别简述。

5.3.1 信息增益与 ID3

通过前面的讨论可知,熵代表了随机分布的混乱程度。在决策树的构造过程中,一旦选择某个特征参与构造决策树,由于加入了这个特征带来的信息源,划分后的决策树,其混乱程度势必减小,即决策树的熵会减小。

决策树通过引入新特征而导致熵的减少,称为**信息增益**(**information gain**)。下面给出这个概念的形式化描述。

设训练集合为 D,$|D|$ 表示训练样本的个数。设共有 K 个类,分别记作 C_1,C_2,$\cdots$,C_K,$|C_K|$ 为属于类 C_k 的样本个数,$\sum_{k=1}^{K} |C_k| = |D|$。特征 X 有 n 个不同的取值 $\{x_1,x_2,\cdots,x_n\}$,选择特征 X 的不同取值,可以把整个集合划分为 D_1,D_2,$\cdots$,D_n,$|D_i|$ 为子集合 D_i 的样本个数,$\sum_{i=1}^{n} |D_i| = |D|$。

$$\text{gain} = I(\text{parent}) - \sum_{i=1}^{n} \frac{|D_i|}{|D|} I(D_i) \tag{5-8}$$

这里，$I(\cdot)$ 表示给定节点的不纯度，"$\cdot$"表示某个待计算不纯度的对象。通常，不纯度 $I(\cdot)$ 的度量可选择为该节点的熵。若如此，$I(\cdot) = H(\cdot)$，其求解方法见式(5-3)。$|D_i|$ 可看作某个子节点覆盖的样本个数。显然，$|D_i|/|D|$ 可视为某个分支覆盖整体样本的百分比(可视为概率)，也可以将它理解为决策树的某个分支占整体熵的权值系数。

条件熵 $H(Y \mid X)$ 刻画的是，给定某个条件 X 之后 Y 的不确定性的量度。如果从条件熵的角度来看，信息增益可理解为，使用某个特征 A 前后，不确定性(即熵)下降的程度。据此，信息增益可定义为，训练集合 D 上的信息熵 $H(D)$ 与采用特征 X 下的条件熵 $H(D \mid X)$ 之间的差值：

$$\text{gain}(D, A) = H(D) - H(D \mid A) \tag{5-9}$$

通过式(5-7)可知，信息熵 $H(Y)$ 和它的条件熵 $H(Y \mid X)$ 之间的差值，就是互信息。因此，决策树算法中的信息增益，在本质上，就等价于训练集合中的类和特征之间的互信息。

上面的概念相对比较抽象，下面举例说明信息增益的计算方法，同时使用 Excel 来辅助计算。

【例 5-1】　计算信息增益。表 5-1 给出了一个经典的小训练集(类似于范例 4-2 的数据集)[①]，该集合共有 14 天的记录，有 4 个特征，分别是天气、温度、湿度和是否有风，然后据此判断类别：是否适宜外出。

表 5-1　判断是否适宜外出的训练集

日期 ID	属　　性				类别(是否适宜外出)
	天气	温度	湿度	是否有风	
1	晴天	高温	高	否	否
2	晴天	高温	高	是	否
3	阴天	高温	高	否	是
4	下雨	中温	高	否	是
5	下雨	低温	正常	否	是

---

① Quinlan J R. Induction of decision trees[J]. Machine learning，1986，1(1)：81-106.

续表

日期 ID	属　性				类别(是否 适宜外出)
	天气	温度	湿度	是否有风	
6	下雨	低温	正常	是	否
7	阴天	低温	正常	是	是
8	晴天	中温	高	否	否
9	晴天	低温	正常	否	是
10	下雨	中温	正常	否	是
11	晴天	中温	正常	是	是
12	阴天	中温	高	是	是
13	阴天	高温	正常	否	是
14	下雨	中温	高	是	否

能或不能外出,显然这是一个二分类问题($K=2$),设第一个分类 C_1 表示适宜外出,第二个分类 C_2 表示不适宜外出。观察表 5-1 的最后一列,类 C_2 共有 9 个样本,而类 C_1 共有 5 个样本。在没有分割之前,信息熵可由式(5-1)计算得到:

$$H(D) = -\frac{9}{14} \log_2 \left(\frac{9}{14}\right) - \frac{5}{14} \log_2 \left(\frac{5}{14}\right) = 0.940$$

在图 5-9 所示 Excel 中,A2~F15 是表 5-1 所示的数据区,在单元格 H3 中输入如下公式,即可求得类 C_1("能外出")的概率:

```
=COUNTIF($F$2:$F$15,"是")/COUNTA($F$2:$F$15)
```

在上述公式中,分母部分的 COUNTA 函数计算的是区域里面的非空单元格个数,实际上就是无条件统计共有多少个训练样本。COUNTIF 统计的是有条件(其值为"是")的样本格式。类似地,在 Excel 中,在单元格 I3 中输入如下公式,即可求得类 C_2("不能外出")的概率:

```
=COUNTIF($F$2:$F$15,"否")/COUNTA($F$2:$F$15)
```

有了这两个数据，直接依据熵的计算公式，在 H5 单元格中输入如下公式，即可得到相应"熵"的计算结果。

```
=-H3*LOG(H3,2)-I3*LOG(I3,2)
```

上面公式中 LOG 函数的主要作用是按所指定的底数，返回一个数的对数。该函数有两个参数：第一个参数 Number 是必需的，它表示想要计算其对数的正实数；第二个参数 base 是可选的，它表示对数的底数。如果省略 base，则假定其值为 10。这里指定对数的底为 2。下面，构建决策树的第一步，就是决定以哪个特征为依据来划分子树。在管理学中，这表明优先处理哪个事件带来的收益更好。在人工智能算法中，表示优先考虑哪个特征得到的"负熵（即有效程度）"更多。

有比较，才能有决策。因此需要逐一比较哪种分割子树的方式带来的收益最大。不失一般性，首先尝试引入"天气"这个特征（当然先引入其他特征亦可）。观察表 5-1 可知，"天气"共有三个属性值：晴天、阴天和下雨，因此"天气"特征可以把数据集合 D 分成三个子部分，如图 5-10 所示，其中晴天子节点有 5 个样本，阴天子节点有 4 个样本，下雨子节点有 5 个样本。

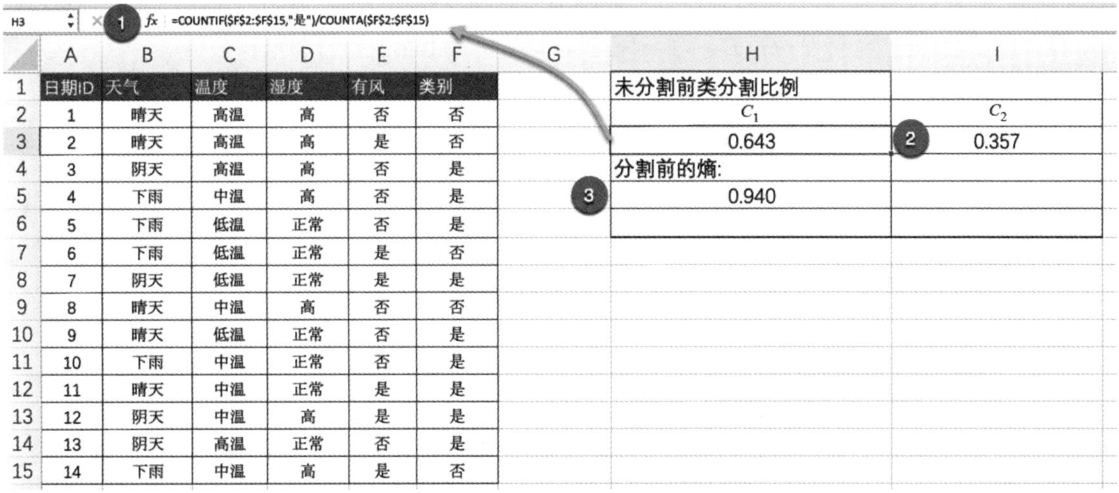

图 5-9 分割前"熵"的计算

根据信息熵计算公式(5-1)，很容易计算出图 5-10 所示的三个节点的信息熵。

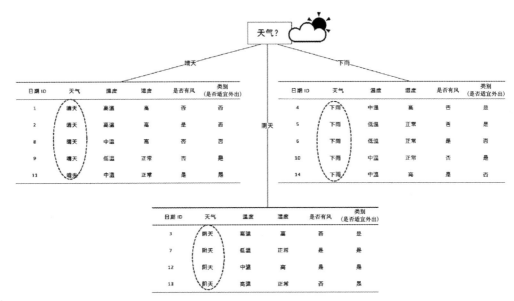

图 5-10　根据"天气"特征划分决策树分支

对于"晴天"这个节点，共有 5 个样本，D_{11} 表示晴天条件下适宜外出（C_1）的天数为 2 天，D_{12} 表示晴天条件下不适宜外出（C_2）的天数为 3 天，因此这个节点对应的熵：

$$H(D_{晴天}) = -\frac{2}{5}\log_2\frac{2}{5} - \frac{3}{5}\log_2\frac{3}{5} = 0.971$$

在 H10 单元格中，输入如下公式计算 C_1（能外出）的概率：

```
=COUNTIFS($F$2:$F$15,"是",$B$2:$B$15,"晴天")/COUNTIFS($B$2:$B$15,"晴天")
```

在 I10 单元格中，输入如下公式计算 C_2（能外出）的概率：

```
=COUNTIFS($F$2:$F$15,"否",$B$2:$B$15,"晴天")/COUNTIFS($B$2:$B$15,"晴天")
```

有了这两个数值后，这棵子树的熵可以依照前面的方法来计算，在单元格 H12 输入如下公式即可得到计算结果，如图 5-11 所示。

```
=-H10*LOG(H10,2)-I10*LOG(I10,2)
```

	F	G	H	I	J	K	L	M
H10			fx	=COUNTIFS($F$2:$F$15,"是",$B$2:$B$15,"晴天")/COUNTIFS($B$2:$B$15,"晴天")				
1	类别		未分割前类分割比例					
2	否		c_1	c_2				
3	否		0.643	0.357				
4	是		分割前的熵：					
5	是		0.940					
6	是							
7	否		按 "天气" 分割后					
8	是		晴天		阴天		下雨	
9	否		c_1	c_2	c_1	c_2	c_1	c_2
10	是		0.4	0.6				
11	是		晴天情况下的熵					
12	是		0.971					
13	是							
14	是							
15	否							
16								

图 5-11 计算"晴天"情况下的子树之熵

类似地，可以计算"阴天"节点对应的熵：

$$H(D_{阴天}) = -\frac{4}{4}\log_2\frac{4}{4} = 0$$

"下雨"节点对应的熵：

$$H(D_{下雨}) = -\frac{3}{5}\log_2\frac{3}{5} - \frac{2}{5}\log_2\frac{2}{5} = 0.971$$

在 Excel 中计算"阴天"和"下雨"子树对应的熵，与前面计算"晴天"子树对应的熵，是类似的，过程不再赘述，运算结果如图 5-12 所示。

然后，计算这三个子节点的加权平均熵，这个权值就是它们的分支节点覆盖的样本占全体样本的百分比，分别为 $5/14, 4/14, 5/14$，于是这个加权平均熵为

$$H(D \mid 天气) = \frac{5}{14} \times H(D_{晴天}) + \frac{4}{14} \times H(D_{阴天}) + \frac{5}{14} \times H(D_{下雨})$$

$$= \frac{5}{14} \times 0.971 + \frac{4}{14} \times 0 + \frac{5}{14} \times 0.971$$

$$= 0.694$$

在 Excel 的 H16 单元格中输入如下公式即可得到"晴天"天数在整个样本中的比例：

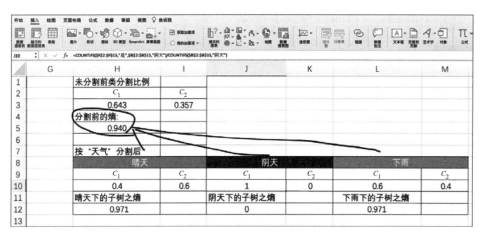

图 5-12　计算"阴天"与"下雨"情况下的熵

```
=COUNTIF($B$2:$B$15,"晴天")/COUNTA($B$2:$B$15)
```

类似地,在 I16 和 J16 单元格中分布输入类似的公式,即可计算"阴天"和"下雨"的比例,如图 5-13 所示。

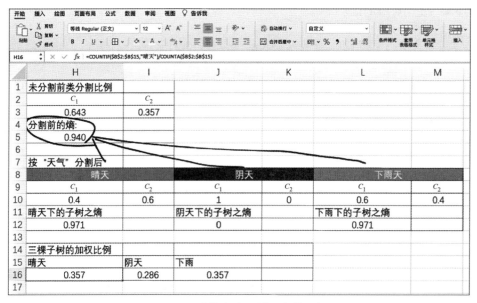

图 5-13　计算各个子树所在的比例

然后，在单元 H19 中输入如下公式：

```
=H12 * H16+J12 * I16+L12 * J16
```

即可计算出利用"天气"整个特征分割之后的熵（在单元格 H19 输入公式，按回车键即可得到熵的计算数值 0.694）。

接下来，根据式(5-8)，就可以计算出由于利用"天气"这个特征而带来的信息增益（即熵的减少程度）：

$$\mathrm{gain}(D, 天气) = H(D) - H(D \mid 天气)$$
$$= 0.940 - 0.694 = 0.247$$

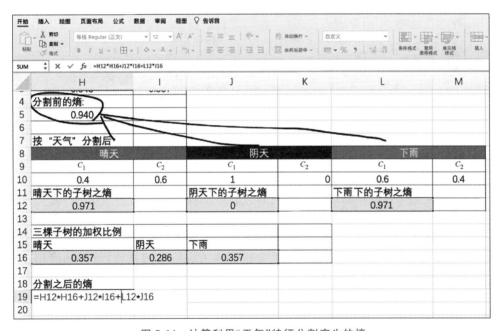

图 5-14 计算利用"天气"特征分割产生的熵

在 Excel 的单元格 H22 中输入公式"＝H5－H19"即可得到整个计算结果，如图 5-15所示。

显然，如果分别选择其他不同的特征来做决策树分支节点的划分，就能得到一组不同的信息增益。采用类似的步骤，可以分别计算"温度""湿度"和"是否有风"等特征带来

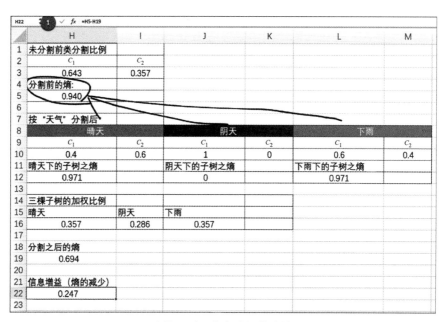

图 5-15 计算"天气"整个特征带来的信息增益

的信息增益：

$$\text{gain}(D, 温度) = 0.029$$
$$\text{gain}(D, 湿度) = 0.152$$
$$\text{gain}(D, 有风) = 0.048$$

一种直观的想法就是，哪个特征带来的信息增益越大，就说明这个特征对整个系统消除"不纯度"的贡献就越大，那么选择这个特征作为决策树的划分，就更加有用。事实上，这正是著名决策树算法 ID3 的核心思想[10]。

对比上述 4 个特征带来的信息增益，"天气"这个特征明显"独占鳌头"。因此，对于第一轮迭代，"天气"这个特征胜出，我们会选择它作为决策树划分的第一层。在省略暂时不用的"日期 ID"和已经被采纳的"天气"特征，图 5-10 可被简化为图 5-16。

决策树接下来的构造过程，是一个递归的过程。和上述过程类似，我们会把某个分支节点当作一棵树（严格说，是一棵子树），把剩余的特征分别计算它们的信息增益，从而作为划分子树的依据，以此类推，直到每个节点的数据集都属于同一个类，这时节点的"纯度"最高，而"熵"最小（为 0），此时停止递归过程，或当信息增益小于某个阈值 ε 时，选

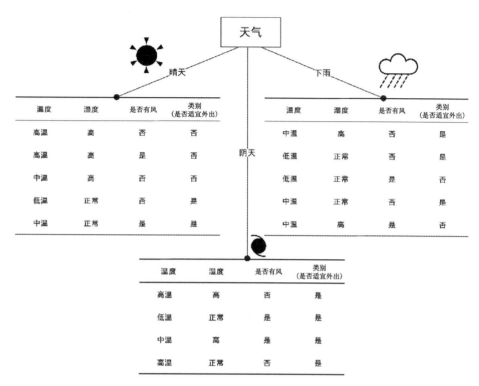

图 5-16　简化的决策树

代过程也可以"早停"。

　　例如，对于如图 5-16 所示的"晴天"对应的节点，它还有"温度""湿度"和"有风"3 个特征可用，分别计算它们的信息增益，然后选择大者分割之（Python 实战代码可参考范例 5-1 info-gain.py）。其他节点也是做类似的操作。

　　ID3 的全称是 Iterative Dichotomiser 3，意为"迭代二分器 3 代"，这个名称有两层含义。首先，它说明了这个算法的核心操作是"迭代二分"，而 3 表明它已经进化了 3 个版本。该算法是由澳大利亚计算机科学家罗斯·奎伦（Ross Quinlan）提出的。1986 年，在《机器学习》（*Machine Learning*）期刊创刊时，罗斯·奎伦将其前期关于决策树的算法——ID3 重新整理发表，掀起了决策树研究的热潮。随后，基于 ID3 的改进，其他研究者先后提出了 ID4、ID5 等进化版本。

　　从上面分析可知，ID3 算法的优点很明显，即理论清晰、方法简单、学习能力较强。与其他归纳学习算法类似，在本质上，ID3 算法可以被描述为从一个假设空间中搜索一个拟合训练样本的假设[1]，而这个假设空间就是决策树的集合。ID3 算法以一种从简入繁的爬山算法，遍历整个假设空间，它从空树开始，然后逐步添加新的信息（如特征），然后考虑更为复杂的假设，最终搜索出一棵能对训练集合正确分类的决策树。而引导这种爬山搜索的评估（启发）函数，就是信息增益。

通过观察 ID3 算法的搜索策略，也可以发现，该算法也存在一些先天不足。

（1）只能处理离散的分类属性数据，不能处理数值连续的特征数据。因此，如果是特征连续值的话，需要将这个连续值的属性特征空间拆分为若干个数据段，即人为构建离散数据。

（2）ID3 算法采用信息增益作为启发信息，但信息增益存在一个内在偏好，即它偏袒具有多值的属性（特征），容易导致构建的决策树过于"枝繁叶茂"，从而让算法陷入过拟合（overfitting）。

举个比较极端的例子，在表 5-1 中，如果不加以限制，把"日期 ID"这个特征也作为考察对象，那么决策树倾向于将其"瓜分"为 14 份（因为它有 14 个不同的特征值），而在每个特征值下面，仅有一个样本。在这种情况下，每棵小子树（实际上就是一个样本）的"纯度"达到最高 100％，相对应地，此时的混杂度最低，即熵为 0。

$$gain(D，日期\ ID) = H(D) - H(D \mid 日期\ ID)$$
$$= 0.940 - 0$$
$$= 0.940$$

显然，按照"日期 ID"这个特征来"开枝散叶"，会得到最大的信息增益。于是，ID3 会依据算法规则把"日期 ID"作为分割根节点的特征，从而构成一棵深度仅为 1 但非常宽（此例宽度为 14）的树。但在实践中，这显然并不合理。

这是因为，虽然这棵树可以非常"理想"地拟合当前训练数据（即训练集合中每一个数据都可以得到正确的分类），但是它的泛化性能很差，即对新来的样本的预测能力会很差。而对新样本的准确预测，是所有人工智能算法的核心价值所在。

具体到 ID3 决策树算法，偏袒具有多值的属性这一特性（会导致决策树划分过细），会容易让决策树陷入过拟合状态[2]，这不符合人工智能算法的"价值观"。

---

① Tom M B. Machine Learning [M]. IL：McGraw-Hill，1997.
② 过拟合（overfitting）是指过于紧密或精确地匹配特定数据集，以至于无法良好地拟合其他数据或预测未来的观察结果的现象。过拟合通常等同于泛化能力较差。

那该如何克服或缓解这个问题呢？解铃还须系铃人，毕竟罗斯·奎伦是 ID3 的发明者，相比其他研究者，他对决策树的认知更加深邃，然而等他琢磨出 ID3 算法的重大改进时，竟然发现 ID4、ID5 等名称已经被他人占用了。罗斯·奎伦可不想"拾人牙慧"，继续采用 ID7、ID8 之类的名称，于是他直接将自己提出的决策树新版本直接命名为 C4.0（意为"第 4 代分类器"），紧接着，C4.5（改进版）和 C5.0（商用版）都在他的掌控之中。

5.3.2　信息增益率与 C4.5

为了理解 C4.5 算法，在讲解这个算法之前，先做简单的类比。我们知道，GDP（国内生产总值）常被公认为衡量国家经济状况的最佳指标。如果按照这个指标来评估，中国 GDP 已然居世界第二，自然这是个了不起的成就。但如果我们盲目追求这个指标的绝对值，可能会沉醉于已有成就，迷失前进方向。

于是，有时候，我们更愿意使用 GDP 增长率来衡量国家的经济发展情况。类似地，前文提到的 ID3 算法，构建决策树的关键指引指标是"信息增益"，这是一个绝对值，就好比一个国家的 GDP，该指标有一定的局限性。

于是，奎伦在 ID3 的基础上做了改进，提出了 C4.5 算法[①]，C4.5 的核心思想并不复杂，就好比使用 GDP 的增长率，它使用了信息增益率（information gain ratio），其定义如下：

$$\text{gain}_R(D,A) = \frac{\text{gain}(D,A)}{H_A(D)} = \frac{H(D) - H(D \mid A)}{H_A(D)} \tag{5-10}$$

从式（5-10）可以看出，信息增益率是指，信息增益 $\text{gain}(D,A)$ 与关于特征 A 的值的熵 $H_A(D)$ 之间的比值。其中，$H_A(D) = -\sum_{i=1}^{n}(\mid D_i \mid / \mid D \mid)\log_2(\mid D_i \mid / \mid D \mid)$，$n$ 为特征 A 的取值个数，D_i 为特征 A 的第 i 个取值下划分而来的样本子集。

$H_A(D)$ 也被称为属性"**分割信息熵（split information ertropv）**"，它的值和属性 A 本身的取值数目密切相关，罗斯·奎伦甚至把它称为"内在信息（intrinsic information）"，它可以用来衡量某个特征带来的分类数据的广度和均匀性。

通常来说，某个特征的重要性会随着其内在信息的增大而减小。也就是说，特征取值的数目越多，$H_A(D)$ 就越大，而将它作为信息增益的分母部分，就带有一定的"惩罚"

---

① Quinlan J R. C4.5：Programs for Machine Learning[M]. Amsterdam：ELsevier，2014.

性质,从而对单纯考虑信息增益所带来的问题进行一定程度的补偿。

例如,对于"天气"这个特征,图 5-16 所示的分裂信息是将整体 14 个样本分割为三部分: 5 个、4 个和 5 个,它们对应的分割信息熵为

$$H(D)_{天气} = -\frac{5}{14} \times \log_2 \frac{5}{14} - \frac{4}{14} \times \log_2 \frac{4}{14} - \frac{5}{14} \times \log_2 \frac{5}{14} = 1.577$$

于是,关于"天气"这个特征的信息增益率可计算为(见图 5-17):

$$\mathrm{gain}_R(D,天气) = \frac{\mathrm{gain}(D,天气)}{H_{天气}(D)} = \frac{0.246}{1.577} = 0.156$$

事实上,还可以改写式(5-10),这样更能看清信息增益率的本质:

$$\mathrm{gain}_R(D,A) = \frac{1}{H_A(D)} \times \mathrm{gain}(D,A) \tag{5-11}$$

	H	I	J	K	L	M
9	c_1	c_2	c_1	c_2	c_1	c_2
10	0.4	0.6	1	0	0.6	0.4
11	晴天下的子树之熵		阴天下的子树之熵		下雨下的子树之熵	
12	0.971		0		0.971	
13						
14	三棵子树的加权比例					
15	晴天	阴天	下雨			
16	0.357	0.286	0.357			
17						
18	分割之后的熵					
19	0.694					
20						
21	信息增益（即熵减）					
22	0.247					
23						
24	分割信息熵					
25	晴天情况下样本数量	阴天情况下样本数量	下雨情况下样本数量			
26	5	4	5			
27	比例					
28	0.357	0.286	0.357			
29	分割信息熵计算结果					
30	1.577					
31	信息增益率					
32	0.156					

图 5-17 Excel 计算信息增益率

从表面上看，式(5-11)只是式(5-10)的简单变形，但它们的物理意义却迥然不同。式(5-11)表明，我们依然可以使用信息增益来做决策树划分的依据，但为了防止过拟合，添加了一个惩罚项，惩罚系数就是 $1/H_A(D)$。 为了防止过拟合，常用的"正则化"手段就是，对部分特征添加惩罚项，这是常见的操作。这样一来，可以以统一的视角来审视过拟合的处理方法。

> 正则化（regularization）是指为防止过拟合向原始模型引入额外信息，以便防止过拟合和提高模型泛化性能。

现在，让我们来重新审视一下表 5-1 特征"日期 ID"，它的信息增益的值为

$$\text{gain}(D，日期\ ID) = 0.940 - 0 = 0.940$$

然后，计算"日期 ID"带来的分裂信息熵。由于"日期 ID"将数据集 D 等分为 14 份，那么它的分裂信息熵为：

$$H(D)_{日期ID} = 14 \times \left(-\frac{1}{14} \times \log_2 \frac{1}{14}\right) = 3.807$$

由于"日期 ID"是等分数据集的，通过前面的学习可知，此时，混杂度最大，熵将获得最大值。然后让 $H(D)_{日期ID}$ 的倒数作为信息增益的惩罚项，于是"日期 ID"这个特征带来的信息增益率就会被"惩罚"而变得较小（见图 5-18）：

$$\text{gain}_R(D，日期\ ID) = \frac{\text{gain}(D，日期\ ID)}{H_{日期ID}(D)} = \frac{0.940}{3.807} = 0.247$$

	H	I	J	K
23				
24	分裂信息熵			
25	晴天情况下样本数量	阴天情况下样本数量	下雨情况下样本数量	
26	5	4	5	
27	比例			
28	0.357	0.286	0.357	
29	分裂信息熵计算结果			
30	1.577			
31	天气特征带来的信息增益率			
32	0.156			
33				
34	日期ID的分裂熵			
35	3.807			
36	日期ID的带来的信息增益			
37	0.940			
38				
39	日期ID特征带来的信息增益率			
40	0.247			

图 5-18　Excel 中计算信息增益率

更一般的情况是，如果等分数据集 n 份，那么分裂信息熵就是 $\log_2 n$。显然，n 越大，分裂信息熵就越大，那么该特征带来的信息增益就会被惩罚得越大。当然，某个特征未必是等分数据集，但分裂信息熵（特征内在信息）带来的一个信号是，如果被分裂得越均匀、越宽（分支越多），那么就会被惩罚得越多，从而就一定程度上抑制了 ID3 算法的第二条不足——容易过拟合。

观察图 5-18，可以发现，"日期 ID"带来的信息增益率依然大于"天气"，是不是还要选择"日期 ID"来分裂子树呢？当然不是。这就涉及机器学习中常见的"特征选择"。目前，所有"人工智能"算法高性能的达成，基本都遵循这样的规则："有多少人工，就有多少智能"。也就是说，在"人工"的干预下，工程师们不会"傻乎乎"地选择完全不靠谱的特征去参与人工智能算法的训练。

由于增益率也有可能导致过分"惩罚"，而选择那些内在信息（intrinsic information）很小的特征。罗斯·奎伦给出的解决方案是这样的[11]：首先从候选特征中找出那些信息增益超过平均值的特征，然后再从中选择增益率最高的特征，作为最终的决策树划分依据。

对比 ID3 和 C4.5 算法可知，其实二者构造决策树的理念非常类似，仅仅是划分子树时选择的标准不同，前者选择的是"信息增益"，而后者选择的是"信息增益率"。

5.3.3 基尼指数与 CART

从前面的分析可知，构建决策树的本质，就是引入某个特征，看它能否以最大限度降低整个系统的"不纯度"。而"不纯度"这个指标可以用在样本集合中每个类出现的概率来构造：

$$p_k = \frac{|C_k|}{|D|} \tag{5-12}$$

式中，p_k 描述的是在数据集 D 中属于类 C_k 的概率。除了前面提到的熵可以衡量"不纯度"，还可以给出另外一个描述"不纯度"的衡量标准——基尼指数（Gini index）。针对概率 p_k，基尼指数定义如下：

$$\text{Gini}(p) = \sum_{k=1}^{K} p_k(1-p_k) = 1 - \sum_{k=1}^{K} p_k^2 \tag{5-13}$$

式中，K 为数据集中分类的数目。实际上，基尼指数（或称基尼不纯度）＝样本被选中的概率×样本被错分的概率。

结合式(5-12)，可以得到数据集合 D 的基尼指数：

$$\text{Gini}(D) = 1 - \sum_{k=1}^{K} \left(\frac{|C_k|}{|D|} \right)^2 \tag{5-14}$$

基尼指数 $\text{Gini}(D)$ 表示集合 D 的不确定性(或称不纯度)。

一般而言，某个新的"不纯度(不确定性)"衡量标准，都是基于上一个版本"进化"而来，比如，有了"信息增益"的概念后，发现有问题，研究人员就基于此提出了"信息增益率"这样的改善版本。而基尼指数虽然看起来有点突兀，好像"横空出世"冒出来充当"熵"的角色。但实际情况并非如此。在某种程度上，基尼指数可视为信息熵泰勒级数展开式的一阶近似，其作用等价于信息熵，可视为简化版的"信息熵"。

为什么要用简化版本的基尼指数而不采用信息熵呢？这么做主要出于计算性能的考虑。信息熵的计算涉及对数运算，对训练数据量比较大的学习任务，计算负担比较大，而基尼指数的计算则简单得多。

基尼指数主要用于决策树的构造。这里还需要用到另外一个概念——分割基尼指数 $\text{Gini}(D, A)$。参考分割信息熵的定义，分割基尼指数 $\text{Gini}(D, A)$ 的含义是，属性 A 取值 a 之后，分割 D 而获得的新的不确定性，其定义如下：

$$\text{Gini}(D, A) = \frac{|D_1|}{|D|}\text{Gini}(D_1) + \frac{|D_2|}{|D|}\text{Gini}(D_2) \tag{5-15}$$

显然，$\text{Gini}(D, A)$ 越低，表示不确定性越低。于是，在候选属性集合 A 中，选择使得划分后基尼指数最小的属性值作为子树分割依据，即

$$a_* = \underset{a \in A}{\arg\min}\ \text{Gini}(D, a) \tag{5-16}$$

基尼指数还服务于另外一种决策树生成算法——CART(Classification and Regression Tree)，意为"分类与回归树"。见名知意，CART 既可以用于分类，也可以用作回归。如果待预测对象是离散型数据，则 CART 用于生成分类决策树；如果待预测对象是连续性数据，则 CART 用于生成回归决策树。用作分类时，决策树采用叶子节点里概率最大的类别，作为当前节点的预测类别。

泛化能力(generalization ability)是指机器学习算法对新样本的适应能力。

而做回归分析时，决策树采用的规则是，把最底层子树的所有叶子节点的均值或者中位数，来作为回归预测的结果(Excel 实战请参考"思考与提高"习题 5-4)。

5.3.4 决策树的特点

在《史记·项羽本纪》里有句名言"大行不顾细谨,大礼不辞小让"。意思是,"做大事不必顾及小的细节,论大节不回避小的责备"。如果从机器学习的角度来审视这个"大行"和"大礼",其实说的是"泛化能力"。如果太过于追求"枝枝叶叶"的细节,那么难免就会被这些细节所拘泥,从而难以适应新环境。

从前文的描述可以看到,决策树的构建是一个递归的过程。如果不加以干预,树的构建过程不会自主停下来,直到每个子节点只有一种类型的样本。但这样"枝叶茂盛"大树,往往会因为节点过多,导致过拟合,从而大大降低决策树的泛化能力。

如果决策树过于"枝叶茂盛",可能就需要裁剪(Prune Tree)枝叶了。决策树裁剪对预测正确率的影响很大。主要有两种裁剪策略:前置裁剪(pre-pruning)和后置裁剪(post-pruning),下面分别介绍如下。

1. 前置裁剪

在构建决策树的过程中,采用早停(Early Stopping)策略,即达到某种条件(如树达到一定的深度,或当前节点中的样本数低于某个最小的阈值或分裂所带来"纯度"小于某个值),就提前终止决策树的构造。这样做,虽然让决策树显得"粗枝大叶",但有时没有过多的枝叶"牵绊",反而能让决策树对新样本更具有预测力[①]。

凡事有利就有弊。前置裁剪使得决策树的很多分支都没有机会展开,好处在于降低了过拟合的风险,树的规模变小了,花在训练时间上的开销也降低了。但前置裁剪过于"武断"的本质,强行禁止某些树的分支展开,导致决策树过于短小,无法学习到某些特征,从而增大前置裁剪的"欠拟合"风险,正所谓"过犹不及"。实践证明,这种策略无法得到较好的结果。

2. 后置裁剪

决策树的裁剪往往通过最小化决策树整体的损失函数或代价函数来实现。

后置裁剪的过程稍微复杂,它把数据集分割为训练集合和测试集合。在训练集合中,不加任何限制,放任决策树"野蛮生长",然后再利用预留的测试集合自底向上地对非

---

① 在机器学习框架 scikit-learn 中,可以通过设置决策树模型 DecisionTreeClassifier 中的若干参数来实现,如 min_samples_split(当前节点的样本数大于 min_samples 时,继续划分,默认 min_samples_split = 2)、min_samples_leaf(叶子节点所含的最少的样本数量,默认是 1)和参数 min_impurity_split(当节点的"不纯度"值小于 min_impurity_split 设定值时,不再进行继续划分。默认是 1E-7)等。

叶子节点进行考察,若该节点对应的子树被替换为叶子节点后,反而能提升决策树的泛化性能,那么该子树就被替换为叶子节点。用"一片叶子"代替"一个小子树",即为后置裁剪。

前置裁剪和后置裁剪相比各有优缺点。前置裁剪对阈值的设定很敏感,稍有不同,就可能引起整棵决策树的拓扑结构发生重大变动,而且这个阈值设定通常属于超参数范畴,难以把控与拿捏。但前置裁剪能够比后置裁剪生成更为简洁的树。

由于后置裁剪需要经过"测试集"的检验,是骡子是马,已经拉出来遛过,因此一般来说,后置裁剪得到的决策树泛化性能更好一些[①]。

5.4　本章小结

在本章,首先讨论了分而治之的内涵思想,进而延伸到决策树的构成策略,决策树以一种"白箱"规则的方式,将不同类按照"显而易见"的规则不断进行细分,直到所有样例均有归属。

然后讨论了机器学习中常用的各种熵,包括熵(一种热力学的度量)、信息熵(有关信息的一种不确定性度量)、条件熵(给定某个条件之后,剩余的不确定性度量)、互信息(一种量化度量各种不同信息相关性的方法)等。

接着,详细讨论了构造决策树的 3 种策略:信息增益为 ID3 算法提供子树分割依据;信息增益率为 C4.5 提供子树分割依据;为了简化计算,基尼指数为 CART 算法提供技术支持。

事实上,决策树不仅仅是一种分类算法,它还是一种逻辑思考方式。在决策树思维模式中,会遵循"分而治之(Divide and Conquer)"的原则,把大问题逐层分解为更容易解决的子问题。不断地设定条件对事物进行筛选判断,每次的特征属性选择,都是一次引入外部信息的尝试,都是一次量化决策,每抵达一个叶子节点都代表一个子问题得以解决,当决策树"枝繁叶茂"时,决策树构造完毕,大问题也得以解决。

---

① 关于决策树的裁剪算法,更详细的资料可参考:周志华.机器学习[M].北京:清华大学出版社,2016.

5.5　思考与练习

5-1　决策树有哪些常用的启发函数？

5-2　为了防止过拟合,可用哪些策略进行决策树裁剪？

5-3　ID3 和 C4.5 算法分别用什么指标作为分裂的评价指标？

5-4　使用基尼指数指标并配合 Excel 完成范例 5-1 所示的决策树的划分。

5-5　使用信息增益率指标,使用 Python 编程实现范例 5-1 所示的决策树的划分(有编程经验的读者适用)。

5-6　请利用机器学习框架 scikit-learn 完成面向鸢尾花数据集的决策树分类(有编程经验的读者适用)。

5-7　请简要总结 ID3、C4.5 与 CART 三种决策树构建策略的不同之处。

参考文献

[1]　李航. 统计学习方法[M]. 2 版. 北京：清华大学出版社,2019.

[2]　WU X, KUMAR V, QUINLAN J R, et al. Top 10 algorithms in data mining[J]. Knowledge and Information Systems, 2008, 14(1)：1-37.

[3]　杰里米·里夫金,特德·霍华德. 熵：一种新的世界观[M]. 吕明,袁舟,译. 上海：上海译文出版社, 1987.

[4]　薛定谔. 生命是什么[M]. 周程,胡万亨,译. 北京：北京大学出版社,2018.

[5]　张玉宏. 品味大数据[M]. 北京：北京大学出版社,2016.

[6]　吴军. 全球科技通史[M]. 北京：中信出版社,2019.

[7]　吉米·索尼罗伯·古德曼. 香农传[M]. 杨晔,译. 北京：中信出版社,2019.

[8]　吴军. 数学之美[M]. 北京：人民邮电出版社,2015.

[9]　维克托·迈尔-舍恩伯格,肯尼思·库克耶迈尔. 大数据时代：生活、工作与思维的大变革[M]. 周涛,译. 杭州：浙江人民出版社,2013.

[10]　QUINLAN J R. Induction of decision trees[J]. Machine Learning, 1986, 1(1)：81-106.

[11]　QUINLAN J R. C4. 5：programs for machine learning[M]. Amsterdam：Elsevier, 2014.

[12]　BREIMAN L. Random forests[J]. Machine Learning, 2001, 45(1)：5-32.

第 6 章

神经网络：道法自然的智慧

人法地，地法天，天法道，道法自然。

——老子《道德经·道经》

6.1　本能是学习吗？

前面的章节可能过于"烧脑"，下面先轻松一下，用一个故事来开启本章的学习。

6.1.1　关于"人性"的一则故事

《十日谈》（Decameron）是意大利文艺复兴时期作家乔万尼·薄伽丘所著的一本写实主义短篇小说集，在世界文坛史上享有盛名，书中记载了一个题为《绿鹅》的故事。

有一位死心塌地皈依天主的教徒，中年丧偶，伤心欲绝，看破红尘，于是，决定带着两岁的儿子去深山隐修，以杜绝尘世生活的诱惑。看着儿子一天天长大，做父亲的绝口不提世俗之事。除了父亲外，儿子再没有见过别人。儿子以为，这个世界的人，都是和父亲一般，心心念念的都是天主和圣徒的光荣。

但是在儿子长到十八岁时，父亲决定带他下山，到佛罗伦萨去看看那繁华的世界，也好把自己的人脉给儿子交代交代。下山的路上，风光无限美，但更美的是，儿子迎面遇到一群年轻漂亮的姑娘。儿子从来没有见过女人，转头就问："父亲，这是啥啊？"

父亲担心儿子坏了道心德行，赶紧说："赶快把头低下，这都是祸水，不能看！"

儿子继续问："这祸水叫啥？"

父亲憋了半天，答道："她们叫绿鹅。"

图 6-1 《十日谈》中的故事《绿鹅》

儿子觉得，一天下来，今天见到的所有东西，如皇宫、公牛、骏马、驴子，都不如这"绿鹅"好看，喜欢得不得了，就对父亲说："父亲，我瞅着这绿鹅实在是太好看了，让我带回养吧。"

父亲这才明白，深埋于人性的力量，远比自己的教诲强大多了。

咦，或许你会奇怪，这故事倒是有趣，但和我们本章讲解的主题有什么联系呢？联系自然是有的。且听我慢慢道来。

6.1.2 故事背后的逻辑

孟子有句名言："食色，性也。"（《孟子·告子上》）孟子这句话，其实揭示了一个非常朴素的道理，生命得以延续，离不开两件最基本的大事：饮食和男女。

"饮食"是维持生命之刚需，而"男女之事"则是传递基因的必要条件。按照英国演化生物学家理查德·道金斯（Richard Dawkins）在《自私的基因》一书中所言，保持基因的传递，是男女交往的最底层动力[1]，逃无可逃，避无可避。

为了能快速做出反应，生存演化的压力导致大自然把这种随机应变的反应模式，固化到生物的大脑里，生而有之，就好像智能手机里预装的操作系统一样。的确如此，这些先天生成的应对策略，是一个关于时间的函数，随着时间的推移，逐步作用于生命。就如前文提到的小说《绿鹅》里：到了 18 岁，儿子难以抑制内心的冲动，想喂养一只"绿鹅"。

生物本能，以一种潜意识的形式存在，在面对特定的环境刺激，会自发地产生某种反馈,非常类似于计算机程序语言的 if-then-else 条件判断。更重要的是,这些先天性植入 DNA 的规则,是无须学习即可获得的!

这种先天固化的反应模式非常有用:第一,可以提前准备好行动预案。一旦某种刺激出现了,可迅速调用预备好的反射模式,不至于临时抱佛脚,手忙脚乱。第二,不需要记忆太多信息,化繁为简。比如,小婴儿刚出生,不需要训练和记忆,能凭借本能就会吸吮乳汁。再如,老鼠完全不需要记住这块田野上异性老鼠的生活规律,也可单纯凭借气味准确找到配偶,诸如此类。

这两个好处汇集在一起,就能解释为什么越是生命攸关的底层行为,动物越是倾向于用这种反射模式。

听起来,这个模式既有效,又简单。

那所有生命都直接使用这种刺激-反射模式以应对外界环境,不就行了吗?答案是还真不行!

为什么?这是因为,刺激-反射模式虽然有好处,但也存在两个"致命"缺陷[2]。

1. 刺激-反射的规则有限

第一个缺陷是,刺激-反射的规则需要动物在出生前就事先写入遗传物质 DNA 中。而 DNA 承载的信息量非常有限。因此,天生的刺激-反射模式就非常有限,只能用来为生死攸关的事情做准备,比如觅食、交配、逃跑、攻击和防御等。而类似于看书、写作、唱歌、画画等这样变化多端的高阶任务,遗传物质没有空间"容纳"它们,只能通过后天习得。

2. 刺激-反射模式存在盲目性

第二个缺陷在于,在刺激-反射模式中,无论经历多少次的重复,也无法变成可积累的经验。每次遇到相同的刺激,生物体只能机械地重复一样的反应。如果反应错了,也做不到"吃一堑长一智";即便是反射对了,也不会强化成功经验,如加快下一次的反射时间。

天(DNA)赋本能,而超越本能,不断提升性能的,是后天的学习。在第 2 章中,我们曾提到过著名学者赫伯特·西蒙教授曾对"学习"有一个定义,"如果一个系统,能够通过执行某个过程,就此改进了它的性能,那么这个过程就是学习"。

也就是说,学习的核心目的,就是改善自身性能。反观刺激-反射模式,它们是不符合"学习"定义的。就此可延伸出一个简单的结论:凡属本能反应的,都不算学习!

那么该如何弥补刺激-反射模式的缺陷呢？这就涉及大脑的高阶功能——后天学习能力。学习，对于智慧生命至关重要。只有有了学习能力，我们才有可能掌握自然界从未出现过且遗传物质也绝对没有为我们准备过的全新技能，比如读书写作、沟通交流、"上九天揽月，下五洋捉鳖"等。

而智慧生命的所有学习活动，都需要大脑的神经网络深度参与。下面我们从神经网络视角，重新审视一下"学习"的本质。

6.2　神经网络中的"学习"本质

人工神经网络是一种人工智能学习算法，它的模仿对象是生物神经网络。所以，在学习人工神经网络之前，有必要了解生物神经网络的学习是如何发生的。

6.2.1　巴甫洛夫的"狗"

先来看一下巴甫洛夫（Pavlov）那个关于狗的著名实验（Pavlov's Dog Experiment，见图 6-2）。在 19 世纪 90 年代，巴甫洛夫在圣彼得堡建立了实验室，他原本希望研究各式各样的食物是如何影响动物消化系统的功能的。在该实验中，巴甫洛夫发现，将食物放入狗的口中，狗的唾液分泌量会增加，这是一种正常的生理现象，也是狗的本能反应。

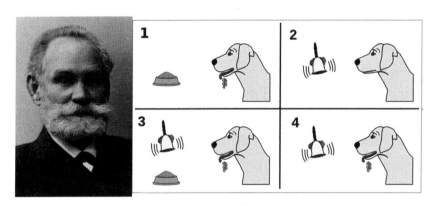

图 6-2　巴甫洛夫（左）和他的著名实验（右）

但后续的实验结果，却让人感到匪夷所思。在每次给狗喂食前都先发出一些信号（比如摇铃），连续多次之后，实验人员发现，摇了铃但不喂食，这时狗虽然没有东西可吃，却依然口水直流。

这是为何？难道是每次摇铃都会让小狗觉得狗粮来了，所以就提前分泌唾液？如果这个猜想是真的，那毫无疑问，小狗能够学会把两件原本不相关的事——摇铃声音和狗粮出现——联系在一起了。

为了验证这个猜测，巴甫洛夫展开了一系列实验。最终证明：小狗确实会学习。如果有个东西总是差不多同时和狗粮一起出现，那么小狗就会在这两者之间建立联系，不管这个东西是铃铛、口哨，还是一个手势。这个从无到有建立联系的过程，就是学习。

巴甫洛夫把因学习而产生的新反应，叫作条件反射（Conditioned Response，CR）。

巴甫洛夫关于"狗"实验意义在于，它把高深莫测的学习，简化成了可在普通动物身上观察、描述及深入研究的生物学现象。从而让学习这个概念不再是虚无缥缈的精神灵魂层面的东西。

此外，巴甫洛夫的实验还揭示了，学习并不是人类独有的，完全可以发生在动物身上，并可以在动物模型中进行反复观察并深入研究[2]。正是因为在生理学方面取得这样开拓性的成就，1904 年，巴甫洛夫获得了诺贝尔生理学或医学奖（Nober Prize in Physiology or Medicine）。

总结一下前面的论述，所谓的学习，其实都是反生物本能的，针对前面的案例具体来说，是反狗性、反人性的，这里的"反"并非"反对"之意，而是强调这些特性动物们天生并不具备。因为它们尝试在大脑神经元中建立从无到有的联系。因此，这个过程注定是痛苦的，必然是勉为其难的。在日语中（包括中国唐朝之前），"勉强"这个词和"学习"基本就是同一个意思。这多少佐证了，"学习"的确是件不容易的事情。

6.2.2　卡哈尔的"手"

正当巴甫洛夫在西伯利亚冰天雪地里折腾小狗时，在四季如春的西班牙，一位和巴甫洛夫年龄相仿、性格也类似的科学家——圣地亚哥 · 拉蒙-卡哈尔（Santiago Ramóny Cajal，1852—1934）——也在孜孜不倦地研究大脑的生理结构。

巴甫洛夫的研究对象是宏观世界里活生生的狗，与他截然不同的是，卡哈尔终日对着的是显微镜下细若游丝的神经纤维。通过观察和绘制成百上千的显微图片，卡哈尔意识到，动物的大脑和人类的大脑一样，层层叠叠堆砌着数以百亿计的细小神经细胞。他天天对着显微镜，观察标本，再用他那精巧无比的手，把它们一丝不苟地画出来。

卡哈尔的神经网络绘图水平之高，以至于时至今日，在很多学术会议的报告里，他绘制的图片都是常用的开场白，他"妙笔生花"绘制的几百个关于脑细胞的插图（见图 6-3），至今还出现在教科书中。

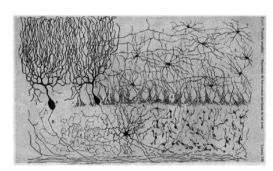

图 6-3　卡哈尔与他的神经网络连接图

卡哈尔曾表示："毫无疑问，没有艺术天分的人是无法领略科学之美的……我自己的（神经学）画作肯定超过了 1.2 万张。对艺术无感的人来说，它们只是奇怪的图案，但是，大脑结构的神秘世界就在这些精准到千分之一毫米的细节中徐徐展现[①]。"

通过大量的观察，卡哈尔发现，生物神经元的结构和人们通常看到的细胞结构不太一样，它们不是规整的球形，而是从圆圆的细胞体处伸出不规则的突起（见图 6-4）。有的像树杈一样层层伸展——称为树突（dendrite），有的像章鱼的触手一样长长延伸——称为轴突（axon）。卡哈尔命名的术语，一直沿用至今。

在卡哈尔看来，这些长相怪异的神经元，是靠突起彼此相连的。树突是信号接收端，轴突是信号输出端。它们彼此相连，形成了一张异常复杂的三维信号网络。

神经元之间的信息传递，属于化学物质的传递。当它"兴奋"时，就会向与它相连的

---

① 对应的英文为"There can be no doubt, only artists are attracted to science… I must have done over 12,000 drawings. For a profane man they are strange drawings, the details of which are measured in thousandths of a millimetre although they reveal mysterious worlds emanating from the architecture of the brain…"。

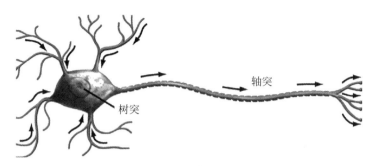

图 6-4　生物神经元结构

神经元发送化学物质(神经递质，Neurotransmitter)，从而改变这些神经元的电位。如果某些神经元的电位超过了一个阈值，那么，它就会被"激活"，也就是"兴奋"起来，接着向其他神经元发送化学物质，犹如涟漪，就这样一层接着一层传播。

鉴于卡哈尔在微观的神经科学领域的开创性贡献，在巴甫洛夫两年后，1906 年，第六届诺贝尔生理学或医学奖颁给了卡哈尔(同时获奖的还有意大利生理学家卡米洛·高尔基)。

这时，"神仙打架"的事情发生了。作为诺贝尔奖级别的科学家，按说巴甫洛夫和卡哈尔的研究成果应该相互印证才对，但细品之后，你会发现，二者存在"不可调和"的矛盾。

这是因为，根据卡哈尔的细致观察，成年动物大脑里的神经细胞是稳定的，不论是数量，还是形状，几乎都不会发生变化，那么问题来了：在宏观尺度上，巴甫洛夫的确证明了，学习发生在大脑里。而在微观尺度上，卡哈尔发现，大脑的数量和形态是稳定的。

我们知道，学习是动态的，如果卡哈尔是对的，那么学习的载体，到底是什么？"一成不变"的大脑，如何才能应付"一日千里"的学习？

6.2.3　美妙的赫布定律

比较妥善解决上述问题的，是加拿大的心理学家唐纳德·赫布(Donald Hebb，1904—1985)。很有意思的是，唐纳德·赫布同时是巴甫洛夫和卡哈尔的粉丝。在深入学习两个人的理论之后，赫布敏锐地意识到，巴甫洛夫和卡哈尔二人的研究存在深刻的矛盾。能不能有种新的解释能同时兼顾巴甫洛夫和卡哈尔的研究成果呢？这样一来，两大偶像在心中的形象都不至于破灭。

多番思考之后，赫布给出了一个试图调和两者的理论。他认为，学习的确发生在大脑里(巴甫洛夫的理论),在学习过程中,神经细胞的数量、形状的确都没发生变化(卡哈尔的理论),但是,神经细胞之间的联系强度发生了变化。这种神经细胞连接强度的变化,才是学习的微观本质(巴式、卡式理论的美妙统一)。

1949 年,赫布在《行为的组织》(*The Organization of Behavior*,见图 6-5)一书中首次提出[3]:如果大脑中的两个神经细胞总是同时被激发,那它们之间的连接就可能变得变得更强,信号传递就可能变得更有效率——这就是大名鼎鼎的赫布定律(这个理论的通俗版解释就是"脑袋瓜子越用越灵光"),它可以用式(6-1)来描述:

$$\Delta w_{ij} = \eta a_i o_j \tag{6-1}$$

式中,Δw_{ij} 表示两神经元间的连接强度;η 表示学习速率;a_i 是神经元 i 的激活值;o_j 是神经元 j 的输出值。

图 6-5　唐纳德·赫布和其著作《行为的组织》

在本质上,赫布定律是心理学和神经科学结合的产物,其中还夹杂着某些合理的猜想。因此,赫布定律也被称为赫布假说(Hebb's postulate)。该理论经常被简化为"连在一起的神经元会被一起激活"①。

赫布定律是第一个能对神经元如何发挥功能做出符合情理解释的理论。赫布认为,

---

① 确切来说,是一个神经元先激活,然后另一个神经元马上跟着激活。因为传递信号是有时间差的。

大脑神经细胞之间的轴突，其连接强度是可以变化的。我们常说的概念和记忆，实际上是相互激发的神经元群体在大脑中集体表现的结果。这个集合中神经元来源多样，既可以是来自同一大脑区域，也可以是来自不同大脑区域。

赫布定律在提出之日，仅仅是个理论猜测，但从到目前为止收集到的科学证据来看，越来越倾向于证明，现在的赫布定律，早已不再是一个单纯的理论猜测，而是一个被无数验证过的事实上的学习定律。

6.3　人工神经网络的工作原理

我们知道，人脑，无疑是智能的载体。如果想让"人造物"具备智能，模仿人脑无疑是最朴素不过的方法了。下面就聊聊生物神经网络的"仿制品"——人工神经网络。

6.3.1　为什么要用人工神经网络

早在春秋时期，老子便在《道德经》中给出了自己的睿智判断：

"人法地，地法天，天法道，道法自然。"

这里所谓的"法"，作为动词，为"效法、模仿、学习"之意。特别是"道法自然"的含义，意味悠长。

的确，大道运化天地万物，无不是遵循自然法则的规律。人们从"自然"中学习和寻求规律，在很多时候，的确比自己苦思冥想更加可行和高效。

比如，人们从研究蝙蝠中获得发明雷达的灵感，从研究鱼鳔中获得发明潜水艇的启迪。很自然地，人们同样期望研究生物的大脑神经网络，然后效仿之，从而获得智能。

在人工智能领域，有一个有意思的派别，名曰"鸟飞派"。说的是，如果我们想要学飞翔，就得向飞鸟来学习。

简单来说，"鸟飞派"就是"仿生派"，即把进化了几百万年的生物作为模仿对象，搞清楚原理后，再重现这些对象的输出属性。人工神经网络（Artificial Neural Network，ANN）便是其中的研究成果之一。

6.3.2　人工神经网络的定义

人类"观察大脑"的历史其实由来已久，但由于对大脑缺乏"深入认识"，常常"绞尽脑汁",也难以"重现大脑"。

自20世纪40年代起,科学家们对脑科学、心理学的研究,才让这一困境开始得以缓解。1943年,神经生理学家 W. McCulloch 和数学家 W. Pitts,发表了一篇开创性论文[4],提出了"M-P神经元模型",其核心思想是通过一个基于逻辑门的数学模型,来模拟大脑神经元的行为,他们的研究工作,开创了人工神经网络方法。

前文提到的赫布定律,其实就是联合学习(Associative Learning)概念的起源。在这种学习中,如果在时间上很接近的两个事件重复发生,那么最终就会在大脑中形成关联。这个概念在心理学上也称为联想学习。在这种学习中,通过对神经元的刺激,使得神经元间的突触强度增加。这样的学习方法被称为赫布型学习(Hebbian Learning)。

后来,联结主义学派(Connectionism)的科学家们考虑用调整网络参数权值的方法,来完成基于神经网络的机器学习任务。在某种程度上,这个假说就奠定了今日人工神经网络(包括深度学习)的理论基础。

联结主义的兴起,标志着神经生理学、非线性科学与人工智能领域的结合,这主要表现为人工神经网络的兴起。人工神经网络的研究进展,自然得益于对生物神经网络(Biological Neural Network,BNN)的"仿生"。联结主义认为,人工智能源于仿生学,人的思维就是某些神经元的组合。其理念在于,在网络层次上模拟人的认知功能,用人脑的并行处理模式,来表现认知过程。

> 学术界通常将"人工神经网络"简称为"神经网络",如果不做特殊说明,"神经网络"特指人工神经网络,全书同。

那么什么是人工神经网络呢? 有关人工神经网络的定义有很多。这里给出芬兰计算机科学家 T. Kohonen 的定义:"人工神经网络是一种由具有自适应性的简单单元构成的广泛并行互联的网络,它的组织结构能够模拟生物神经系统对真实世界所做出的交互反应。"

在生物神经网络中,人类大脑通过增强或者弱化突触进行学习的方式,最终会形成一个复杂的网络,形成一个分布式特征表示(Distributed Representation)。

作为处理数据的一种新模式,人工神经网络的强大之处在于,它拥有很强的学习能力。在得到一个训练集合之后,通过学习,提取到所观察事物的各个部分的特征,特征之间用不同网络节点连接,通过训练连接的网络权重,改变每一个连接的强度,直到顶层的输出得到正确的答案。

6.3.3 "恒常连接"与联结主义

从前文的描述可知,人工神经网络的发展,显然受到了赫布定律的影响。事实上,追根溯源,赫布定律可以从大卫·休谟的"恒常连接(Constant Conjunction)"找到对应的哲学映像。

休谟主张,只要一件事物伴随着另一件事物而来,两件事物之间必然存在着一种关联,使得后者伴随前者出现(post hoc ergo propter hoc——它在那之后而来,故必然是从此而来)。

休谟就此提出了"恒常连接"这个概念。"恒常连接"说的是,当我们看到某件事物总是"造成"另一事物时,我们所看到的其实是一件事物总是与另一件事物"恒常连接"。事实上,休谟强调的是事物间存在"相关性",而否定"因果性"。而巧合的是,今日之大数据,之所以会风生水起,在某种程度上就是"重相关,轻因果[5]"。

虽然"重相关,轻因果"的观点存在争议,但不可否认的是,随着神经科学和心理学的发展,"恒常连接"的观点正不断得到印证。

神经科学家发现,神经元之间通过突触连接,当两个神经元同时得到频繁的刺激,两者之间的突触就越牢固,连接的强度也就增高,这其实就是人类的学习过程。

我们读书时都有类似的经验。比如说,背诵英语单词,就需要刻意多重复几遍,记得就更牢靠一些,就是因为强化不同神经元之间连接,没有那么容易。"书读百遍,其义自见"背后也有类似的逻辑,为何书要读"百遍",就是因为,"遍数"太少,不足以形成神经元之间的强大连接。如前所述,没有神经元之间的新连接,就没有学习。

人工神经网络是联结主义的具体呈现①。显而易见,联结主义特别强调从经验学习中获得智能,所以就避开了符号主义过度强调理性推理的弊端,从而让人工智能获得了突破性的进展[6]。

与符号主义不同,联结主义认为,人工智能的首要任务是建立大脑的模型,不是预先给定解决问题的算法,而是构建一个在计算机上模拟的"神经元网络",让机器自主地建立不同神经元之间的"联结",然后通过结果的反馈,不断调整联结的模式,最终逼近最优解。

在联结主义指导下的人工智能算法,要在海量数据的试错学习之后,才能获得某些在人类看来十分简单的结论,这种"蠢萌"的表现,看起来可不太智能,但十分实用。事实上,深度学习就是联结主义的"大成之作"。

在机器学习中,人们常常提到神经网络,实际上是指神经网络学习。下面来讨论一

---

① 联结和连接是同义词。在很多场景下,二者通用。

下它有卓越表现的第一性原理。

6.3.4 神经网络的第一性原理

第一性原理(First Principle)是古希腊哲学家亚里士多德提出的一个哲学术语,他表示:"每个系统中存在一个最基本的命题,它不能被违背或删除。"

目前这个概念广为人知,主要得益于创办多家知名企业的"钢铁侠"埃隆·马斯克(Elon Musk)。马斯克曾在采访中表示:"通过第一性原理,我把事情升华到最根本的真理,然后从最核心处开始推理……。"

那么,什么是神经网络的第一性原理呢?在第 2 章中已经提到,机器学习在本质上就是找到一个好用的函数,给定某个输入,通过计算,逼近与预期相符的输出,从而完成预设功能。而人工神经网络最"神奇"的地方就在于,它可以在理论上证明:"一个包含足够多的隐含层神经元的多层前馈网络,能以任意精度逼近任意预定的连续函数。"[7]

这个定理也被称为通用近似定理(Universal Approximation Theorem)。这里的Universal,也有人将其翻译成"万能的",由此可以看出,这个定理的能量有多大。

机器学习的全部功能,近似于找到一个完成输入和输出之间完美映射的函数。而通用近似定理告诉我们,不管函数 $f(x)$ 在形式上有多复杂,总能确保找到一个神经网络,以任意高精度近似拟合出 $f(x)$(参见图 6-6)。二者一拍即合,完美呼应。这个定理,正是人工神经网络至今魅力无穷的第一性原理。

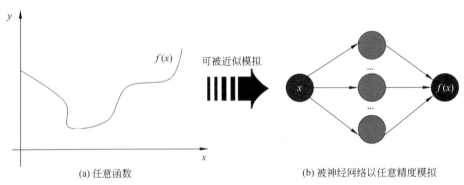

图 6-6 通用近似定理

即使函数有多个输入,即 $f = f(x_1, x_2, \cdots, x_m)$,通用近似定理的结论也是成立的。

换句话说，在理论上神经网络可近似解决任何函数映射问题。

然而，通用近似定理仅仅确保了理论上的可行性，却没有说明神经网络中的这些海量参数是如何获得的。所以，它的指导意义也是有限的。

使用这个定理时，还需要注意如下两点。

（1）定理说的是，可以设计一个神经网络尽可能地去"**近似**"某个特定函数，而不是说"**准确**"计算这个函数。通过增加隐含层神经元的层数有助于提升近似的精度。

（2）被近似的函数必须是连续函数。如果函数是非连续的，也就是说有极陡跳跃的函数，那神经网络就"爱莫能助"了。

即便函数是连续的，有关神经网络能不能解决所有问题，也是有争议的。原因很简单，通用近似定理在理论上是一回事，而在实际操作中又是另外一回事。以至于生成对抗网络（GAN）的提出者 I. Goodfellow 就曾评价过："仅含有一层的前馈网络，的确足以有效地表示任何函数，但是，这样的网络结构可能会格外庞大，进而无法正确地学习和泛化。"

6.4 人工神经网络的几个经典模型

很多结论现在看起来虽然"显而易见"，但在当年提出时却是"困难重重"。人工神经网络的发展亦是如此。追根溯源，最早的人工神经元，就是 20 世纪 40 年代提出但一直沿用至今的"M-P 神经元模型"。

6.4.1 M-P 神经元模型

M-P 神经元模型，最早源于 1943 年发表在《数学生物物理学通报》（*Bulletin of Mathematical Biophysics*）上的一篇开创性论文，它可谓是开启神经网络的天下第一文：《神经活动中思想内在性的逻辑演算》（*A Logical Calculus of Ideas Immanent in Nervous Activity*）[3]。

论文的两位作者分别是神经生理学家 W. McCulloch 和数学家 W. Pitts，参见图 6-7，他们首次实现了用一个简单电路（即感知机）来模拟大脑神经元的行为。

当 McCulloch 和 Pitts 完成他们的计算实验时，就意味着，他们完成了一个操作性非常强的机械论神经元模型。为了纪念他们，后人就用二人姓氏的首字母称呼这个模型为

图 6-7　W. McCulloch（左）与 W. Pitts（右）

M-P 神经元模型。

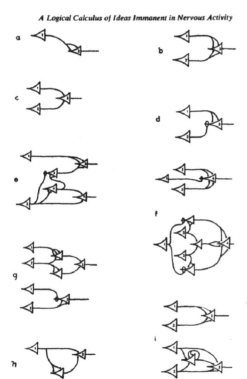

A Logical Calculus of Ideas Immanent in Nervous Activity

图 6-8　《神经活动中思想内在性的逻辑演算》
中的逻辑门（发表于 1943 年）

信号在大脑中到底是怎样传输的呢？客观来讲，时至今日这依然是一个谜。于我们而言，M-P 神经元模型的重要意义在于，我们可以把大脑视为与计算机一样的存在，神经细胞有两种状态：兴奋和不兴奋（即抑制），可利用数字计算机中的一系列 0 和 1 进行模拟。

通过把简化的二进制神经元连成链条和链环，他们向世人阐明了，大脑能实现任何可能的逻辑运算，自然也能完成任何图灵机可以完成的计算。这种认知思维上的升级是一种划时代的进步！

有了 M-P 模型的理论铺垫，神经元的工作形式，就类似于数字电路中的逻辑门，它接受多个输入，然后产生单一的输出。通过改变神经元的激发阈值，就可完成“与”“或”及“非”等三个状态的转换功能，如图 6-8 所示。

不同于弗洛伊德的心理学模型，“M-P 神经元模型”是第一个将计算用于大脑的应用，同时也衍生出一个著名的论断——本质上，大脑不过就是一个另类材质的信息处理器。

M-P 神经元模型是对生物大脑的极度简化，但给予后人莫大的启发。至少在某种程度上，关于“思想”的理解，变得更加具有可解释性，而不必笼罩一层弗洛伊德式的神秘主义，然后在自我与本我之间牵扯不清。McCulloch 甚至向一群研究哲学的学生骄傲地宣布："在科学史上，我们首次知道了我们是怎么知道的（For the first time in the history of science，we know how we know）。"

6.4.2　罗森布拉特的感知机模型

1958 年，计算科学家罗森布拉特（Rosenblatt）在 M-P 模型的基础上，提出了由两层神经元组成的神经网络，并将其命名为"感知机"（Perceptron）。罗森布拉特在理论上证明了，单层神经网络在处理线性可分的模式识别问题上，可以做到收敛。

在感知机模型中，如图 6-9 所示，神经元接收来自 n 个其他神经元传递过来的输入信号。这些信号的表达，通常通过神经元之间连接的权重（Weight）大小来表示，神经元将接收到的输入值按照某种权重叠加起来。叠加起来的刺激强度 S 可用式（6-2）表示。

$$S = w_1 x_1 + w_2 x_2 + \cdots + w_n x_n = \sum_{i=1}^{n} w_i x_i \qquad (6\text{-}2)$$

从式（6-2）可以看出，当前神经元按照某种"轻重有别"的方式，汇集了所有其他外联神经元的输入，并将其作为一个结果输出。

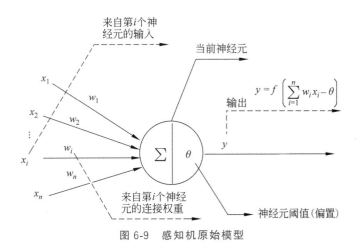

图 6-9　感知机原始模型

但这种输出，并非"赤裸裸"地直接输出，而是与当前神经元的阈值进行比较，然后通过激活函数（Activation Function）向外表达，在概念上这就叫感知机（Perceptron）。

$$y = f\left(\sum_{i=1}^{n} w_i x_i - \theta\right) \tag{6-3}$$

在这里，θ 就是所谓的"阈值（Threshold）"，f 是激活函数，y 为最终的输出。

但在本质上，应该清楚认识到，感知机是一种简易的线性分类器，其功能非常有限。其训练机制如下：如果分类器预测是正确的，则无须修正权重；如果预测有误，则用学习率（Learning Rate）乘以差错（期望值与实际值之间的差值）来调整对应的连接权重（见图 6-10）。

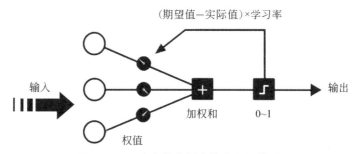

图 6-10　罗森布拉特提出的感知机模型

由感知机的函数定义（式（6-3））可知，它由两个函数复合而成：内部为加权求和函数，负责汇集神经元外部输入；外部为激活函数，将汇集函数的输出作为激活函数的输入，其目的是做非线性变化，以适配预期的输出值。如果识别对象 x 有 n 个特征，内部函数即可表达为 $w_1 x_1 + w_2 x_2 + \cdots + w_n x_n - \theta$，该方程可视为一个在 n 维空间的超平面。将上述公式改写一下，即 $w_0 \cdot 1 + w_1 x_1 + w_2 x_2 + \cdots + w_n x_n$，此处 $w_0 = -\theta$，与之相乘的 1 也可视作一个输入，但其值不变，可视为哑元（Dummy）。

于是，感知机以向量的模式写出来就是：$x \cdot w$，如图 6-11 所示，这里 $\overrightarrow{x} \cdot \overrightarrow{w}$ 表示输入向量 x 和权值向量 w 的内积，它们共同表达了一个 n 维空间下的超平面。

需要说明的是，对于分类任务而言，只要输出的值具有区分度即可，不必在意输出的是 1 或 −1，还是 1 或 0。

对于一个二分类任务而言，对于超平面一侧的实例 $x \cdot w > 0$，它表示点 x 落在超平面的正半空间，此时激活函数 $f(x \cdot w) = 1$，即感知机的输出为 1（判定为正类）；而对于超平面的另外一侧实例 $x \cdot w < 0$，表示点 x 落在超平面的负半空间，此时激活函数 $f(x \cdot w) = -1$，即感知机的输出为 −1（判定为负类）。

这样一来，感知机可看作一个由超平面划分空间位置的识别器。当特征 n 为两三个维度时，人们尚可利用它的几何空间来直观解释这个分类器，但当 n 更大时，人们很难再

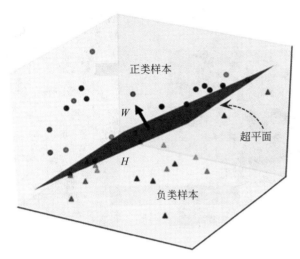

图 6-11 感知机的超平面

用它的几何意义来研究神经网络。

6.4.3 来自马文·明斯基的攻击

罗森布拉特因"感知机"的提出而名声大振，很多新闻媒体都先后高调报道了他的研究成果。罗森布拉特的高调，引起了联结主义的奠基人之一、图灵奖得主马文·明斯基（Marvin Minsky，1927—2016）的不满。在学术会议上，明斯基与罗森布拉特争辩，他认为神经网络并不能解决所有问题。

经过充分的理论研究，1969 年，明斯基（见图 6-12）和其同事 S. Papert 合作撰写了学术著作《感知机》[8]，在书中他们认为，"人工神经网络被认为充满潜力，但实际上无法实现人们期望的功能"。

他们指出，感知机模型存在的两个关键问题难以解决。

（1）感知机表征能力非常有限。例如，单层神经网络无法解决不可线性分割的问题，典型的证据就是连简单"异或门电路（XOR Circuit）"都难以实现。

（2）更为严重的问题是计算能力难以适配，即使利用当时最先进的计算机，也没有足够计算力完成神经网络模型训练所需的超大计算量（比如调整网络中的权重参数）。

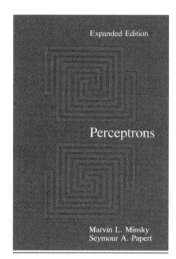

图 6-12　明斯基(左)与其著作《感知机》(右)

对于明斯基的第一个责难,我们做一下展开说明。在理论上已经证明,若两类模式是线性可分的,那么一定存在一个线性超平面,手起刀落,一分为二,可以将正负样本区分开来,如图 6-13(a)～图 6-13(c)所示。也就是说,这样的感知机,其学习过程一定会稳定(即收敛)下来,神经网络的权值可以通过学习得到。

然而,对于线性不可分原子布尔函数(如"异或"操作),不存在简单的线性超平面将其区分开来,如图 6-13(d)所示。在这种情况下,感知机的学习过程就会发生"振荡(Fluctuation)",权值向量就难以求得合适的解。这里稍微为非专业读者解释一下什么是异或? 所谓异或(XOR),就是且仅当输入值 x_1 和 x_2 相异时,输出为 1;反之,x_1 和 x_2 相同,输出为 0。

曾经作为感知机忠实粉丝的明斯基,在发现感知机模型居然连稀疏平常的"异或(XOR)"功能都难以实现时,不禁唏嘘,面对这更加纷杂的非线性世界,感知机如何能处理得了啊?

于是明斯基给出了悲观的判断,鉴于明斯基的学术地位(1969 年,刚刚获得计算机科学界最高奖项——图灵奖),他对神经网络的"判决书",直接就将人工智能的研究送进一个长达近 20 年的低潮,史称"人工智能的冬天"。

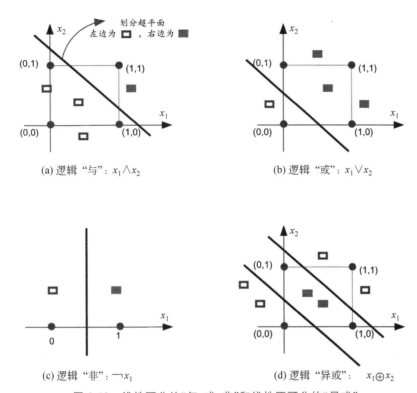

图 6-13　线性可分的"与、或、非"和线性不可分的"异或"

6.4.4　多层感知机的表征能力

　　感知机的失败，导致人工神经网络研究的日渐势微，进而牵连到整个人工智能领域。然而这并没有影响脑神经科学的持续崛起。1958 年，著名神经生物学家休伯尔（Hubel）与威泽尔（Wiesel）研究发现，动物大脑皮层对视觉信息的处理，是分级、分层进行的。正是这个重要的生理学发现，使得二人获得了 1981 年的诺贝尔医学奖。

　　感知机之所以无法解决"非线性可分"问题，其重要的原因之一就是，作为一个单层神经网络的感知机，结构过于简单。结构简单，表征能力自然就不强。就如你不能指望一个"呀呀学语"婴儿能出口成章一样。如果想提升网络表征能力，网络结构势必要向复杂方向进发。

　　按照这个思路，可以在输入层和输出层之间，添加一层神经元，虽然它们参与神经网络的运算,但"抛头露面"的只是输入层和输出层,故此将其称为隐含层(Hidden Layer,亦有文献简称为"隐藏层"或"隐层"),形成多层感知机模型。

前面提到,由于感知机不能解决"异或"问题,神经网络被人工智能泰斗明斯基并无恶意地打入低潮期近 20 年。那么,该如何来解决这个问题呢?

简单来说,就是使用更加复杂的网络,也就是利用多层前馈网络(其实就是多层感知机)。这样一来,隐含层和输出层中的神经元都拥有激活函数。后续假设各个神经元的阈值均为 0.5,其他神经元的连接权值如图 6-14 所示,这样的网络就可轻易实现"异或"功能,在本章后续的实战环节有演示过程,更为详细推导过程可参阅笔者的另一本图书《深度学习之美》[10]。

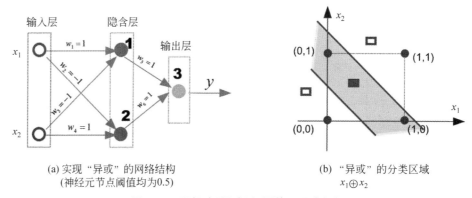

(a) 实现"异或"的网络结构
(神经元节点阈值均为0.5)

(b) "异或"的分类区域
$x_1 \oplus x_2$

图 6-14 可解决"异或"问题的两层感知机

前面我们一直在强调,增加神经网络中的神经元个数和层数,网络的表达能力(即拟合函数的能力)就越强。这理解起来比较抽象,下面我们给出一个感性的例子帮助读者理解。

假如在图 6-15(a)中,已知实心原点(●)代表的动物是猫,实心方块(◆)代表的动物是狗。现在我们要回答一个问题,图中打问号(?)的点最有可能是什么动物?自然我们会想,打问号的那个点,距离猫最近,当然它属于猫科了。

如果用神经网络来解决这个类别判断问题,就会把这个未知点的特征(x_1, x_2)当作两个输入特征向量,然后构造一个神经元,它的输入就是特征向量,然后利用神经元之间连接的权值,计算出一个加权之和。神经网络内部还有一个偏置,通过激活函数,最终给出类别的判定。通过前面的学习,我们知道,实际上,这个神经元模型构造了 $w_1 x_1 +$

$w_2 x_2 - \theta = 0$ 的超平面方程，如图 6-15(b)所示。

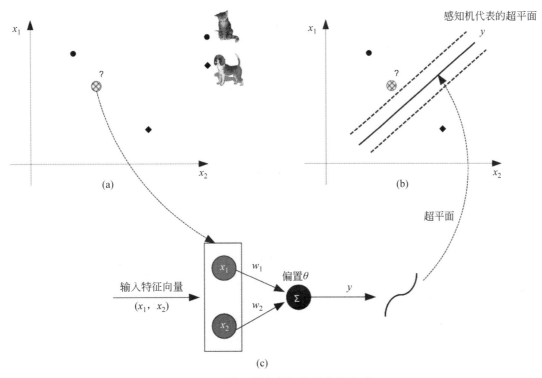

图 6-15　单层单个神经元的分类表述

如果某个点落到超平面的一侧，则判定它归属某一类（比如说，$y=1$，判定为猫），如果落到另一侧（$y=-1$），则判定它归属为另外一类（比如狗）。

对于这个简单的单层次单神经元问题，就是不断地学习调整 w_1、w_2 和 θ 的值来修正这个平面（修改 θ 可平移平面，修正 w_1、w_2 可旋转平面），如图 6-15(b)中的虚线所示，参数调整的原理是，以尽可能让所有样本的分类都正确。

但实际情况可能并没有这么简单。大千世界，种类纷繁，很多类可能交织在一起，如图 6-16 所示，这时如果只用一个神经元，利用一个超平面，无论我们如何调整 w_1、w_2 和 θ 的值，都无法在非线性区域对数据样本进行正确分类。

一个超平面不够，那"增加人手"，使用两个呢？于是，可以考虑再增加一个神经元，这样相当于又添加一个超平面，如图 6-17 所示。这样会划分不同的子空间，在这些空间里，分类的准确率就会提高，但部分区域依然存在分类不正确的样本。

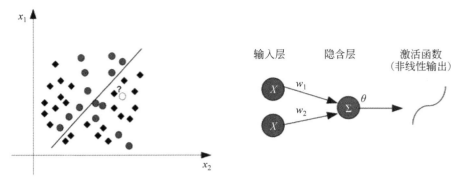

图 6-16　简易神经网络

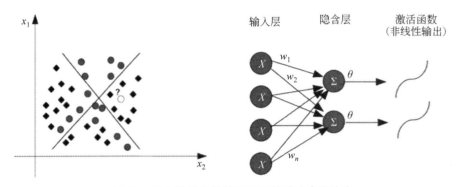

图 6-17　增加神经元的神经网络提升分类准确率

接着，考虑再增加一个神经元，类似地，这相当于又多添加了一个超平面，如图 6-18

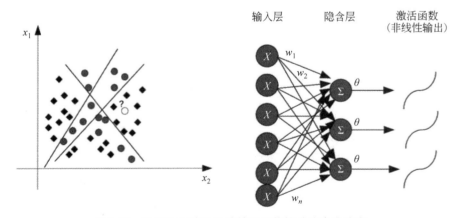

图 6-18　增加更多神经元的神经网络提升分类准确率

所示。于是子空间更加多元，而分类趋于更加细腻。在理论上，这个过程可以一直推行下去，直到所有样例的分类都是准确的。但这样一来，网络层就变得越来越"胖"，网络训练的难度也会不断上升。

其实，神经网络的结构还有另外一个"演化"方向，那就是朝着"纵深"方向发展，也就是说，减少单层的神经元数量，而增加神经网络的层数，如图 6-19 所示。在该图中，假设增加一个隐含层，该隐含层用前一个网络层的输出作为输入。在该隐含层中，可以进一步完成非线性的映射和转换，只要合理调整权值，就有机会把彼此交织的区域映射到完全

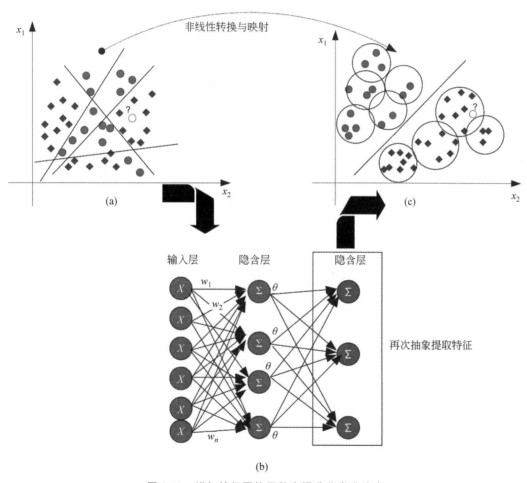

图 6-19　增加神经网络层数来提升分类准确率

分隔开的空间,从而把原来很近的点"拉扯"得很远,而把原来很远的点"聚合"得很近。也就是说,增加了网络的层数,神经网络的表达能力也增加了。

这就好比,人是由细胞构成的,在理论上,单纯从细胞这个层面不断扩大需考察细胞的数量、特性等,最终也可以区分不同的人。然而依据低层次信息来做分类识别是困难的。例如,看到某个人的细胞,就判断他是一个很帅气的人。这就是一种理论上可行,但实际上很荒诞的做法。实际上,我们并不是这么做,而是通过不断地抽象,从多个渐进的层面来识别不同特征的人。比如,先从细胞层面构成器官,再从器官层面构成不同的个人。

那么,问题来了。如果我们构建一个神经网络,到底是构造一个浅而"胖"的网络好呢?还是构建一个深而"瘦"的网络好呢?微软研究院的科研人员实验表明[11],增加网络的层数会显著提升神经网络系统的学习性能,这从某种角度也证明了,深度学习朝着"纵深方向"发展的战略是正确的。

6.4.5　BP 反向传播算法

回到多层感知机的讨论上来。多层感知机有个令人"头疼"的问题,那就是如何找到可用的神经网络,虽然通用近似定理在理论上保证了神经网络解的存在性,如何快速地找到这个解,就是优化算法要干的事情了。

BP 算法就是一个"久经考验"的优化算法。1974 年,哈佛大学博士生 P. Werbos 在其博士论文中,首次提出了通过误差的反向传播(Back Propagation,BP)来训练人工神经网络的方法[12]。令人遗憾的是,Werbos 的研究并没有得到应有的重视。原因很简单,那时正值神经网络研究的低潮期,他的研究显然"不合时宜"。

很多重要的技术突破,都需要两次发明,第一次是原创性的。但要想嵌入社会网络中被广泛应用,还需"再发明"一次。就如在爱迪生之前,至少有 3 位发明家声称发明了电灯,但电灯的推广和普及,离不开爱迪生的"二次发明"。BP 算法的提出和推广,同样遵循这个逻辑。

直到十多年后的 1986 年,加拿大多伦多大学教授 G. Hinton 等重新设计了 BP 算法[13],以"人工神经网络"模仿大脑的工作机理,唤醒了沉睡多年的"人工智能"公主。

虽然 BP 算法并非 Hinton 首先提出,但他的研究工作让 BP 算法更加实用,他证明了反向传播算法可以学习到数据中有趣的内部表征。例如,通过让神经网络学习词向量表征,使之基于之前词的向量表征去预测序列中的下一个词,就证明了这一点。

鉴于 Hinton 在神经网络的杰出贡献(包括深度学习领域),他获得了 2019 年的图灵奖。但有意思的是,Hinton 在计算机领域的成就,都是跨领域合作的结果,他本科毕业于剑桥大学心理学系,这篇划时代的关于 BP 算法论文,也是和一位心理学家 D. Rumelhart 一起完成的(Hinton 是论文的第二作者)。

在 BP 算法提出后的三十多年里,不断被质疑,但由于 BP 算法的优化效果的确好用,不仅屹立不倒,还愈久弥新,派出很多变种算法。反对者最"理直气壮"的一个理由便是,反向传播的工作机制太不像大脑了。说好的"是对生物神经网络的"模仿,表现在哪里?

然而,剧情开始发生翻转。2020 年 4 月来自 DeepMind、牛津大学和谷歌大脑(现职)的 Hinton 等在《自然》子刊《神经系统科学自然评论》(*Nature Reviews Neuroscience*)发表文章[14]。文章认为,尽管大脑可能未实现字面形式的反向传播,但是反向传播的部分特征与理解大脑中的学习具备很强的关联性。

关于 BP 算法,通常我们强调的是它的反向传播,但实际上它的运作流程是双向的。也就是说,它其实分两步走:①正向传播输入信息,实现分类功能(所有的有监督学习,在本质上都可以归属于分类);②反向传播误差,调整网络权值。这里的误差,可视为一种调节网络权值的信号。

具体来说,神经元 j 的总输入活性(包括其偏置)为 a_j,神经元的输出为 $h_j = f(a_j)$(见图 6-20)。w_{ij} 是连接神经元 i 和神经元 j 的突触权重。损失函数用来评估神经网络的最终输出(y_l)偏离其目标值(t_l)的程度(这个目标值,即监督学习的标志)。最简单的损失函数莫过于平方误差:$E = 1/2 \sum_l (y_l - t_l)^2$。

神经元之间的连接权重与当前设置的权重,存在误差梯度。使用这个梯度最简单的方法,就是按其梯度的负方向更新每个权重。对于非输出层,神经元之间权值 w_{ij} 更新法则为

$$\Delta w_{ij} = -\eta \frac{\partial E}{\partial w_{ij}} = -\eta h_i \delta_j \tag{6-4}$$

这里,$\delta_j = e_j f'(a_j) = \left(\sum_k \delta_k w_{jk}\right) f'(a_j)$。$\delta$ 可视为"误差信号",它是反向调节权值的信号,在输出层,这个误差信号可以直接计算得到 $\delta_l = y_l - t_l$。抛开计算细节,对比式(6-1),会发现,BP 算法的权值更新法则与前文提到的赫布定律有惊人的相似之处。

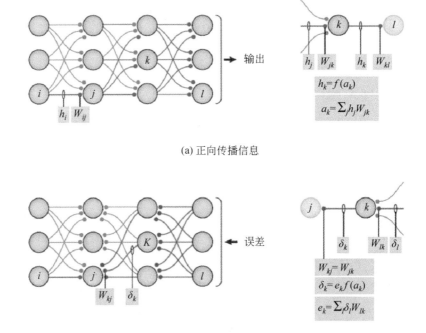

(a) 正向传播信息

(b) 反向传播信息

图 6-20 BP 算法的两个流程(图片参考文献[14])

得益于链式法则,BP 算法节省大量冗余计算,"硬生生地"把网络权值调整的运算量,从原来的与神经元数目的平方成正比,下降到只和神经元数目本身成正比,计算复杂度整整下降了一个数量级。有关 BP 算法的详细推导,读者可参考相关文献[10]。

通俗来说,凭借 BP 算法,算法工程师们找到了一种更好的方式让神经元能更好地彼此沟通(即调节彼此的连接权值),有了好的"沟通方式",就如同解放了神经网络的"生产力"一般,人们终于可以组建更庞大的人工神经网络,来处理更为复杂的问题了。

如果说"多层"的感知机提升了神经网络的表征能力,"化解"了明斯基的第一个攻击,那么 BP 算法节省的大量计算量,至少在很大程度上,"缓解"了明斯基的第二个攻击。在 20 世纪 80 年代末和 90 年代初,人工神经网络的研究与应用达到巅峰。终于,多层感知机迎来了自己的春天。

6.5　不可忽视的激活函数

前面提到，人工神经网络可以拟合任何函数。为了增强神经网络的表征能力，"拟合"过程就离不开激活函数来做非线性变换。

如果没有非线性变换会发生什么呢？倘若真是如此，那么神经元与神经元的连接都是基于权值的线性组合。根据线性代数的知识可知，线性的组合依然是线性的。换句话说，如果没有激活函数带来的非线性变换，那么在神经网络模型上叠加再多的网络层，其意义都非常有限，因为线性组合下的多层神经网络最终会"退化"为一层神经元网络，表征能力也就无从谈起了。

神经元之间的连接是线性的，但激活函数可不是线性的，有了非线性的激活函数加持，多么玄妙的函数，神经网络都能近似表征出来。

因此，为了加强神经网络的表征能力，选取合适的激活函数就显得非常重要了。下面把常见的激活函数进行简单介绍。

前文提到了，最简单的神经元的工作模型存在"激活（1）"和"抑制（0）"两种状态的跳变，因此最简单的激活函数就应该是如图 6-21(a)所示的阶跃函数。

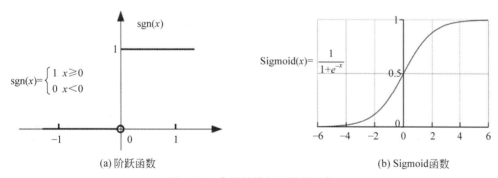

(a)阶跃函数　　　　　　　　　(b) Sigmoid函数

图 6-21　典型的神经元激活函数

但事实上，在实际使用中，这类函数具有不光滑、不连续等众多不"友好"的特性，使用得并不广泛。为什么说它"不友好"呢？这是因为在训练网络权重时，通常依赖对某个权重求偏导、寻极值，而不光滑、不连续等通常意味着该函数无法"连续可导"。

因此，通常用 Sigmoid 函数来近似代替阶跃函数，如图 6-21(b)所示。

$$\text{Sigmoid}(x) = \frac{1}{1+e^{-x}} \tag{6-5}$$

Sigmoid 函数的特性在于,无论输入值(x)的范围有多大,它可以将输出的值域挤压在[0,1]范围之内,故此函数又被称为"挤压函数(Squashing Function)"。

另外一个常用的激活函数是线性整流函数——ReLU,它是由 Krizhevsky 和 Hinton 等在 2010 年提出来的[15]。标准的 ReLU 函数非常简单,即 $f(x) = \max(x,0)$。简单来说就是,当 $x>0$ 时,输出为 x;当 $x \leqslant 0$ 时,输出为 0。如图 6-22(a)所示,请注意,这也是一条曲线,只不过它在原点处不够那么圆润而已。

为了让它在原点处圆润可导,平滑版本的 Softplus 函数也被提出来了,它的函数形式为 $f(x) = \ln(1+e^x)$。Softplus 是对 ReLU 的平滑逼近解析形式,图形如图 6-22(b)所示。更巧的是,Softplus 函数的导数恰好就是 Sigmoid 函数。由此可见,这些非线性函数之间还存在着一定的联系。

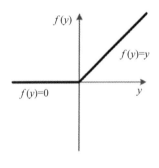
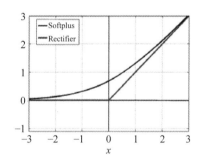

(a) ReLU 激活函数　　　　　　(b) Softplus 激活函数(曲线部分)

图 6-22　激活函数 ReLU 和 Softplus

不要小看 ReLU 这个看起来有点简陋的激活函数,它的优点很多。相比于 Sigmoid 激活函数,ReLU 的优点主要体现在如下 3 个方面。

(1) **单侧抑制**。当输入小于 0 时,神经元处于抑制状态;当输入大于 0 时,神经元处于激活状态。激活函数相对简单,求导计算方便。

(2) **相对宽阔的兴奋边界**。Sigmoid 的激活状态(即 $f(x)$ 的取值)集中在中间的狭小空间(0,1)。而 ReLU 则不同,只要输入大于 0,神经元一直都处于激活状态。

(3) **稀疏激活性**。ReLU 直接把抑制态的神经元"简单粗暴"地设置为 0,这样一来,使得这些神经元不再参与后续的计算，从而造就了网络的稀疏性，如图 6-23 所示。

形式简单但优点明显等特征，让 ReLU 在实际应用中大放异彩。此外它能有效缓解梯度消失问题。这是因为，当 $x > 0$ 时，它的导数恒为 1，保持梯度不衰减。

除此之外，ReLU 带来的稀疏性还减少了参数的相互依存关系（因为网络瘦身了不少），使其收敛速度远远快于其他激活函数，最后还在一定程度上缓解了过拟合问题的发生（对 Dropout 机制比较熟悉的读者可能会发现，这与 Dropout 的迭代过程十分像）。

ReLU 激活函数有如此神奇的作用，其实还有一个原因，那就是这种朴素的神经元激活模型，正好暗合生物神经网络工作机理。2003 年，纽约大学教授 P. Lennie 的研究发现[13]，大脑同时被激活的神经元只有 1% ～ 4%，也就是说，生物神经元只对输入信号的少部分进行

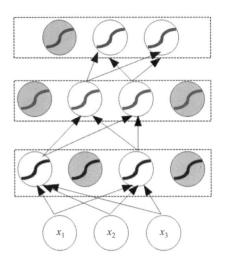

图 6-23　ReLU 激活函数产生稀疏连接关系

选择性响应，大量信号被刻意屏蔽了，这进一步表明神经元的连接具有稀疏性。

其实，这是容易解释的，因为生物运算也是需要成本的。进化论告诉我们，作为人体最为耗能的器官，大脑要尽可能节能，才能在恶劣的环境中生存。

6.6　实战：手把手搭建一个简易神经网络

前面的理论可能还是过于抽象，如果想要理解神经网络的内部工作原理，还需要亲自动手实践一番，以获得足够的感性认识，才能提升自己的理性认知。

6.6.1　利用感知机识别"西瓜"与"香蕉"

麻雀虽小，五脏俱全。感知机虽然简单，但已初具神经网络的必备要素。所谓感知机，其实就是一个由两层神经元构成的网络结构，它在输入层接收外界的输入，通过激活函数（含阈值）实施变换后，把信号传送至输出层，因此它也被称为"阈值逻辑单元"。

下面就用 Excel 来演示一个类似 HelloWord 版本的感知机程序。可参考范例 6-1 Perceptron.xlsx。

范例 6-1 所要完成的任务是区分"西瓜和香蕉"。显然，这是一个二分类任务。下面

我们就在 Excel 中逐步演示,以让读者感性认知感知机是如何工作的。为了简单起见,假设西瓜和香蕉都仅有两个特征:形状和颜色,其他特征暂不考虑。这两个特征都是基于视觉刺激而最容易获得的。

假设特征 x_1 代表输入颜色,特征 x_2 代表形状,为计算方便,它们对应的权重 w_1 和 w_2 的默认值暂且都设为 1。为了进一步简化,把阈值 θ(也有文献称之为偏置[①]——bias)设置为 0。为了标识方便,将感知机输出数字化,如果输出为 1,则代表判定为"西瓜";如果输出为 0,则代表判定为"香蕉",如图 6-24 所示。

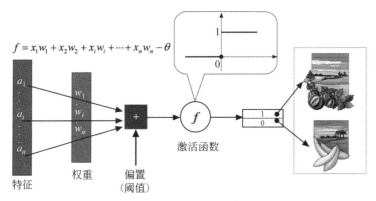

图 6-24　感知机学习算法

为了方便机器计算,对颜色和形状这两个特征给予不同的值,以示区别。不失一般性,当颜色这个特征为绿色时,x_1 取值为 1;当颜色为黄色时,x_1 取值为 -1。类似地,如果形状这个特征为圆形,x_2 取值为 1;形状为月牙形状时,x_2 取值为 -1。西瓜与香蕉的特征值表如表 6-1 所示。

表 6-1　西瓜与香蕉的特征值表

品类	颜色(x_1)	形状(x_2)
西瓜	1(绿色)	1(圆形)
香蕉	-1(黄色)	-1(月牙形)

这样一来,可以很容易依据式(6-3)描述的感知机模型,对西瓜和香蕉做鉴定(即输出

---

① 权重:其数量的多少,表明人们对特征的关注程度。

　偏置:决定了至少有多大输入的加权和,才能激发神经元进入兴奋状态。

函数 f 的值）。如前所述,代表西瓜的特征向量是[1,1],在如图 6-25 所示的 E3 单元格中输入如下公式:

```
=C2 * D2+C4 * D4
```

即可得到感知机输出,从图 6-25 可以看出,对西瓜的判定输出结果是 2。

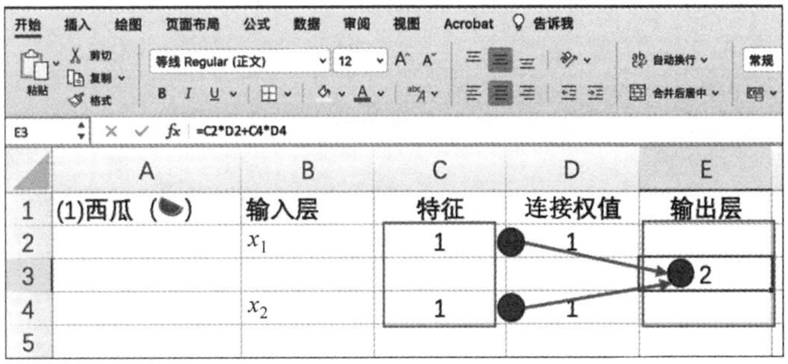

图 6-25　感知机的输出

而我们的约定是,如果输出为 1,则代表判定为西瓜,显然,输出的结果距离我们预期的结果还有差距,怎么办? 这时,激活函数就派上用场了。别忘了,激活函数的作用就是做非线性变换的,在它的帮助下,输出会朝我们预期的方向靠拢。

这里,我们使用最简单的阶跃函数作为激活函数。在阶跃函数中,输出规则非常简单: 当 $x > 0$ 时,输出为 1,否则输出为 0。

在 F3 单元格中输入如下公式:

```
=IF(E3>0,1,0)
```

即可得到我们想要的输出"1",如图 6-26 所示。

类似地,代表香蕉的特征向量是[−1,−1],输出神经元汇集加权输入,在同样的机制下,得到计算结果"−2",然后,在激活函数的作用下得到 0(见图 6-27)。而 0 在我们的约定下,就代表"香蕉"。这个简易的感知机(神经网络)按照我们的预期工作了!

从上面的简易案例中,我们获得的一个感性认识就是:什么是神经元? 原来它们就是一个个具体的数字。比如 x_1、x_2,它们可以取值不同,比如说可以是[1,1],也可以是

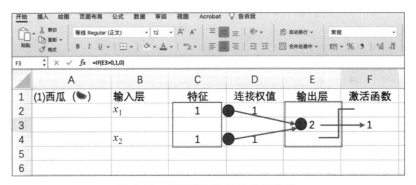

图 6-26　有激活函数的神经元输出

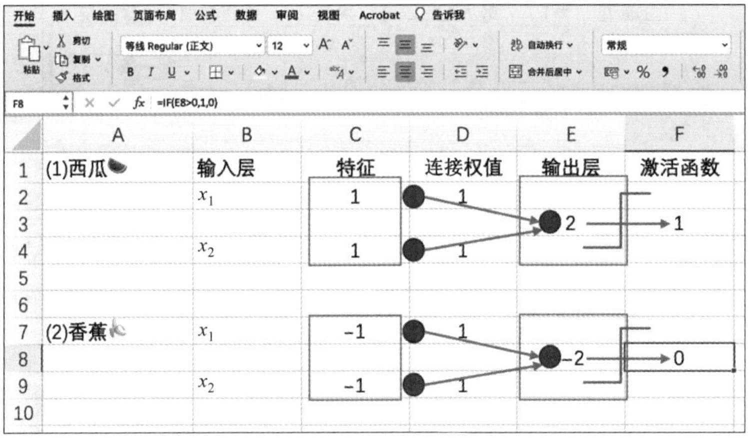

图 6-27　在感知机作用下的"香蕉"输出

$[-1，-1]$，甚至是其他值。由于它们处于输入的位置，因此被称为输入层神经元。

类似地，输出层神经元也是一个数字，比如图 6-27 中的输出，它的输出根据输入变化而变化为 2 或 -2。

什么是神经元之间的连接呢？原来就是不同数字之间的操作，比如 $1×1+1×1=2$，输出神经元 y 之所以等于 2，是因为两个输入神经元（分别取值为$[1，1]$），在权值（分别取值$[1，1]$）以及乘法（×）和加法（＋）的作用下，得到了输出结果。当某个数字（神经元）在某种操作下影响另外一个数字（神经元），就可视为这两个神经元相互连接。

看到这里，不知道你是否想到古希腊哲学家普罗泰格拉（Protagoras，见图 6-28）的那句名言，"人是万物的尺度（Man is the measure of all things）。"

人是万物的尺度。

——普罗泰格拉(前490—前420)

图 6-28　普罗泰格拉

数字本在,它会根据人的理解不同,而赋予不同的意义。

所谓的人工神经元,原来不过是人们主观臆造的"数字"! 所谓的神经元连接,原来也不过是"数字之间的操作"。一切全凭人来诠释,是不是有点神奇!

6.6.2　利用感知机解决异或问题

懂得了神经网络的基本原理之后,下面趁热打铁,我们再搭建一个包含隐含层的神经网络来解决"异或"问题。所谓"异或",就是输入的两个值不相同(如[0,1]或[1,0]),则输出为 1;如果输入相同(如[0,0]或[1,1]),则输出为 0。

下面来详述这个实现流程。假设在如图 6-14(a)所示的神经元(即实心圆)中,其激活函数依然是阶跃函数(即 sgn 函数),它的输出规则非常简单:当 $x \geqslant 0$ 时,$f(x)$ 输出为 1,否则输出 0。

那么,当 x_1 和 x_2 相同(假设均为 1)时,神经元 x_1 对隐含层节点 1 和 2 的权重分别为 $w_1 = 1$ 和 $w_2 = -1$,神经元 x_2 对隐含层节点 1 和 2 的权重分别为 $w_3 = -1$ 和 $w_4 = 1$。于是,对于隐含层的神经元 1 来说,其输出可以表述为

$$f_1 = \text{sgn}(x_1 w_1 + x_2 w_2 - \theta)$$
$$= \text{sgn}(1 \times 1 + 1 \times (-1) - 0.5)$$
$$= \text{sgn}(-0.5)$$
$$= 0$$

激活函数的作用体现在 Excel 单元格 E2 中输入的公式上,见图 6-29:

```
=IF(C2*D2+C4*D4-D6>0,1,0)
```

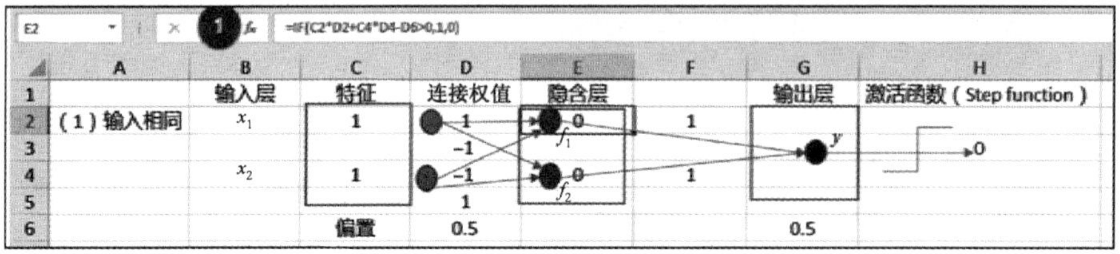

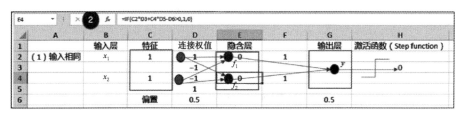

图 6-29　隐含层神经元 f_1 的计算

类似地,对于隐含层的神经元 2 有

$$
\begin{aligned}
f_2 &= \mathrm{sgn}(x_1 w_3 + x_2 w_4 - \theta)\\
&= \mathrm{sgn}(1 \times (-1) + 1 \times 1 - 0.5)\\
&= \mathrm{sgn}(-0.5)\\
&= 0
\end{aligned}
$$

类似地,激活函数(阶跃函数)对应的 Excel 公式为(在 Excel 单元格 E4 中输入,见图 6-30)

```
=IF(C2*D3+C4*D5-D6>0,1,0)
```

图 6-30　隐含层神经元 f_2 的计算

接着,对输出层的输出神经元 y 而言,这时隐含层的输出 f_1 和 f_2 都是它的输入,于是有

$$
\begin{aligned}
y = f_3 &= \mathrm{sgn}(f_1 w_5 + f_2 w_6 - \theta)\\
&= \mathrm{sgn}(0 \times 1 + 0 \times (1) - 0.5)
\end{aligned}
$$

$$= \mathrm{sgn}(-0.5)$$
$$= 0$$

对应的 Excel 公式为（在 Excel 单元格 H3 中输入，见图 6-31）

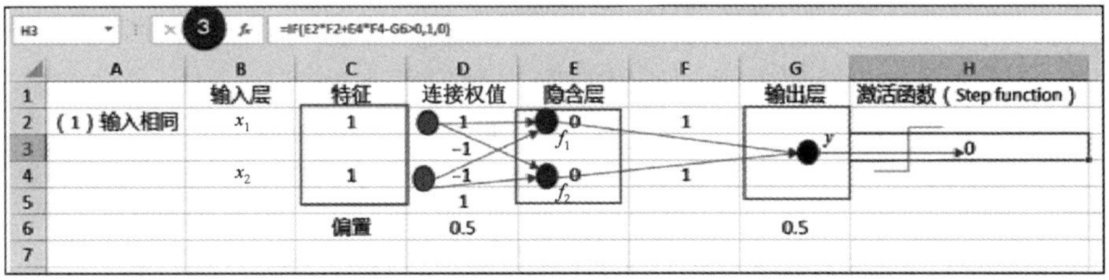

图 6-31　输出层神经元 y 的计算

=IF(E2 * F2+E4 * F4- G6>0,1,0)

从输出层的结果可以看出，x_1 和 x_2 同为 1 时，输出为 0，满足了"异或"的功能。一旦神经网络搭建完成，剩下的就是更改输入即可，例如输入向量变为 $[0,0]$，网络的输出依然是 0。在 Excel 中，无须更改任何公式，一切都是自动更新计算的（见图 6-32）。

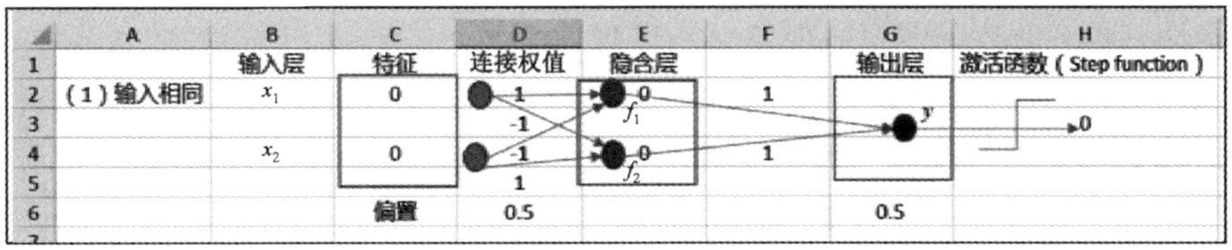

图 6-32　输入向量修改为 $[0,0]$ 时的输出情况

类似地，同一个网络，把输入向量修改为不一样的值，不失一般性，设为 $[0,1]$，网络的拓扑结构和权值均不做修改，输出为 1（见图 6-33）。

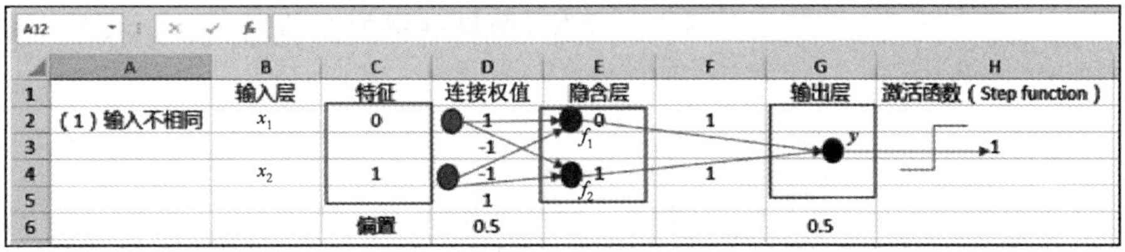

图 6-33　输入向量修改为 $[0,1]$ 时的输出情况

由此可见，这个简单的两层（不算输入层）感知机完全实现了"异或"的功能。至少我们可以感性认识到，原来网络层次越深（层数越多），神经网络的表征能力的确越强。这也是"深度学习"之所以那么"深"的原动力。

或许你会疑惑，神经网络中的权值和阈值是怎么知道的？怎么就这么巧就等于这个值就能实现相应的功能呢？的确，这前面的两个案例中，权值都是我们事先给定的，而实际上，它们是需要神经网络自己通过反复"试错"学习而来的（训练的次数可能成千上万次，网络权值的获得，来之不易），而且能够完成"异或"功能的网络权重也不是唯一的[①]。

6.7 走向更深的方向——神经网络的拓扑结构设计

如前所述，神经网络需要向"纵深"方向发展，才能有更好的表达能力，那么该如何设计神经网络的拓扑结构呢？

对于前馈神经网络，输入层和输出层的设计比较直观。

假如我们尝试判断一张手写数字图片上是否写着数字 2。很自然，可以把图片中的每一个像素的灰度值作为网络的输入。在输入层，每个像素都是一个数值（如果是彩色图，则是表示红、绿、蓝的 3 通道数组），而把包容每个像素值的容器视作一个神经元。

如果图片的维度是 16×16，那么输入层神经元就可以设计为 256 个（也就是说，输入层神经元的个数与数据的输入维度是一致的。针对图 6-34 所示的案例，每个神经元接受的输入值就是归一化处理之后的灰度值。0 代表白色像素，1 代表黑色像素，灰度像素的值介于 0～1。

而对输出层而言，它的神经元个数和待分事物类别有一定的相关性。比如，对于图 6-34 所示的示例，如果我们的任务是识别手写数字，而数字有 0～9 共 10 类。那么，如果在输出层采用 Softmax 函数，那么它的输出神经元数量仅为 10 个，分别对应数字 0～9 的分类概率[②]。

最终的分类结果，择其大者而判之。比如，如果判定为 2 的概率（比如说 80%）远远

[①] 有编程基础的读者，可参阅范例 6-2 mpl-xor.py，获得更多感性认识。

[②] 当然也可以尝试使用 4 个神经元来表达 10 个数字的分类，类似于二进制编码，每个神经元输出为 0 或 1，这样一来，这 4 个神经元序列可以表示 $2^4 = 16$ 个数字，自然也能覆盖 0～9 这 10 个数字（其中 10～16 可设为冗余保留）。但这种情况下的识别效果，不如直接使用 10 个神经元分别对应 0～9 这 10 个数字。因为用 4 个神经元的话，神经元还要判断对应数字的最高位和最低位是 1 还是 0，很难想象一个数字的形状和一个数字的有效位存在对应关系，这明显增加了损失函数的构造难度。

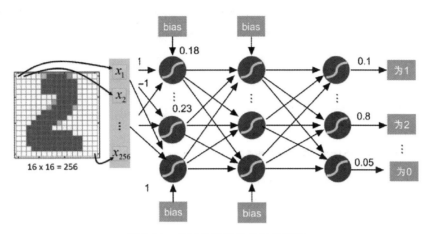

图 6-34　多层神经网络的拓扑结构

大于其他数字，那么整个神经网络的最终判定，就是数字 2，而非其他数字。

相比于神经网络输入层与输出层拓扑结构设计的简单与直观，隐含层设计可就没有那么简单了。可以把隐含层暂定为一个黑箱，它负责输入和输出之间的非线性映射变化，具体功能有点"说不清、道不明"（这是神经网络的理论的短板所在）。隐含层的层数不固定，每层的神经元个数也不固定，它们都属于超参数，是人们根据实际情况不断地调参而"折腾"出来的，并没有什么靠谱的理论来支撑算法工程师们的选择。

神经网络结构设计的目的在于，让神经网络以更佳的性能来学习。而这里的所谓"学习"，如前所言，就是找到合适的权重和偏置，让神经网络的损失函数的值达到最小。

6.8　本章小结

在本章中，首先回顾了生物神经网络的学习机理，在神经网络的视角下，重新审视了学习的定义。所谓学习，就是神经元之间从无到有建立新连接或从 1 到 N 的强化的过程。

然后，讲到了"生物神经网络"的仿制品——"人工神经网络"。我们先提到了 W. Pitts 等提出的"M-P 神经元模型"。这个模型其实是按照生物神经元的结构和工作原理构造出来的一个抽象和简化了的模型，它实际上是对单个神经元的一种建模。

最后，重点讲解了感知机的工作原理，感知机是一个由两层神经元构成的网络结构，输入层接收外界的输入,通过激活函数(阈值)变换,把信号传送至输出层,因此它也被称为"阈值逻辑单元",正是这种简单的逻辑单元,慢慢演进,层次越来越深,逐渐形成了目前研究的热点——深度学习网络。

6.9　思考与练习

6-1　神经网络为什么需要激活函数?

6-2　推导 Sigmoid 函数的导数计算公式。

6-3　对于多分类问题,神经网络的输出值应该如何设计?

6-4　编程实现:通过如下数据集(见表 6-2),预测输入[1,1,0]的输出(有编程基础的读者适用)。

表 6-2　数据集

样本编号	输入			输出	样本编号	输入			输出
样本 1	0	0	1	0	样本 5	1	0	0	0
样本 2	0	1	1	1	样本 6	1	1	1	0
样本 3	1	0	1	1	样本 7	0	0	0	0
样本 4	0	1	0	1	新样本	1	1	0	?

6-5　请思考,联结主义(即神经网络)的缺陷在哪里?大卫·休谟的"恒常连接"和联结主义有什么相似之处?

6-6　请思考,在生物神经网络中,神经元之间的信息传递,是一种非常局部化的化学物质传递。试想一下,如果每个神经元都接收传递物质,那么上亿个神经元一起工作,那种能量的消耗是不可想象的。而现在的人工神经网络(深度学习),是依靠大型计算设备(如大规模集群、GPU 等)来海量遍历并调整网络中的参数,所以耗能巨大,因此你觉得深度学习还能从生物神经网络中学习什么吗?或者说,你觉得人工智能领域中的"鸟飞派"还有市场吗?为什么?

参考文献

[1]　DAWKINS R. The selfish gene[M]. Oxford:Oxford University Press,2016.

［2］ 王立铭. 生命是什么［M］. 北京：人民邮电出版社，2018.

［3］ HEBB D O. The organization of behavior：a neuropsychological theory［M］. London：Psychology Press，2012.

［4］ MCCULLOCH W S，PITTS W. A logical calculus of the ideas immanent in nervous activity［J］. The Bulletin of Mathematical Biophysics，1943，5(4)：115-133.

［5］ 维克托・迈尔-舍恩伯格，肯尼思・库克耶迈尔. 大数据时代：生活、工作与思维的大变革［M］. 周涛，译. 杭州：浙江人民出版社，2013.

［6］ 玛格丽特・A.博登. 人工智能哲学［M］. 上海：上海译文出版社，2006.

［7］ HORNIK K，STINCHCOMBE M，WHITE H. Multilayer feedforward networks are universal approximators［J］. Neural Networks，1989，2(5)：359-366.

［8］ MINSKY M，PAPERT S A. Perceptrons：An Introduction to Computational Geometry［M］. Cambridge：MIT Press，2017.

［9］ 周志华. 机器学习［M］. 北京：清华大学出版社，2016.

［10］ 张玉宏. 深度学习之美［M］. 北京：电子工业出版社，2018.

［11］ SEIDE F，LI G，YU D. Conversational speech transcription using context-dependent deep neural networks［C］//Twelfth Annual Conference of the International Speech Communication Association，2011.

［12］ WERBOS P J. Beyond regression：new tools for prediction and analysis in the behavioral sciences［D］. Harvard University，1974.

［13］ RUMELHART D E，HINTON G E，WILLIAMS R J. Learning representations by back-propagating errors［J］. Nature，1986，323(6088)：533-536.

［14］ LILLICRAP T P，SANTORO A，MARRIS L，et al. Backpropagation and the brain［J］. Nature Reviews Neuroscience，2020：1-12.

［15］ NAIR V，HINTON G E. Rectified linear units improve restricted boltzmann machines［C］// Proceedings of the 27th International Conference on Machine Learning（ICML-10），2010：807-814.

第 7 章

深度学习：一种数据重于算法的思维转换

一切都应该尽可能的简单，但不能过于简单①。

——阿尔伯特·爱因斯坦（Albert Einstein）

7.1 深度学习所处的知识象限

近年来，作为人工智能领域最重要的进展——深度学习（Deep Learning），在诸多领域都有很多惊人的表现。例如，它在棋类博弈、计算机视觉、语音识别及自动驾驶等领域，表现得与人类一样好，甚至更好。早在 2013 年，深度学习就被麻省理工学院的《MIT 科技评论》（*MIT Technology Review*）评为世界十大突破性技术之一。

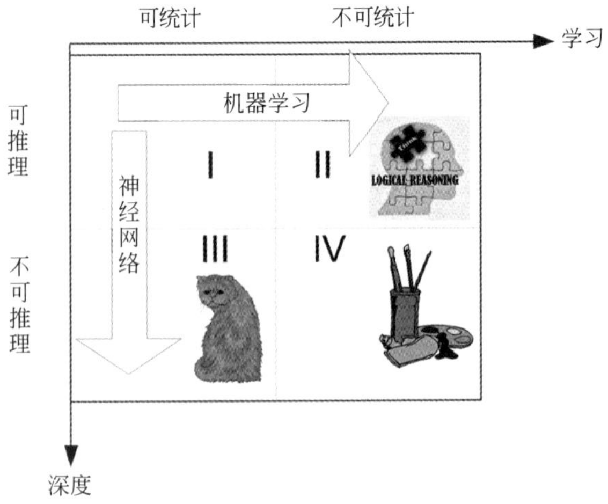

图 7-1 知识的 4 个象限

为什么"深度学习"有这样的魅力呢？深度学习，在本质上，就是层数非常多的人工神经网络（层数多即为"深度"），它仍然属于人工智能"学习派"中的一类算法，它主要从海量数据中学习知识，在多层网络中分布式表征知识。谈到知识，下面就先来看看深度学习在知识象限中的位置。

一般来说，人类的知识在两个维度上可分成四类，如图 7-1 所示。从可否统计上来看，可分为可统计的知识和不可统计的知识这两个维度。从可否推理上看，可分为可推理的知识和不可推理的知识这两个维度。

---

① 对应的英文为"Everything should be made as simple as possible，but not simpler"。

低于第 Ⅰ 象限的知识，人类易于理解且易于统计，通常不需要机器参与。只有当人类无法驾驭时，才假手于机器。

在横向上，对于可推理的知识，可以通过机器学习的方法，最终完成这个推理。传统的机器学习方法，就是试图找到可举一反三的方法，向可推理但不可统计的象限进发（即象限 Ⅱ）。目前看来，这个象限的研究工作（即基于逻辑推理的符号主义）陷入了不温不火的境地，能不能峰回路转，还有待一种新的研究范式降临。值得一提的是，风水轮流转，由于深度学习的红利收割已近尾声，急需纳入新的理论来突破技术天花板。清华大学张钹院士在《中国科学》撰文提出倡议，我们应"迈向第三代人工智能"[1]。无独有偶，2018 年图领奖得主约书亚·本吉奥（Yoshua Bengio）借鉴著名心理学家卡尼曼提出的"系统 1"（快速，直觉，无意识）和"系统 2"（慢速，逻辑，有意识）的理念[2]，在 NeuIPS 2019 上提出，深度学习的未来应走向"系统 2"。无论是张钹院士，还是本吉奥，这些前沿学者都在强调，未来的人工智能要更加重视"逻辑"推理。这是否意味着，符号主义的"春风"将会再次"又绿江南岸呢？它值得我们拭目以待。

而在纵向上，对于可统计的、但不可推理的知识（即象限 Ⅲ），可通过神经网络这种特定的机器学习方法，达到性能提升的目的。目前，基于深度学习的棋类博弈（阿尔法象棋）、计算机视觉（猫狗识别）、自动驾驶等，其实都是在这个象限做出了耀眼的成就。

从图 7-1 可知，深度学习属于统计学习的范畴。用李航博士的话来说[3]，统计机器学习的对象，其实就是数据。这是因为，对于计算机系统而言，所有的"经验"都是以数据的形式存在的。作为学习的对象，数据的类型是多样的，可以是数字、文字、图像、音频、视频，也可以是它们的各种组合。

统计机器学习，就是从数据出发，提取数据的特征（由谁来提取，是一个大是大非的问题，下面将进行介绍），抽象出数据的模型，发现数据中的知识，最后再回到数据的分析与预测中去。

经典机器学习通常是用人类的先验知识，把原始数据预处理成各种特征（Feature），然后对特征进行分类。然而，这种分类的效果，高度取决于特征选取的好坏。传统的机器学习专家们，把大部分时间都花在如何寻找更加合适的特征上。因此，早期的机器学习专家非常辛苦。传统的机器学习，其实可以有一个更合适的称呼——特征工程（Feature Engineering）。

在传统的机器学习任务中，性能的好坏很大程度上取决于特征工程。工程师能成功提取有用的特征，其前提条件通常是，要在特定领域摸爬滚打多年，对领域知识有非常深入的理解。举例来说,对于一个老虎图片的识别,需要经过"边界""纹理""颜色"等特征的抽取,然后再经过"分割"和"部件"组合,最后构建出一个分类器,如图 7-2 所示。

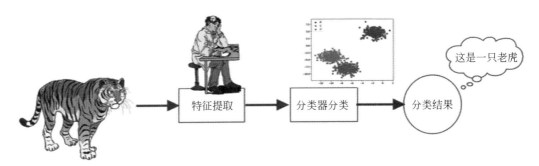

图 7-2　传统机器学习的特征抽取

但功不唐捐。这种痛,也有其好的一面。这是因为,特征是由人辛辛苦苦找出来的,自然也就能够被人所理解。其性能好坏,机器学习专家可以"冷暖自知",调整自如。

后来,机器学习的专家们发现,可以让神经网络自己学习如何抓取数据的特征,这种学习方式的效果似乎更佳。于是兴起了特征表示学习(Feature Representation Learning)的风潮[4]。这种学习方式,对数据的拟合也更加灵活好用。为了让神经网络的学习性能表现得更好,人们只能依据经验,不断尝试性地进行大量重复的网络参数调整,同样是苦不堪言。

再后来,网络进一步加深,出现了多层次的"表示学习",它把学习的性能提升到另一个高度。这种学习的层次多了,其实也就是套路深了。于是,人们就给它取了一个特别的名称——深度学习。

简单来说,深度学习就是一种包括多个隐含层(层数越多即为越深)的多层感知机。它通过组合低层特征,形成更为抽象的高层表示,用以描述被识别对象的高级属性或特征。深度学习网络能自动生成数据的中间表示(海量的神经元连接权值),这些权值实际上就是一种"另类知识",虽然这个知识并不能被人类所理解。

但不同于传统的机器学习(见图 7-2),深度学习将"特征提取"和"分类"合二为一,即达成所谓的"端到端"(End-to-End),这是它区别于其他机器学习算法的重要特征(见图 7-3)。

YC 中国创始人陆奇曾在一次主题报告中指出,如果人类放下高贵的"自尊",不再万物皆以人为中心,不再以人是否理解为衡量知识的唯一标准,那么就可以"松弛"对知识的定义:凡有效解决任务的一切特征表达,都可视为知识。

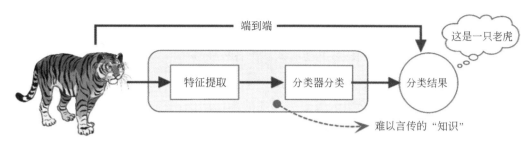

图 7-3　深度学习中的"端到端"研究范式

　　在以前，人们可能把知识看得过分"人化"了，一定要用人看得懂的自然语言描述，一定要用人类理解的图谱来表达。深度学习让人们找到了一种新的计算方式，它有不同的底层结构，拥有不同的知识表征方式（无论人懂或不懂，它都在那里），它可以从大量的数据中，快速获取知识并运用知识，从而完成相应的任务（见图 7-4）。

(a) 人类所能理解的知识

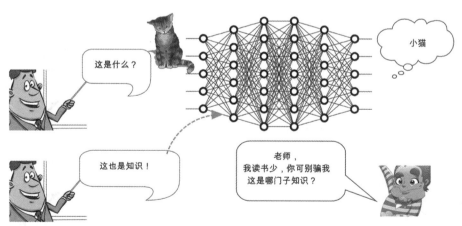

(b) 人类可能不理解的知识

图 7-4　深度神经网络也是知识表达方式

深度学习的本质,就在于利用分布式重叠向量(Distributed Superimposed Vector)作为模型的特征表达空间(Feature Representation),并对任何世界模型(Model of World)通过微分函数自动学习特征表达,并能有效解决各种任务。

基于深度学习的特殊性,甚至还有人表示[5],深度学习不单单是一种算法的升级,更像是一场思维范式的转换,它将人类过去痴迷的算法问题,变成了数据和计算问题。而现在,"算法为核心竞争力"正在"蜕变"为"数据为核心竞争力"。

深度学习之所以能够给人工智能带来史无前例的震撼,就是因为它前所未有地拥有并重视数据的作用。因此,在某种程度上来说,在深度学习的场景下,人工智能可以有个更为确切的名字——数据智能。

7.2 深度学习的感性认知

法国科技哲学家伯纳德·斯蒂格勒(Bernard Stiegler)认为,人们总以自己的技术和各种物化的工具,作为自己"额外"的器官,不断地成就自己。按照这个观点,其实,在很多场景下,计算机算法不过是人类思维的一种物化形式,它们用以帮助并强化人类处理信息的能力。追根溯源,在计算机的思维(比如各种电子算法)中,总能找到人类实践的影子。

比如,现在火热的深度学习,与人们的恋爱过程也有相通之处,如图7-5所示。我们知道,男女恋爱大致可分为以下三个阶段。

第一阶段是初恋期,相当于深度学习的输入层。男孩和女孩相互吸引,肯定是有很多因素的,比如外貌、身高、身材、性格、学历等,这些都是输入层的参数。对于喜好不同的人,他(她)们对输出结果的期望是不同的,自然他(她)们对这些参数设置的权重也是不一样的。比如,有些人是奔着结婚去的,那么他(她)们对对方的性格可能给予更高的权重。否则,外貌的权重可能会更高。

第二阶段是热恋期,对应于深度学习的隐含层。在这期间,恋爱双方都要经历各种历练和磨合。清朝人张灿写了一首七绝:

书画琴棋诗酒花,当年件件不离他。

而今七事都更变,柴米油盐酱醋茶。

这首诗说的就是,在过日子的洗礼中,各种生活琐事的变迁。恋爱是过日子的一部

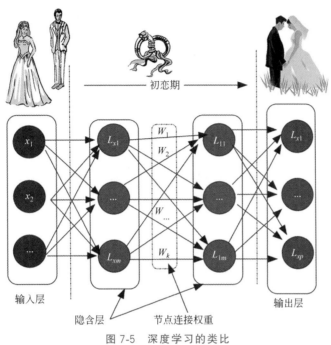

图 7-5　深度学习的类比

分，需要双方不断磨合。磨合中的权重取舍，就相当于深度学习中隐含层的参数调整，这些参数需要不断地训练和修正！恋爱双方相处，磨合是非常重要的。要怎么磨合呢？光说"我爱你"是苍白的。这就给我们提了个醒，爱她（他）就要多陪陪她（他）。陪陪她（他），就增加了参数调整的机会。参数调整得好，输出的结果才能是你想要的。

第三阶段是稳定期，自然相当于深度学习的输出层。输出结果是否合适，是否达到预期，高度取决于隐含层中的参数"磨合"得怎么样。如果"磨合"得好，日子就甜甜美美。如果"磨合"得不好，输出值与期望值差别较大，二人吵架是不可避免的。但有句话说得好，"吵架也是一种沟通方式"，这里的"沟通"其实就是一种类似于 BP 算示的反向调参。

7.3　深度学习中的方法论

在深度学习中，经常有"End-to-End（端到端）"学习的说法，与之相对应的传统机器学习是"Divide and Conquer（分而治之）"。这些都是什么意思呢？简单来说，就是二者构建机器学习模型所用的特征范式（Paradigm）不一样。

这里"端到端"说的是,输入的是原始数据(始端),然后输出的直接就是最终目标(末端)。整个学习流程并不进行人为的子问题划分,而是完全交给深度学习模型直接学习从原始输入到期望输出的映射。比如说,端到端的自动驾驶系统,输入的是前置摄像头的视频信号(其实也就是像素),而输出的直接就是控制车辆行驶的指令(方向盘的旋转角度)。这个端到端的映射就是:像素→指令。端到端的设计范式,实际上体现了深度学习作为复杂系统的整体性特征。

再拿"老虎"分类的例子来说(见图 7-3)。在神经网络中,输入层就是构成"老虎"图片的各个像素,它们充当输入神经元,然后经过若干隐含层的神经元加工处理,最后在输出层直接输出"老虎"的分类信息。在这期间,整个神经元网络需要大量的权值调整,而不需要人工参与提取显式特征。

这种"混沌"特征提取方式,即使成功输出了"老虎"的分类信息,但这些权值的意义和可解释性是不足的。人们不知道为何而调参,因此 CNN 也被人诟病为"黑箱"模型。然而,从实用主义的角度出发,管用就好! 因此,CNN 还是被学术界和工业界广泛使用。

就此,有人批评深度学习就是一个黑箱(Black Box)系统,其性能很好,也就是说,缺乏解释性。其实,这是由深度学习所处的知识象限决定的。从图 7-1 可以看出,深度学习在本质上属于可统计、不可推理的范畴。"可统计"是很容易理解的,就是说,对于同类数据,它具有一定的统计规律,这是一切统计学习的基本假设。那"不可推理"又是什么意思呢? 其实就是"剪不断、理还乱"的非线性状态。

从哲学上讲,这种非线性状态是具备了整体性的"复杂系统",属于复杂性科学范畴。复杂性科学认为,构成复杂系统的各个要素自成体系,但阡陌纵横,其内部结构难以分割。简单来说,对于复杂系统,1+1≠2,也就是说,一个简单系统加上另外一个简单系统,其效果绝不是两个系统的简单累加效应。因此,必须从整体上认识这样的复杂系统。于是,在认知上,就有了从一个系统或状态直接整体变迁到另外一个系统或状态的形态。这就是深度学习背后的方法论。

如果我们希望模拟的是一个"类人"的复杂系统(即人工智能系统),难以用"还原论"等简化的模型来实现,具体来说,有如下两个方面的原因。

(1) 这个世界(特别是有关人的世界)本身是一个纷繁复杂的系统,问题之间互相影响,形成复杂的网络,这样的复杂系统很难用一个或几个简单的公式、定理来描述和界定。

(2) 在很多场景下,受现有测量和认知工具的局限,很多问题在认识上根本不具有完备性。因此,难以从一个"残缺"的认知中,提取适用于全局视角的公式和定理。

深度学习所表现出来的智能也正是"食"大数据而"茁壮成长"起来的,其智能所依赖的人工神经网络模型,还可随数据量的增加而进行"进化"或改良。因此,它可被视为在大数据时代遵循让"数据自己发声"的典范之作。

已有学者论证[6],大数据与复杂性科学在世界观、认识论和方法论等诸多方面都是互通的。复杂性是大数据技术的科学基础,而大数据是复杂性科学的技术实现。深度学习是一种数据饥渴型(Data-Hungry)的数据分析系统,天生就和大数据捆绑在一起。在某种程度上,大数据是问题,而深度学习就是其中的一种解决方案。

7.4 深度学习发展简史

人工智能的目的之一就是学习人类智能。事实上,人工神经网络就是生物神经网络的一种模仿。而深度学习对大脑的"模仿",更加"细致入微"。

7.4.1 来自休伯尔的启发

1968 年,神经生物学家大卫·休伯尔(David Hubel,1926—2013,见图 7-6)等在研究动物(先后以猫和人类的近亲——猴子为实验对象)视觉信息处理时,有两个重要而有趣的发现[7]。

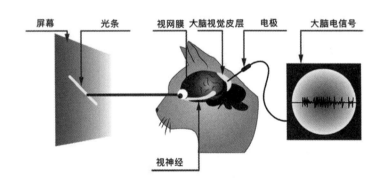

图 7-6 大卫·休伯尔(左)和视觉实验(右)

1. 神经元是局部感知的

神经元无需感知神经系统中其他所有神经元的存在，即存在局部感受域（Receptive Field），也就是说，听觉、视觉神经元具备局部敏感且具有方向选择性，它只接受其所支配的刺激区域内的信号。

《礼记·大学》中有句名言："心不在焉，视而不见。"这可不仅仅是一个态度问题，它还有很强的生物学解释：当你的大脑细胞在"忙别的（心不在焉）"时，即使有外物闯入你的"可视域"，但由于相关的可视化细胞"无暇"被唤醒，那么这个外物就难以被大脑感知到。

大脑之所以会这样做，是有生物学依据的。我们知道，在漫长的演化史中，存活下来是动物的第一本能，而存活下来是需要能量的。大脑是能量消耗大户，因此，节省大脑能源消耗就成为刚需。

如果每个神经元细胞都与其他神经元细胞连接并给出响应，这无疑需要大量能量，在能源并不充沛的远古时代，这样的"耗能大户"很可能都会因"物竞天择"而淘汰出局。那么，留存下来的物种该如何最大程度上减少消耗呢，方法并不复杂，那就是"焦距当下，少管闲事"——它就是生物学大脑皮层的"局部感受域"的一种通俗说法。

这个生物学的机制就给前面章节提到的全连接神经网络泼了一盆冷水——全连接在很多时候可能是毫无必要的。

2. 动物大脑皮层是分级、分层处理信息的

除了局部感知之外，大卫·休伯尔等还发现（见图 7-7），在大脑的初级视觉皮层中存

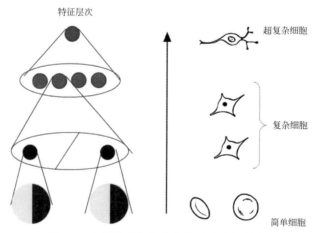

图 7-7　由低级特征向上抽象形成高级特征

在几种细胞：简单细胞（Simple Cell）、复杂细胞（Complex Cell）和超复杂细胞（Hypercomplex Cell）。比如说，在视觉神经系统中，视觉皮层中的神经细胞的输出，依赖于视网膜上的光感受器。视网膜上的光感受器受刺激而兴奋时，将神经冲动信号传递到视觉皮层细胞。这些不同皮层的细胞承担着不同抽象层次的视觉感知功能。

这种由简单到复杂、由低级到高级的逐级抽象过程，在人们日常生活中，也有非常鲜活的例子。比如说，我们学习一门外语（以英语为例），通过字母的组合，可以得到单词；通过单词的组合，可以得到句子；然后我们通过对句子的分析，了解到语义；最后，通过语义分析，可以获得句子表达的思想。

正是因为这个重要的生理学发现，使得休伯尔与威泽尔二人获得了 1981 年的诺贝尔医学奖。这个科学发现的意义，并不仅局限于生理学，它也间接促成了人工智能在 50 年后的突破性发展。

休伯尔等的研究成果意义重大，它对人工智能的启发意义在于，人工神经网络的设计可以简化：第一，不必考虑使用神经元的"全连接"模式；第二，神经网络拟合的复杂函数可分级、分层次来完成。如此一来，可以大大降低神经网络在设计上的复杂性并显著提升神经网络的可操作性和可用性。

7.4.2 福岛邦彦的神经认知机

受休伯尔等的研究发现启发，1980 年，日本学者福岛邦彦（Fukushima）提出了神经认知机（Neocognitron，亦译为"新识别机"）模型[8]，这是一个使用无监督学习训练的神经网络模型，其实也是卷积神经网络的雏形，如图 7-8 所示。从图 7-8 中可以看到，神经认知机借鉴了休伯尔等提出的视觉可视区分层和高级区关联等理念。

在福岛邦彦的神经认知模型中，有两种最重要的组成单元：S 型细胞和 C 型细胞，这两类细胞交替叠加在一起，构成了神经认知网络。其中，S 型细胞用于抽取局部特征（Local feature），C 型细胞则用于抽象和容错。不难发现，这与现代卷积神经网络（CNN）中的卷积层（Convolution Layer）和池化层（Pooling Layer，亦有文献译作"汇集层"），在功能上，可一一呼应。

自此之后，很多计算机科学家先后对神经认知机做了深入研究和改进，但效果却不尽如人意。

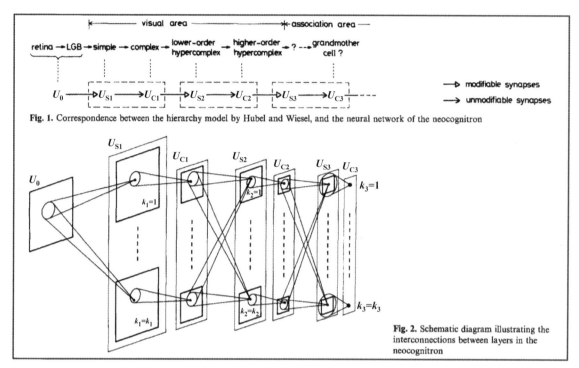

图 7-8　神经认知机的结构(图片来源：参考文献[6])

7.4.3　LeCun 提出的卷积神经网络

直到 1990 年，在 AT&T(贝尔实验室)工作的 Y. LeCun 等，把有监督的反向传播(BP)算法应用于福岛邦彦等人提出的模型，从而奠定了现代 CNN 的结构[9]。

卷积神经网络的发展，其实是受到了生物学(具体说是脑科学)的启发，但它并不是照搬生物学的理念。比如，CNN 借鉴了视觉皮层的分层结构。再比如"过滤(Filtering)"是处理音视频信号的好办法，而 CNN 中卷积与其说是一种信号过滤，不如说是信号特征提取。这些经典理念，早在 20 世纪 50、60 年代就由大卫·休伯尔等人在神经科学领域提出，日本计算机科学家福岛邦彦在 20 世纪 80 年代对其也有贡献。

卷积神经网络的理念并不复杂，它认为，世界上的物体是由各个不同层级(见图 7-9)的部分构成的。各个部分由"母体元素"(motif，指具有意义的基础元素)构成，而 motif 是材质和边缘的基本组合，边缘是由像素的分布构成的。如果一个层级系统能够检测到有用的像素组合，再依次到边缘、motif，最后到物体的各个部分，就可以达成一个目标识别系统。

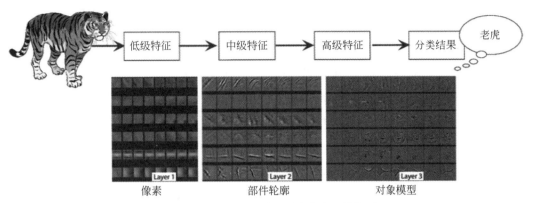

图 7-9　深度学习的层级（图片参考文献[10]）

层级表示不仅适用于视觉目标，也适用于语音、文本等自然信号。可以使用卷积网络识别面部、识别路上的行人。基于 CNN 的工作原理，在手写邮政编码的识别问题上，LeCun 等把错误率降低到 5％左右。相对成熟的理论加之成功的应用案例，使卷积神经网络吸引了学术界和产业界的广泛关注[11]。

LeCun 把自己的研究网络命名为 LeNet。几经版本的更新，最终定格在 LeNet 5[5]。在当时，LeNet 架构可谓风靡一时，但它的核心业务主要用于字符识别，比如前文提到的读取邮政编码、数字等。

7.4.4　Hinton 开启的深度学习革命

"好花不常开，好景不常在。"人们很快发现，CNN 只能用于小于 7 层的浅层网络结构。其中一个重要原因在于，基于 BP 算法优化的神经网络，无法有效支撑更深层次的神经网络，因为 BP 算法存在严重的"梯度弥散（vanishing gradient）"现象。我们知道，梯度是整个网络权值调整的风向标。梯度一旦消失，犹如行军少了指南针，网络权值的训练，就变得毫无意义。此外，由于过渡依赖于梯度来调节网络权值，也容易让神经网络陷入局部最优解。

故此，BP 算法多用于浅层网络结构，这就大大限制了 BP 算法的数据表征能力，从而也就限制了 BP 的性能上限。此外，神经网络的"当家花旦"——CNN 网络做大之后，网

这就是为什么诸如 GPU、TPU 等计算加速硬件，在深度学习中有着广泛应用的根本原因。

络中有大量参数需要训练和更新,这就需要强大的计算能力,而当时的计算机性能不足,并没有提供与其计算需求相匹配的计算能力。

与此同时,20 世纪 90 年代,俄罗斯统计学家 V. Vapnik 提出了大名鼎鼎的支持向量机(Support Vector Machine,SVM)。虽然它也可以归属于一个特殊的两层神经网络,但因其具有高效的学习算法,且不存在局部最优解的问题,使得很多神经网络的研究者,逐渐转向投入 SVM 的研究上来。就这样,多层前馈神经网络的研究,再次受到冷落。

2006 年,时隔近 30 年,G. Hinton 再次厚积而薄发,和他的博士学生 R. Salakhutdinov 一起在世界著名学术刊物《科学》上,发表了一篇关于深度学习的开山之作(*Supporting Online Material for Reducing the Dimensionality of Data with Neural Networks*)[12]。

图 7-10　G. Hinton 与他开启深度学习时代的论文

在这篇文章中,G. Hinton 首次提出了"深度信念网络(Deep Belief Network,DBN)"的概念,并给出了两个重要结论。

(1) 多层的神经网络具有优秀的特征学习能力,能够学习到数据更本质的特征。

具有多个隐含层的人工神经网络,具有更优秀的特征学习能力,每一层特征的抽取,都比前一层的抽象,从而学习得到的特征能对数据具有更佳的刻画。深度学习领域常有这样的说法,"抽象能力(表征能力)不够。

深度学习框架天生就是一种分层学习的计算结构,它简化了问题,但并没有过度简化。

正如爱因斯坦所言,"一切都应该尽可能简单,但不能过于简单。"有的哲学家甚至说,

"对结果的简单性，我全力以赴，对过程的简单，我嗤之以鼻。"这句话用在深度学习上，再合适不过了。"端到端"够简单吧，但网络层次最深的能有 1000 多层，也不是那么简单！

（2）多层神经网络的初始化参数可通过逐层预训练获得。

通过 RBM(Restricted Boltzmann Machine，受限玻尔兹曼机)参与预训练过程，利用 RBM 对神经网络中的参数进行"逐层预训练"(Layer-wise Pre-training)来克服训练上的困难，然后将训练出来的参数作为神经网络的初始化参数，然后再通过"微调"(Fine-tuning)技术来对整个网络进行优化训练。

这样就大幅减少了训练多层神经网络所需的时间。

多层神经网络很早就已经提出了，只是因为一直存在着初始化参数赋值的困难，初始化配置不当，都存在"过犹不及"的情况。网络初始参数"过大"，则易于陷入局部最优解；而初始参数过小，则可能发生梯度消失问题，从而导致层数较深的神经网络"无以为继"。而 G. Hinton 的这篇论文通过 RBM 逐层预训练，可以得到"恰如其分"的多层神经网络的初始化参数，从而较好地解决了网络参数初始化的问题。

就这样，G. Hinton 开辟了联结主义(深度神经网络)在实际中应用的新天地。然而，需要注意的是，虽然深度学习的核心理念在 2006 年就提出了，但是真正让人们对深度学习刮目相看的，还是 6 年后的 2012 年，G. Hinton 带领他的弟子（博士生）Alex Krizhevsky 等"打擂台"打出了声望[13]。在 ImageNet 的图像分类比赛中，Alex Krizhevsky 等利用深度卷积网络(称为 AlexNet)，让 Top 1 错误率及 Top 5 错误率(即预测的第 1 个或前 5 个类别中不包含正确类别的比例)达到 37.5％和 17.0％，大大优于过往最好的测试结果。"爱拼才会赢"，深度学习终于一战成名！随后，深度学习的相关研究，如雨后春笋一般铺陈开来。由此可以看出，"不经历风雨怎么见彩虹，没有人能随随便便成功"。

于是，沉寂多年的 CNN 又以深度学习的面目，终于重新"粉墨登场"。对于深度学习，著名深度学习学者吴恩达(Andrew Ng)有个形象的比喻。他说，深度学习就犹如发射火箭，倘若想让火箭成功发射，需要依靠两样重要的基础设施：一是发动机，二是燃料。而对深度学习而言，它的发动机就是"大算力"，它的燃料就是"大数据"(见图 7-11)。

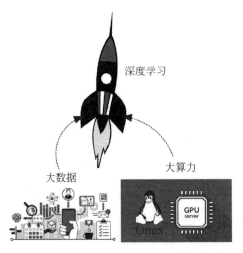

图 7-11　深度学习的两大推动力

在 30 年前，Y. LeCun 等虽然提出了 CNN，但其性能严重受限于当时的大环境：既没有大规模的训练数据，也没有跟得上的计算能力，这导致了当时 CNN 网络的训练过于耗时，且识别性能不高。而现在，这两个制约 CNN 应用与发展的瓶颈得以大大缓解。因此，在这样的背景下，深度卷积神经网络（Deep Convolutional Neural Networks，DCNN）的研究再度火爆起来，就顺理成章了。

2015 年，《自然》杂志发表了一篇 Y. LeCun、Y. Bengio 和 G. Hinton 合作的综述论文《深度学习》（*Deep Learning*）[14]，该文从反向传播算法、卷积神经网络、循环神经网络等核心概念概览了深度学习的发展历程，并提出无监督学习、与强化学习相结合等方向，是未来神经网络可能的发展趋势。

> 巧合的是，正是这三人共享了 2018 年的计算机领域最高学术奖——图灵奖。

7.4.5 深度学习"层"的内涵

深度神经网络的显著特征就是网络"层"比较深。"层"这个概念，其实并没有那么复杂，它就是对数据实施某种加工的过程。可以把神经网络层理解为数据过滤器。数据从输入端进来，经过转换，以另一种更有用的模式出去，这个过程叫作数据蒸馏（Data Distillation）[15]。原始数据通过层层提炼和蒸馏，最后到了输出层，得到人们想要的结果——知识，如果没有得到预期的结果（即存在误差），就需要优化算法进行调参。也可以把反复调参的过程，理解为"知识萃取"。

因此，在本质上，深度学习所做的工作，就好像把一个乱糟糟的纸团（好比高维、混杂的数据），通过一层层的展开操作（好比神经网络的各个不同层次），将其展开为一张"勉堪胜用"的纸张（好比简单易懂的数据结论，如分类操作、回归预测等）的过程，如图 7-12 所示。

数据转换

图 7-12 将复杂高维数据展平的隐喻

7.5　卷积神经网络的概念

下面我们来讨论一下深度学习中的一个具体算法。为便于读者理解，先做一个类比。如果我问你"从郑州到北京该怎么走"，而你递给我一本地图手册。于是，我"无语凝噎"地望着你，你是不是太高估我查看地图的能力了！显然，地图手册里包含了我所需要的答案，但相对于我的具体问题，地图手册明显冗余了很多。

事实上，我们用这个比喻是想说明，在很多时候，多层的全连接网络就是一个参数冗余的模型。如果我们把神经网络中的连接权值放在一起，称之为一种"另类知识"，那么这种"知识"能不能更加聚焦于我们当下的"问题"呢？

当然可以，它就是本节要讨论的议题——深度学习中的一个代表——卷积神经网络。

7.5.1　卷积的数学定义

卷积神经网络的名字，就来自其中的卷积操作。从数学概念讲，所谓卷积，就是一个函数和另一个函数在某个维度上的"叠加累计"作用。这里的"叠加"通常是一种"点积"，符号记作 $*$ 。这里的"累计"，对于连续函数而言，表示"积分"，对于离散信号而言，表示"求和"。在信号处理或图像处理中，经常使用一维或二维卷积。

$$s(t) = \int_{-\infty}^{\infty} f(a) * g(t-a) \mathrm{d}a \tag{7-1}$$

其中，函数 f 和函数 g 是卷积对象，a 为积分变量，星号 $*$ 表示卷积。式(7-1)所示的操作，被称为连续域上的卷积操作。这种操作通常也被简记为如下公式：

$$s(t) = f(t) * g(t) \tag{7-2}$$

在式(7-2)中，通常把函数 f 称为输入函数，g 称为滤波器或卷积核(Kernel)，这两个函数的叠加结果称为特征图或特征图谱(Feature Map)。

在理论上，输入函数可以是连续的，因此通过积分可以得到一个连续的卷积。但实际上，在计算机处理场景下，它是不能处理连续(模拟)信号的。因此，需要把连续函数离散化。

7.5.2　生活中的卷积

函数(Function)的本质就是功能(Function),功能的抽象描述就是函数,二者的内涵是相通的。卷积是函数的叠加,更通俗地讲,它就是功能的叠加作用,叠加的目的,就是提取更为有用的信号或特征。

卷积的概念比较抽象,但理论来源于现实的抽象。为了便于理解这个概念,可以借助现实生活中的案例来辅助说明这个概念。

举例来说,在一根铁丝某处不停地弯曲,假设发热函数是 $f(t)$,散热函数是 $g(t)$,此时此刻的温度就是 $f(t)$ 跟 $g(t)$ 的卷积。在一个特定环境下,发声体的声源函数是 $f(t)$,该环境下对声源的反射效应函数是 $g(t)$,那么在这个环境下感受到的声音就是 $f(t)$ 和 $g(t)$ 的卷积。

类似地,记忆也可视为一种卷积的结果[13]。假设认知函数是 $f(t)$,它代表对已有事物的理解和消化,遗忘函数是 $g(t)$,那么人脑中记忆函数 $h(t)$ 就是函数 $f(t)$ 跟 $g(t)$ 的卷积,如式(7-3)所示。

$$h_{记忆}(t) = f_{认知}(t) * g_{遗忘}(t)$$
$$= \int_{0}^{+\infty} f_{认知}(t) * g_{遗忘}(t - \tau) \mathrm{d}\tau \tag{7-3}$$

简单来说,卷积就是一种操作,它能辅助提取原始信号中并不显而易见的特征。卷积运算在图像处理等领域有着广泛的应用。以图像处理为例,它的作用就是对原始图像或 CNN 上某一层的信号进行变换,其实就是特征抽取。这就是为什么卷积之后的结果,被称之为"特征图谱"的原因。

7.5.3　计算机"视界"中的图像

图像识别是卷积神经网络大显神威的"圣地",所以下面就以图像处理为例,来说明卷积的作用。

对于如图 7-13 所示的左侧的图像,正常人很容易判定出,图像中分别是一个数字 8 和一只猫。但是,对于计算机而言,它们看到的是数字矩阵(每个元素都是 0~255 的像素值),至于它们据此能不能判断出是数字 8 和猫,这要依赖于计算机算法,这也是人工智能的研究范畴。

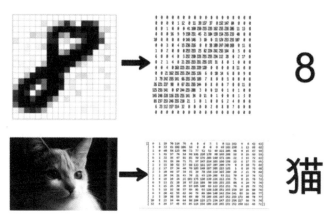

图 7-13　机器"眼中"的图像

在图 7-13 所示的矩阵中，每个元素表示的是该像素中的亮度强度。在灰度图像中，每个像素值仅表示一种颜色的强度。也就是说，它只有一个通道。而在彩色图像中，可以有 3 个通道，即 R、G、B(红、绿、蓝)。在这种情况下，把三个不同通道的像素矩阵堆叠在一起，即可描述彩色图像。

在图像处理中应用卷积操作，其主要目的是，利用特征模板对原始信号(即输入图像)进行滤波操作，从而达到提取特征的目的。卷积可以很方便地通过从输入的一小块数据矩阵(也就是一小块图像)中学到图像的特征，并能保留像素间的相对空间关系。在下面的章节中，会举例说明二维图像中使用卷积的过程。

7.5.4　卷积运算

在信号处理或图像处理中，经常使用一维(1D)或二维(2D)卷积运算。下面，先来说明一维卷积运算，它经常用在信号处理任务中。

代表一维信号的两个向量的卷积结果，仍然是一个向量，其计算过程如图 7-14 所示。首先将两个向量的首元素对齐，并截取长向量的多余部分，然后做这两个维度相同元素的向量内积运算。例如，一开始时，向量(1,2,3)和临时向量(4,5,6)做点积：$1 \times 4 + 2 \times 5 + 3 \times 6 = 32$，这样就得到了结果向量的第一个元素 32，如图 7-14(a)所示。然后重复"滑动-截取-计算内积"这个流程，直到短向量和长向量最后一个元素对齐位置，如图 7-14(c)所示。综合看来，上述例子中的卷积运算可以描述为$(1,2,3) * (4,5,6,7,8) = (32,38,44)$。其中，(32,38,44)就是计算出来的特征图。

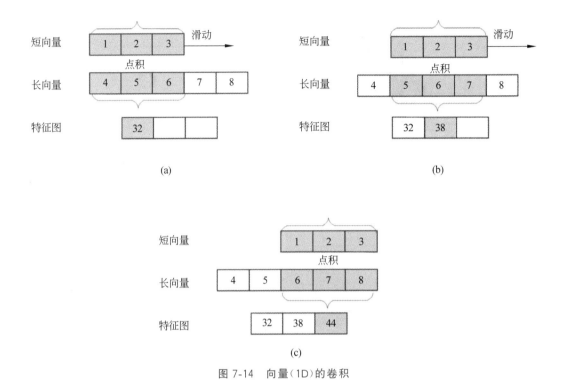

图 7-14　向量（1D）的卷积

很显然，特征图向量（32,38,44）的长度（为 3）要比长向量（4,5,6,7,8）的长度（为 5）要短。有时候，人们希望得到的特征图短向量和长向量等长，这时，可以把长向量（4,5,6,7,8）左右两边都扩充一个 0，得到一个更长的向量（0,4,5,6,7,8,0），然后重复图 7-14所示的流程，就会得到一个长度和原始长向量等长的结果向量（即特征图长度也为 5）。这个过程并不复杂，读者可自行推算一番。这种左右两侧都扩充一个 0 的操作，称为"补零（Zero Padding）"。

前面讨论了一维向量的卷积，二维向量（即矩阵）的卷积又是怎样处理的呢？二维卷积运算常用在图像任务中，它和一维向量的卷积具有类似性。

在图像处理领域，卷积的两个对象，都是离散的二维矩阵。在卷积神经网络中，通常利用一个局部区域（在数学描述上就是一个小矩阵）去扫描整张图像，在这个局部区域的作用下，图像中的所有像素点会被线性变换组合，形成下一层的神经元节点。这个局部区域被称为卷积核。

在图 7-15 中，为了便于读者理解，图像数据矩阵的像素值分别用诸如 a、b、c 和 d 这样的字母代替,卷积核是一个 2×2 的小矩阵。需要注意的是,在其他场合,这个小矩阵也被称为"滤波器(Filter)"或"特征检测器(Feature Detector)"。

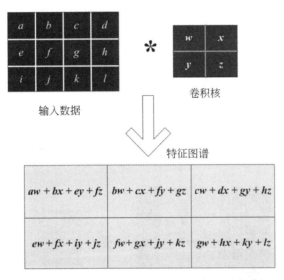

输入数据　　卷积核

特征图谱

$aw+bx+ey+fz$	$bw+cx+fy+gz$	$cw+dx+gy+hz$
$ew+fx+iy+jz$	$fw+gx+jy+kz$	$gw+hx+ky+lz$

图 7-15　二维图像数据上的卷积操作实例

如果把卷积核分别应用到输入的图像数据矩阵上,按照从左到右、从上到下的顺序分别执行卷积(点乘)运算,就可以得到这个图像的特征图谱(Feature Map)。在不同的学术论文中,"特征图谱"也被称为"卷积特征(Convolved Feature)"或"激活图(Activation Map)"。

从图 7-15 体现出来的计算可以看到,在本质上,**离散卷积就是一个线性运算。因此,这样的卷积操作也被称为线性滤波**。这里的线性是指,用每个像素的邻域的线性组合来代替这个像素。

为了理解卷积核这个概念,可以设想这样一个场景:假设 E 是一名谍报人员,他发现了一个重要情报,但却无法脱身,于是他用一种隐形墨水,把情报信息写入一张很大的油画里,然后托人带给上司 F。F 利用自己手中特制的方形光源手电筒,在油画的左上角开始,从左到右、从上到下,逐行扫描油画。于是,油画上的秘密就会被逐渐展开。

事实上,上面的场景就是一个比喻。油画就好比人们要识别的对象,而特制的手电筒就好比是卷积核,也被称为"滤波器"。手电筒照过的区域称作感受域,而逐渐被解密的情报,就好比特征图谱。

现在,让我们思考一个问题,为什么这个卷积核(或称滤波器)能够检测出特征呢?一种通俗的解释为,在图像中,相比于背景,描述物体的特征的像素之间的值差距较大(比如物体的轮廓),变化明显,通过卷积操作,可以过滤掉变化不明显的信息(即背景信息)。

下面用更为浅显易懂的示意图来说明这个卷积过程。正如前文所说,每张图片都可视为像素值的矩阵。对于灰度图像而言,像素值的范围是0~255,为了简单起见,考虑一个5×5的图像,它的像素值仅为或0或1。类似地,卷积核是一个3×3的矩阵,如图7-16所示。

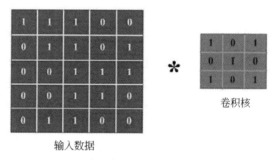

卷积核

输入数据

图7-16　简化版本的图像矩阵和卷积核

下面来看一下卷积计算是怎样完成的。用卷积核矩阵在原始图像(见图7-16左图)上从左到右、从上到下滑动,每次滑动 s 个像素,滑动的距离 s 称为"步幅"。在每个位置上,可以计算出两个矩阵间的相应元素乘积,并把"点乘"结果之和存储在输出矩阵(即卷积特征)中的每一个单元格中,这样就得到了特征图谱(或称为卷积特征)矩阵,如图7-17所示。

现在,看看卷积特征矩阵中的第一个元素 4 是如何来的(参见图7-17(a))。它的计算过程是这样的:$(1×1+1×0+1×1)+(0×0+1×1+1×0)+(0×1+0×0+1×1)=2+1+1=4$。乘号(×)前面的元素来自原始图像数据,乘号(×)后面的元素来自卷积核,它们之间做点乘,就得到了所谓的卷积特征。其他卷积特征值的求解方式类似,这里不再赘述。

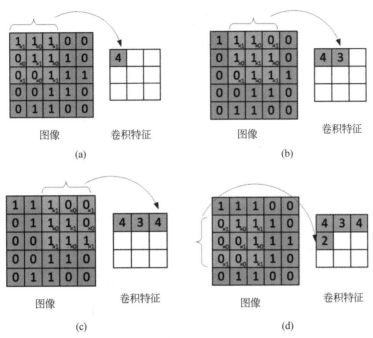

图 7-17　卷积的实现过程(图片来源：斯坦福大学①)

7.5.5　卷积在图像处理中的应用

到目前为止,只做了一些简单的矩阵运算,卷积的好处体现在哪里,好像还不十分明确。

这样说来,似乎还是非常抽象,那这些特征到底是什么呢？下面还是用几个图像处理的案例来形象说明卷积的效果。使用卷积可以达到图像降噪、边缘检测、锐化等多种滤波效果,如图 7-18 所示[13]。

简单来说,利用卷积核对输入图片进行处理,可以获得鲁棒性更高的特征。下面简单介绍一下常用的卷积核。

需要说明的是,这些卷积核都是超参数,也就是说,属于人们长期摸索而成的先验知识,而不是神经网络学习得到的。

---

①　http://deeplearning.stanford.edu/wiki/index.php/Feature_extraction_using_convolution.

原始图片

操作	卷积核(滤波器)	卷积后图像
同一化	$\begin{bmatrix} 0 & 0 & 0 \\ 0 & 1 & 0 \\ 0 & 0 & 0 \end{bmatrix}$	
边缘检测	$\begin{bmatrix} -1 & -1 & -1 \\ -1 & 8 & -1 \\ -1 & -1 & -1 \end{bmatrix}$	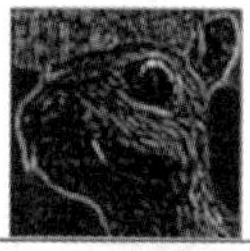
锐化	$\begin{bmatrix} 0 & -1 & 0 \\ -1 & 5 & -1 \\ 0 & -1 & 0 \end{bmatrix}$	
均值模糊化	$\frac{1}{9}\begin{bmatrix} 1 & 1 & 1 \\ 1 & 1 & 1 \\ 1 & 1 & 1 \end{bmatrix}$	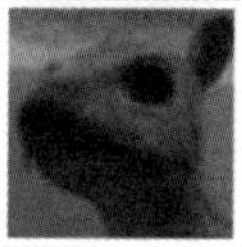

图 7-18 "神奇"的卷积核

（1）同一化(Identity)核。从图 7-18 可见,这个滤波器什么也没有做,卷积后得到的图像和原图是一样的。因为这个核只有中心点的值是 1,邻域点的权值都是 0,所以滤波后的取值没有任何变化。

（2）边缘检测(Edge Detection)核,也称为高斯-拉普拉斯算子。需要注意的是,这个核矩阵的元素总和值为 0(即中间元素为 8,而周围 8 个元素之和为−8),所以滤波后的图像会很暗,而只有边缘位置是有亮度的。

（3）锐化(Sharpness Filter)核。图像的锐化和边缘检测比较相似。首先找到边缘,然后再把边缘加到原来的图像上,如此一来,强化了图像的边缘,使得图像看起来更加锐利。

（4）均值模糊化(Box Blur /Averaging)核。这个核矩阵的每个元素值都是 1,它将当前像素和它的四邻域的像素一起取平均,然后再除以 9。均值模糊比较简单,但图像处理得不够平滑。因此,还可以采用高斯模糊(Gaussian Blur)核,这个核被广泛用在图像降噪上。

事实上，还有很多有意思的卷积核，比如浮雕(Embossing Filter)核，它可以给图像营造出一种艺术化的 3D 阴影效果，如图 7-19 所示。浮雕核将中心一边的像素值减去另一边的像素值。这时，卷积出来的像素值可能是负数，可以将负数当成阴影，而把正数当成光，然后再对结果图像加上一定数值的偏移即可。

　*　$\begin{bmatrix} -2 & -1 & 0 \\ -1 & 1 & 1 \\ 0 & 1 & 2 \end{bmatrix}$　=　

原始图像　　　　　　　卷积核(滤波器)　　　　　　卷积后图像

图 7-19　浮雕核的应用

从上面的操作可以看出，所谓的卷积核，实质上就是一个权值矩阵。它用于处理单个像素与其相邻元素之间的关系。卷积核中的各个权值相差较小，实际上就相当于每个像素与其他像素取了平均值，因此有模糊降噪的功效(请参见图 7-18 中的"均值模糊化")。如果卷积核中的权值相差较大(以卷积核中央元素来观察它与周边元素的差值)，就能拉大每个像素与周围像素的差距，也就能达到提取图像中物体边缘或锐化的效果(参见图 7-18 中的边缘检测核和锐化核)。

上述各种图像的卷积效果可用 OpenCV 库[①]轻易实现。OpenCV 是一个基于 BSD 许可(开源)发行的跨平台计算机视觉库，它提供了 Python、Ruby、MATLAB 等语言的接口，实现了很多图像处理和计算机视觉等领域的通用算法。读者朋友可以在 Python 中安装这个库，并自行尝试一番。

7.6　卷积神经网络的结构

在本节将重点讨论卷积神经网络的拓扑结构，一旦理解清楚它的设计原理，再在诸

_____

① 　https://opencv.org/.

如 TensorFlow、Keras 等深度学习的框架下,动手写一个卷积神经网络的实战项目,自然就能深刻地理解卷积神经网络的内涵。

下面,先在宏观层面认识一下卷积神经网络中的几个重要结构,如图 7-20 所示。在不考虑输入层的情况下,一个典型的卷积神经网络通常由若干个卷积层(Convolutional Layer)、激活层(Activation Layer)、池化层(Pooling Layer)及全连接层(Fully Connected Layer)组成。下面先给予简单介绍,后文会逐个进行详细介绍。

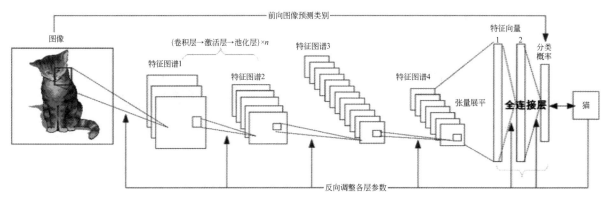

图 7-20　典型卷积神经网络的结构

- **卷积层**:它是卷积神经网络的核心所在。在卷积层,通过实现"局部感知"和"参数共享"这两个设计理念(后面会详细介绍这两个概念的来龙去脉),可达到两个重要的目的,即降维处理和提取特征。

- **激活层**:其作用在于将前一层的线性输出,通过非线性的激活函数进行处理,这样用以模拟任意函数,从而增强网络的表征能力。

- **池化层**:有些资料也将其称为子采样层或下采样层(Subsampling Layer)。简单来说,"采样"就意味着可以降低数据规模。

- **全连接层**:这个网络层相当于多层感知机(Multi-Layer Perceptron,MLP),其在整个卷积神经网络中起到分类器的作用。通过前面多个"卷积-激活-池化"层的反复处理,待处理的数据特性已有了显著提高:一方面,输入数据的维度已下降到可用传统的前馈全连接网络来处理了;另一方面,此时的全连接层输入的数据已不再是"泥沙俱下、鱼龙混杂",而是经过反复提纯过的结果,因此输出的分类品质要高得多。

事实上,还可以根据不同的业务需求,构建出不同拓扑结构的卷积神经网络和常见的架构模式。也就是说,可以先由 m 个($m \geqslant 1$)卷积层和激活层叠加,然后(可选)进行一次池化操作,重复这个结构 n 次,最后叠加 k 个全连接层。

下面一一详细讲解卷积神经网络中这几个层的设计理念(关于激活层,其作用已在第 6 章做了详细描述,本章不再赘述)。

7.6.1　卷积层

卷积神经网络的最核心的创新之一,就是用"局部连接(Local Connectivity)"来代替全连接。局部连接也称为局部感知或稀疏连接,它是通过前层网络和卷积核实施"卷积"操作来实现的。

以 CIFAR-10 图像集为输入数据,来探究一下局部连接的工作原理。在卷积神经网络中,具体到每层神经元网络,它可以分别在长(Width)、宽(Height)和深度(Depth)三个维度上分布神经元。需要注意的是,这里的"深度"并不是整个卷积网络的深度(层数),而是在单层网络中神经元分布的三个通道。因此,Width×Height×Depth 就是单层神经元的总个数。

每一幅 CIFAR-10 图像都是 32×32×3 的 RGB 图(分别代表长、宽和高,此处的高度就是色彩通道数)。也就是说,在设计输入层时,共有 32×32×3=3072 个神经元。

对于隐含层的某个神经元,如果还按全连接前馈网络中的设计模式,它不得不和前一层的所有神经元(3072 个)都保持连接,也就是说,每个隐含层的神经元需要有 3072 个权值。如果隐含层的神经元也比较多,那整个权值总数是巨大的。

但现在不同了。通过局部连接,对于卷积神经网络而言,隐含层的某个神经元仅仅需要与前层部分区域相连接。这个局部连接区域有一个特别的名称叫"感知域(亦称感受野)",其大小等同于卷积核的大小(比如 5×5×3),如图 7-21 所示。

对于隐含层的某一个神经元,它的前向连接个数由全连接的 32×32×3 个减少到稀疏连接的 5×5×3 个。因此,局部连接也被称为"稀疏连接(Sparse Connectivity)"。

需要说明的是,在图 7-18 中所示的各种卷积核,是来自计算机工程师或领域专家的经验,通常具有可解释性。而深度学习中的卷积核则不同,它是网络参数的一部分,是通过数据拟合,自己学习出来的。

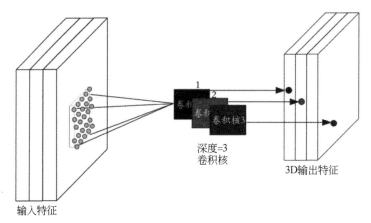

图 7-21 局部连接示意图

7.6.2 池化层

池化层亦称子采样层或汇集层,它也是卷积神经网络的另外一个"神来之笔"。通常来说,当卷积层提取目标的某个特征之后,都要在两个相邻的卷积层之间安排一个池化层。

池化就是把小区域的特征通过整合得到新特征的过程。以如图 7-22 所示的二维数据为例,如果输入数据的维度大小为 $W \times H$,给定一个池化过滤器,其大小为 $w \times h$。池化函数考察的是在输入数据中,大小为 $w \times h$ 的子区域之内,所有元素具有的某一种特性。常见的统计特性包括最大值、均值、累加和以及 L_2 范数等。池化层函数力图用统计

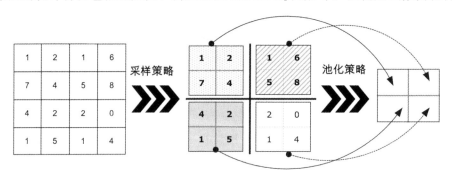

图 7-22 池化操作示意图

特性反映出来的一个值来代替原来 $w \times h$ 的整个子区域。

因此，池化层设计的目的主要有两个。最直接的目的就是降低下一层待处理的数据量。比如，当卷积层的输出大小是 32×32 时，如果池化层过滤器的大小为 2×2，那么经过池化层处理后，输出数据的大小为 16×16，也就是说，现有的数据量一下子减少到池化前的 1/4。当池化层最直接的目的达到后，那么它的第二个目的也就间接达到了：减少了参数数量，从而可预防神经网络陷入过拟合。

下面举例说明常用的最大化和平均化池化策略是如何工作的。以一维向量数据[1，2，3，2]为例来说明两种不同的池化策略在正向传播和反向传播中的差异。

1. 最大池化（Max Pooling）函数

前向传播操作：取滤波器最大值作为输出结果，因此有 forward(1，2，3，2) = 3。

反向传播操作：滤波器的最大值不变，其于元素置为 0，因此有 backward(3) = [0，0，3，0]。

2. 平均池化（Average Pooling）函数

前向传播操作：取滤波器范围内所有元素的平均值作为数据结果，因此有 forward(1，2，3，2) = 2。

反向传播操作：滤波器中所有元素的值都取平均值，因此有 backward(2) = [2，2，2，2]。

有了上面的解释，很容易得出图 7-22 所示的池化策略前向传播的结果，如图 7-23 所示。

最大池化的结果，就是保证了特征的不变性（Invariance）。"不变性"说的是，如果输入数据的局部进行了线性变换操作（如平移、旋转或缩放等），那么经过池化操作后，输出的结果并不会发生变化。对于某些分类任务，局部平移不变性特别有用，尤其是我们关心某个特征是否出现，而不关心它出现的位置时。例如，在模式识别场景中，当检测人脸时，只关心图像中是否具备人脸的特征，而并不关心人脸是在图像的左上角还是右下角。

因为池化综合了（过滤核范围内的）全部邻居的反馈，即通过 k 个像素的统计特性而不是单个像素来提取特征，自然这种方法能够大大提高神经网络的健壮性。

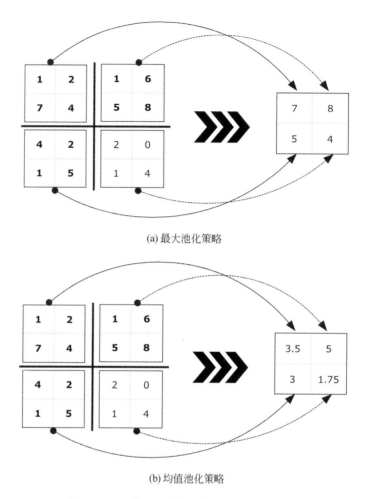

(a) 最大池化策略

(b) 均值池化策略

图 7-23　两种不同的池化策略结果的对比图

7.6.3　全连接层

前面讲解了卷积层、激活层和池化层。但"不忘初心",卷积神经网络的终极任务,通常是做图像分类。而分类就少不了全连接层的参与。

因此,在卷积神经网络的最后,还有一个或多个至关重要的全连接层。"全连接"意味着,前一层网络中的所有神经元都与下一层的所有神经元相连接。实际上,全连接层就是传统的多层感知机。由于全连接层是所有神经元对所有神经元的连接,连接密度非常高,故也常被称为稠密层(Dense Layer)。

如果说前文提及的卷积层、池化层和激活层等操作,是将原始数据映射到隐含层特征空间的话,那么全连接层的设计目的在于,它将前面各个层预学习到的分布式特征表示,映射到样本标记空间,然后利用损失函数来调控学习过程,最后给出对象的分类预测。在某种程度上来讲,甚至可以认为,前面的卷积、池化和激活等网络层的数据操作,是为全连接层服务的数据"预处理"。

在全连接层中,可以把它看作一个用于分类的多层感知机算法。因此,前面章节讲解的基于梯度递减的优化算法(如 BP 算法、Adam、交叉熵等),依然在这样的全连接层中得到广泛应用。

需要说明的是,观察图 7-20 可知,在 CNN 的前面几层是卷积层、激活层和池化层交替转换,这些层中的数据(即连接权值)通常都是高维度的。但全连接层比较"淳朴",它的拓扑结构就是一个简单的 $n \times 1$ 模式,犹如一根擎天的金箍棒。

所以 CNN 中前面的若干层在接入全连接层之前,必须先将高维张量拉平成一维向量组(即形状为 $n \times 1$),以便于和后面的全连接层进行适配,而这个额外的多维数据变形工作层,亦有资料称之为展平层(Flatten Layer)。然后,这个展平层成为全连接层的输入层,其后的网络拓扑结构就如同普通的前馈神经网络一般,后面跟着若干个隐含层和一个输出层,如图 7-24 所示。

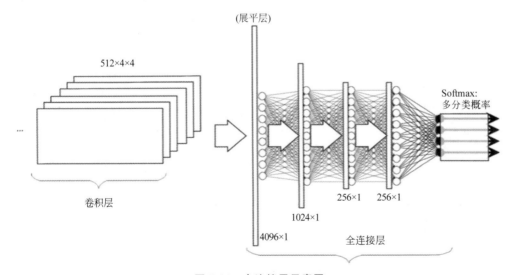

图 7-24 全连接层示意图

虽然全连接层处于卷积神经网络最后的位置,看起来貌不惊人,但由于全连接层的参数冗余,导致该层的参数总数占据整个网络参数的大部分比例(有的可高达 80% 以上)。

这样一来,稍有不慎,全连接层就容易陷入过拟合的窘境,导致网络的泛化能力难以尽如人意。因此,在 AlexNet 中,不得不采用 Dropout 措施,随机抛弃部分节点来弱化过拟合现象。

7.6.4　深度之"难"——过拟合与欠拟合

据科技媒体报道,GPT-3(Generative Pre-trained Transformer 3)模型中的参数个数达到 1750 亿个,为训练该模型,微软公司用了 28.5 万个 CPU 核心、1 万个英伟达 V100 GPU。

如前所述,深度学习网络的层数越深,表达能力就越强,人们就能得到性能越好的模型。如果一切那么简单,那么深度学习领域的一切研究岂不是十分容易,只要通过不断加深网络便可解决所有问题?然而真实情况并非如此。

事实上,更深的神经网络除了会带来更多的训练难度和令人难以负担的资源消耗(GPU 非常耗能)外,其在对应任务上的表现有时却会不升反降。为何会这样呢?过多的层数带来过多的参数,很容易导致机器学习中一个常见的通病——过拟合(Overfitting)。

过拟合是指,模型过于表征训练数据,导致在其他数据集上表现下降。也就是说,模型"一丝不苟"地反映训练数据中的特征,从而导致在训练集合中的预测性能表现过于"卓越",但这样一来,它可能对未知数据(新样本)的预测能力就会比较差,稍有"风吹草动",分类模型就不认识了(见图 7-25(c))。

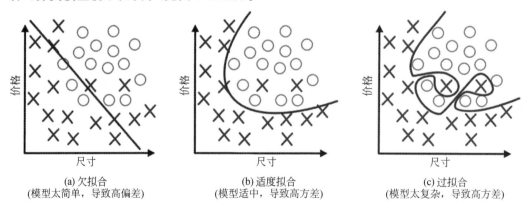

(a) 欠拟合	(b) 适度拟合	(c) 过拟合
(模型太简单,导致高偏差)	(模型适中,导致高方差)	(模型太复杂,导致高方差)

图 7-25　模型复杂度与拟合情况对比

　　因此,有时人们也把过拟合叫作高方差(High Variance)。这里的高方差是指,模型在一个地方太行(训练集合),换个地方(测试集合)太不行的情况,这说明模型的泛化能力太差。在本质上,发生过拟合的重要原因之一就在于,训练的模型过于复杂,导致模型对训练集合中的数据做了过于精确地表征。

　　比如说,在图 7-26 中(右上图),过拟合的模型,学习得太"入戏",它会把青蛙背上的斑点当作青蛙的特征。于是,当新来样本青蛙,仅仅由于背上没有斑点(不同于训练数据),就被判定为非青蛙,岂不是很荒诞?

　　此外,其实所谓的训练数据,本身也是有误差的。过于精准的拟合,可能把这些数据的误差,当作特征来学习了。从而导致训练集合上拟合得越精确,面对新样本时,预测的效果反而越糟糕。

　　就如古话所说"过犹不及"。过拟合的对立面就是"欠拟合(Underfitting)"。"欠拟合"的概念比较容易理解,它就是样本不够,训练不精,连已有数据集合(即训练集合)中的特征都没有学好,自然当它面对新样本做预测时,测试效果肯定也好不到哪去。有时,人们也把欠拟合叫作高偏差(High Bias)。

青蛙训练样本

过拟合模型的分类结果是：不是青蛙
（误以为所有的青蛙背上都有斑点）

欠拟合模型的分类结果是：是青蛙
（误以为所有4条腿的都是青蛙）

图 7-26　过拟合与欠拟合的直观类比

比如说,在图 7-26 中(右下图),如果仅仅把样本中的"四条腿"当作青蛙的特征,这是"欠缺"的,分类器就会把所有 4 条腿的动物(比如壁虎)也当作青蛙,这显然是错误的。

但欠拟合是比较容易克服的,比如在决策树算法中扩展分枝,再比如在神经网络中增加训练的轮数,从而可以更加"细腻"地学习样本中蕴含的特征。

7.6.5　防止过拟合的 Dropout 机制

2012 年,Geoffrey Hinton 等发表了一篇高引用论文[14],其中提到了一种在深度学习中广为使用的技巧——Dropout(随机丢弃,也有资料将其译作"随机失活"),实际上它是一个防止过拟合的技术。

在神经网络学习中,Dropout 以某种概率暂时丢弃一些单元,并抛弃和它相连的所有节点的权值,若某节点被丢弃(或称为抑制),则输出为 0。Dropout 的工作示意图如图 7-27 所示,图 7-27(a)为原始图,图 7-27(b)为 Dropout 后的示意图。很明显,Dropout 之后的网络"瘦"了很多,由于少了很多连接,所以网络也清爽了很多。

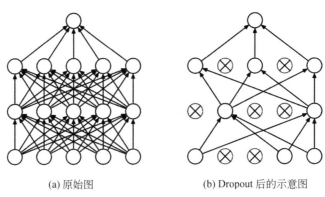

(a) 原始图　　　　　　(b) Dropout 后的示意图

图 7-27　Dropout 示意图(图片来源:参考文献[14])

事实上,Dropout 也是一种学习方式。通常分为两个阶段:学习阶段和测试阶段。在学习阶段,以概率 p 主动临时性地忽略部分隐藏节点。这一操作的好处在于,在较大程度上减小了网络的大小,而在这个"残缺"的网络中,让神经网络学习数据中的局部特征(即部分分布式特征)。在多个"残缺"的网络(相当于多个简单网络)中进行特征学习,总要比仅在单个健全网络上进行特征学习,其泛化能力来得更加健壮。

在测试阶段，将参与学习的节点和那些被隐藏的节点以一定的概率 p 加权求和，综合计算得到网络的输出。对于这样的"分分合合"的学习过程，有学者认为，Dropout 可视为一种**集成学习**（**Ensemble Learning**）。

由于卷积神经网络相对较为复杂，对于实战部分，难以用 Excel 演示，我们提供了基于 TensorFlow 2 实现的手写数字识别代码：范例 7-1 mnist_cnn.py，供有编程基础的读者参考。

7.7 本章小结

在本章中，首先学习了深度学习所处的知识象限，了解到它仍然属于人工智能"学习派"中的一种算法，属于可统计不可推理的知识象限，同时学习它所用的方法论，利用端到端设计方法论，非显式地实现了一种新的知识表示形式。

然后回顾了深度学习的发展史，从中得知，诸如脑科学家大卫·休伯尔、计算机科学家 Fukushima、Y. LeCun 和 G. Hinton 等都对深度学习的发展有着非常重要的贡献，特别是 G. Hinton 在 2006 年发表的论文，将"逐层预训练（Layer-wise Pre-training）"用来克服训练上的困难，将多层（深度）神经网络推到实际应用的新阶段。

接着，学习深度学习的"优秀代表"——卷积神经网络。其中，重点说明卷积的意义，然后借用生活中的相近案例来反向演绎了这个概念，所谓"卷积"，就是一种从信号中提取特征的方式。之后我们用几个著名的卷积核演示了卷积在图像处理中的应用。

最后，讨论了卷积神经网络的拓扑结构，并重点讲解了卷积层、池化层和全连接层的功能。最后概括一下，卷积神经网络各个层，各司其职，卷积层从数据中提取有用的特征；激活层在网络中引入非线性，通过弯曲或扭曲映射，来实现表征能力的提升；池化层通过采样减少特征维度，并保持这些特征具有某种程度上的尺度变化不变性；全连接层实施对象的分类预测。

7.8 思考与练习

通过前面的学习，思考如下问题。

7-1 人们常说的分布式特征表示，在卷积神经网络中是如何体现的？

7-2　除了本书中描述的常见卷积核,你还知道哪些常用于图像处理的卷积核?

7-3　2016 年,商汤科技团队在 ImageNet 图片分类比赛中勇夺冠军,其网络深度已达到 1207 层。请思考,深度神经网络是不是越深越好? 为什么?

7-4　自行查阅资料,并使用 LeNet 的网络结构,完成 FashionMNIST 的识别,并用 TensorBoard 监控训练过程(有编程基础的读者适用)。

参考文献

[1]　张钹,朱军,苏航.迈向第三代人工智能[J].中国科学:信息科学,2020,50:1281-1302.

[2]　丹尼尔·卡曼尼.思考,快与慢[M].北京:中信出版社,2012.

[3]　李航.统计学习方法[M].2 版.北京:清华大学出版社,2019.

[4]　RUMELHART D E, HINTON G E, WILLIAMS R J. Learning representations by back-propagating errors[J]. Nature, 1986, 323(6088):533-536.

[5]　张玉宏,秦志光.深度学习的方法论辨析[J].重庆理工大学学报(社会科学版),2018(06):20-26.

[6]　黄欣荣.从复杂性科学到大数据技术[J].长沙理工大学学报(社会科学版),2014,29(2):5-9.

[7]　HUBEL D H, WIESEL T N. Receptive fields and functional architecture of monkey striate cortex [J]. The Journal of Physiology, 1968, 195(1):215-243.

[8]　FUKUSHIMA K, MIYAKE S. Neocognitron:A self-organizing neural network model for a mechanism of visual pattern recognition[G]//Competition and Cooperation in Neural Nets. Springer, 1982:267-285.

[9]　LECUN Y, BOSER B E, DENKER J S, et al. Handwritten digit recognition with a back-propagation network[C]//Advances in Neural Information Processing Systems, 1990:396-404.

[10]　ZEILER M D, FERGUS R. Visualizing and understanding convolutional networks[C]//European Conference on Computer Vision. Springer, 2014:818-833.

[11]　LECUN Y, BOTTOU L, BENGIO Y, et al. Gradient-based learning applied to document recognition[J]. Proceedings of the IEEE, 1998, 86(11):2278-2324.

[12]　HINTON G E, SALAKHUTDINOV R R. Reducing the dimensionality of data with neural networks[J]. Science, 2006, 313(5786):504-507.

[13]　KRIZHEVSKY A, SUTSKEVER I, HINTON G E. Imagenet classification with deep convolutional neural networks[C]//Advances in Neural Information Processing Systems, 2012:1097-1105.

［14］　LECUN Y，BENGIO Y，HINTON G. Deep learning［J］. Nature，2015，521(7553)：436-444.

［15］　弗朗索瓦·肖莱. Python 深度学习［M］. 张亮，译. 北京：人民邮电出版社，2018.

［16］　张玉宏. 深度学习之美：AI 时代的数据处理与最佳实践［M］. 北京：电子工业出版社，2018.

［17］　HINTON G E，SRIVASTAVA N，KRIZHEVSKY A，et al. Improving neural networks by preventing co-adaptation of feature detectors［J］. ArXiv preprint ArXiv：1207.0580，2012.

第 8 章

自然语言处理：指月指非月的顿悟

语言理解是人工智能皇冠上的明珠。[①]

——比尔·盖茨

8.1　为什么自然语言处理重要

语言是一种沟通工具。沟通有利于协作。协作才有力量。基本上，所有的智能生命都有自己的语音交流方式。例如，鸡鸣狗叫、莺歌虫鸣，都是一种交流，但这种方式并不能算语言。

严格来说，只有那些包含了逻辑关系的表达，才能算语言。这些逻辑可以很简单，比如说先后、否定、相关或者因果。在某种意义上，只有人类才有语言。

人类很特殊，由于 FOXP2 基因的变异，大约 50 万年前，产生了语言功能。语言上大大延伸了人类学习的时空范围，让个体积累的生活经验和智慧火花，能够迅速地被传播出去，特别是语言被"物化"为文字之后，能把知识记录下来，在时间维度上流传下来。所以，有了人类的自然语言，让我们得以站在巨人的肩头，看得清，走得更远。

后来，人类为了解放生产力，发明了机器为自己代劳。如果想让机器更有效率，机器就得拥有"智能"。机器智能同样离不开协同与沟通，自然也离不开语言。只不过，机器的语言以二进制为基础，和人类的语言存在代沟。如果想让机器更好地为人类服务，那么就需要一种很好的"人机沟通"方式。

以前，总是人类"委曲求全"，为了让机器理解人类的思想，人类编制了各种机器语

---

① 对应的英文为"Language understanding is the crown jewel in the field of artificial intelligence"。

言，如汇编语言、C/C++语言、Python 语言等计算机编程语言，但这些语言通常是由计算机相关的专业人士来编写，适用范围非常有限。

如果想让普通人也能与机器沟通，对人类最友好的方式，莫过于让机器理解人类的自然语言。自然语言处理（Natural Language Processing，NLP）就是在机器语言和人类语言之间沟通的桥梁，用以达成人机交互的目的[1]。

比尔·盖茨曾说，"语言理解是人工智能皇冠上的明珠。"自然语言处理的进步将会推动人工智能整体进展。回顾 NLP 的历史，就会发现，NLP 几乎跟计算机和人工智能如影相随，不离不弃。自计算机诞生之日起，就有了对人工智能的研究，而人工智能最早的研究领域就包括机器翻译及自然语言理解。

在人工智能出现之前，机器智能非常擅长处理结构化（SQL）的数据（例如数据库里规整的数据）。但在大数据时代，网络中大部分的数据都是非结构化（No-SQL）的，例如文本、图片、音频、视频等。在非结构数据中，文本的数量最多，虽然它没有图片和视频占用的空间大，但是它的信息密度是最大的。

然而，让机器理解人类语言，是件非常困难的事情。机器善于处理结构化数据，但人类语言是非常复杂的，碎片化、歧义，甚至不合逻辑、心口不一等，不一而足。

为了能够分析和利用这些文本信息，就需要利用 NLP 技术，让机器理解这些文本信息，并加以利用。自然语言处理旨在利用计算机分析自然语言语句和文本，抽取重要信息，进行检索、问答、自动翻译和文本生成。简单来说，自然语言处理能够让计算机使用自然语言作为输入和（或）输出（见图 8-1）。

比如，女孩子生气时让男朋友"滚"，男朋友如果真的"滚走"了，估计再也"滚"不回来了。请问机器，这个"滚"代表的含义是"离开"还是"留下"？

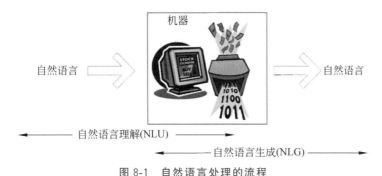

图 8-1　自然语言处理的流程

NLP 常见的任务包括但不限于：分词（用于中文、日文等没有空格分隔的语言）、词性标注（如一个句子中的名词、动词等标注）、命名实体识别（Named-entity Recognition，

NER,例如人名、城市名、基因名称识别等)、指代消解(例如,"小明放学了,妈妈去接他",这个"他"是谁?)、自动摘要(从一篇较长文章中提取概要信息)、机器翻译(从一种语言翻译成其他语言)、主题识别(发现文档讨论的主题,如是体育、时政,还是财经新闻等)及文本分类(如判断文章是褒义、贬义还是中性)等。

8.2 自然语言处理的一个假设

人们是怎样让机器来做自然语言处理的呢?在这个问题上,研究人员曾走过很多弯路。最开始时,科学家们坚持认为,要让计算机学会处理自然语言,就得像人一样,先让它理解自然语言,而理解自然语言的前提是,让它学会语法。

然而,事与愿违。后来人们发现,语法规则实在太多,难以穷尽。人们日常用的自然语言其实很复杂,不同的语境,不同的上下文,不同的语序,都会产生完全不同的语义(例如,"不怕辣""辣不怕""怕不辣"及"怕辣不",字虽一样,语序不同,意义迥然)。根据计算,就算覆盖人们平时常用语言的20%,都要写几万条语法,这个工作量就已经是天文数字了[①]。

而且归纳之后发现,还会有自相矛盾的语法。为了区分,不得不需要注明什么环境下用什么语法,整个过程无比烦琐。所以让机器学习语法这条路,在20世纪70年代就走到了尽头。

撞到南墙就要回头,是时候转换思维了。于是,自然语言处理和语音识别研究的先驱之一——贾里尼克(F. Jelinek)教授领导他的实验室,借助数学中的统计学工具,把当时语言识别的成功率从70%提升到90%,同时让语言识别的规模,从几千个单词上升到几万个单词,让语言识别有了实际应用的可能。其实,贾里尼克的思路并不复杂,甚至可以说大道至简。他认为,要判断一个句子正不正确,就要看这个句子出现的可能性的大小,而这个可能性就用概率来衡量。

比如,假定第一个句子出现的概率是二分之一,第二个句子出现的概率是千分之一,那第一个句子出现的可能性就比第二个句子大得多,那么从概率的角度来说,第一个句子就更有可能是正确的。所以接下来需要做的事,就是判断第一个句子出现的可能性有多大。

---

① 吴军. 数学之美[M]. 北京:人民邮电出版社,2015.

这时就需要用到"马尔可夫假设"。这个假设说的是，假定一个句子里每个词出现的概率，只和前一个词有关，就好比"涨停"这个词，最有可能出现在"股票"这个词之后。那么，只要给计算机足够大量的机读文本，也就是专业人士说的语料库，计算机就能算出来，在一个特定词后面出现某个词的概率。这样，只要把一句话里所有词出现的概率相乘，就是这个句子出现的概率。概率最大的句子，就是最有可能正确的句子。按照这个思路，科学家们成功地让计算机拥有了处理自然语言的能力。

基于统计的自然语言处理的成功，让贾里尼克有底气说这样一句"狠话"："我每解雇一名语言学家，语音识别机器的表现就提高了一点[①]。"这句话在业界流传甚广，基本上为每一个从事相关领域研究的人所熟知。

《楞严经·卷二》中也记载了一个著名的佛学公案——指月指非月。这个短语中的第一个"指"是动词，表示"指向"，而第二个"指"是名词，表示"手指"。整个短语说的是，真理好比天上的明月，手指可以指出明月的所在，但手指并不是明月（见图 8-2）。它在某种程度上也道出了语言学家在自然语言处理上的尴尬。

图 8-2 指月指非月

---

① 对应的英文为"Every time I fire a linguist，the performance of our speech recognition system goes up"。

我们知道，人类肯定是先有了语言，后来才有语言学家总结出的所谓语言规则。人类语言的一大特点是，字词组合具有非常大的灵活性，同一个语义有多种表达方式，甚至二义性或多义性是人类语言不可或缺的一部分，甚至这些非规则性是文学创作或幽默不可分割的一部分。

这种灵活性，对人而言，可谓"信手拈来"，但对语言学家来说，则是灾难性的，因为他们归纳总结出来的语言规则，总是滞后的、局部的、静态的。没有哪一项规则，能适用于所有语言的特征描述。

这些规则，就好比"手指"，它在一定程度上帮助人们理解语言（好比明月），但它本身并不是语言。就如同看月，不一定非要通过手指，人们研究语言也不一定就必须遵循语言规则。但不幸的是，早期的自然语言处理和语言识别的研究，都是基于语言规则的。"指月指非月"体现出来的智慧，和存在主义哲学的核心理念——"Being not Doing，Existence Precedes Essence"，即（展现出来的）存在先于（被定义出来的）本质，有异曲同工之妙。

大海航行靠舵手。如果让"理论跛脚"的语言学家成为自然语言处理和语音识别的舵手，那么航行势必会偏离目标。事实上正是如此。长期以来，基于规则的自然语言处理研究，基本都是失败的，难以为用。直到贾里尼克教授提出利用统计的方法，把 IBM 当时的语音识别率从 70％提升到 90％，才使得语音识别有可能从实验室走向实际应用。

前面贾里尼克的那句"狠"话固然有点夸张，但也道出了部分实情。它表明，在自然语言处理上，利用语言本身的统计数据①，完全可形成对语言规则本身的碾压。

目前 NLP 的成功方法，基本上都是基于统计的机器学习方法，包括隐马尔可夫模型（Hidden Markov Model，HMM）、条件随机场（Conditional Random Fields，CRF）、隐含狄利克雷分布（Latent Dirichlet Allocation，LDA，为一种主题模型）、卷积神经网络（CNN）、循环神经网络（RNN）。语言的"规则"，作为一种隐性知识，被隐含在模型的海量参数之中。

但追根溯源来讲，上述统计模型，实际上验证了自然语言处理的一个著名的假说——"统计语义假说（Statistical Semantics Hypothesis）"。这个假说表明：基于一种语言的统计特征，隐藏着语义的信息②[2]。

条件随机场是给定一组输入序列条件下另一组输出序列的条件概率分布模型，在自然语言处理中有着广泛应用。

---

① 统计语言模型基于预先收集的大规模语料库，以人类真实的语言为指导标准，利用统计手段预测文本序列在语料库中出现的概率，并以此"概率"作为评判文本是否"合规"的标准。

② 对应的英文为"Statistical patterns of human word usage can be used to figure out what people mean"。

这个一般性的假说是很多特定假说的基础。基于此，衍生出了诸如词袋模型假说（Bag of Words Hypothesis）、分布假说（Distributional Hypothesis）、扩展分布假说（Extended Distributional Hypothesis）及潜在关系假说（Latent Relation Hypothesis）等。下面对前两个应用较多的假说做简要介绍。

先来介绍"词袋模型假说"。事实上，在第 4 章已经多少介绍过这个概念。在数学上，袋（Bag）又称多重集（Multiset），它很像一个集合，不过它允许元素重复。举例来说，$\{a,a,b,c,c,c\}$ 是一个包含 a、b 和 c 的袋，这个袋中，a 和 c 都是有重复的。在袋和集合中，有一个重要特性，即元素的顺序是无关紧要的。因此，袋 $\{a,a,b,c,c,c\}$ 和袋 $\{c,a,c,b,a,c\}$ 是等价的。

在信息检索中，词袋模型假说是这样描述的：通过把查询和文档都表示成词袋，可以计算一个文档和查询的契合程度。词袋模型假说认为，一篇文档的词频（而非词序）代表了文档的主题。这也是有现实支撑的。比如，如果一篇文章中经常出现诸如"足球""篮球"和 NBA 等词汇，就能判断它是一则体育新闻。

下面，再讨论一下什么是"分布假说"。虽然当前统计语言模型占尽自然语言处理的风头，但提出规则的语言学家，并非一无是处。英国著名语言学家约翰·鲁伯特·弗斯（John Rupert Firth）也有一句名言，这句名言指导着计算机科学家构建更为适用的自然语言处理模型。名言是这么说的：

"You shall know a word by the company it keeps."

大意是说"观词群，知词意"。这里的 company 表示"伴随"之意，强调某个词所处的环境。这句话并非完全原创，而是弗斯从英文俗语"You shall know a person by the company it keeps"变换而来的。类似的说法，中国也有。例如，在《孔子家语》中就有"不知其人视其友"的说法。

上面的论述都在强调一点，人类在认知上，不管是语言理解，还是识人观友，都离不开"分布"在其周围的环境。弗斯等的观点衍生了自然语言处理的另外一个假说——分布假说，即"相同语境出现的词，应具有相似的语义[①]"。

这个假说表明，单词的含义需要放在特定的上下文中去理解。因为具有相同上下文的单词，往往是有联系的。比如，在语料库中有这样的句子"The **cat** is walking in the bedroom"和"A **dog** was running in a room"。即使我们不知道 cat 和 dog 为何物，也能根

语料库（Corpus）是由大量的结构化文本组成的语言资源。它们被用来在特定的语言领域内进行统计分析和假设检验，检查出现情况或验证语言规则。

---

①　对应的英文为"Words that occur in similar contexts tend to have similar meanings"。

据分布于它周围的语境,推测二者具有语义上的相似性。这是因为 the 对 a,walking 对 running,room 对 bedroom,它们都有类似的语义,那 cat 和 dog 在某种程度上具有(语法或语义上的)相似性,几乎是肯定的。

著名哲学家维特根斯坦(Wittgenstein)在他那本引导语言哲学新走向的著作《哲学研究》中也曾指出,"一个词的意义,就是它在语言的用法[①]。"这句话是说,一个符号(比如说单词)的含义,并不是这个符号本身决定的,而是看如何使用它来决定的。比如说,"国强"这个词,如果在"王国强说"这个语境下,放到"说"之前、"姓(王)"之后使用,它指的就是一个"人名",而非"国家强大"。

这里 2 是 to 的简化谐音。所以,word2vec 的完整含义就是,从单词(word)到(to)向量(vector)。

如果将抽象的"分布假说"用于测量意义的相似性时,通常就会利用到单词的向量、矩阵和高阶张量。因此,分布假说和向量空间模型(Vector Space Model,VSM)有着密切的关联。事实上,当前流行的 word2vec 工具,就是基于分布假说而设计的。下面就讨论一下,单词的向量空间表示。

8.3 词向量表示方法

在讲解卷积神经网络时,提到过图片是如何在计算机中被表达的。对于图像和音频等数据而言,其内在的属性决定了它们很容易被编码并存储为密集向量形式。例如,图片是由像素点构成的密集矩阵,音频信号也可以转换为密集的频谱数据。

类似地,在自然语言处理中,词,这个语言中的最小单位,也需找到便于计算机理解的表达方式,之后才能有效地进行下一步的操作。在自然语言处理领域,词的表达,常见的有 3 种方式:一种是我们熟悉的独热编码表示;一种是分布式表示;还有一种是词嵌入表示。下面分别来讨论一下。

8.3.1 独热编码表示

在 word2vec 技术出现之前,词通常都表示成离散的独一无二的编码,也称为独热向量(One_Hot Vector)。为什么叫 One_Hot 呢?在前面的章节中,也曾讲过,独热编码有点"举世皆浊我独清,众人皆醉我独醒"的韵味。即在编码方式上,每个单词都有自己独属的 1,其余都为 0,假设有 10 000 个不同的单词,排位语料库第一的冠词 a,用向量[1,0,

---

① 对应的英文为"The meaning of a word is its use in the language"。

0,0,0,…]表示，即只有第一个位置是 1，其余位置（2～10000）都是 0。类似地，排名第二的 abandon，用向量[0,1,0,0,0,…]表示，即只有第二个位置是 1，其余位置都是 0，如图 8-3 所示。

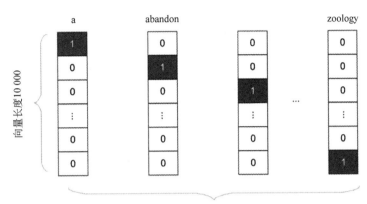

图 8-3 词的独热编码表示

独热编码的优点自然就是简单直观。但问题在于它的高维、稀疏和正交性（Orthogonality）。从图 8-3 可见，在词的向量空间上，每个向量只有一个 1 和非常多的 0。很显然，这样的表达方法，有效数据显得非常稀疏。独热编码策略导致每个词都是一个维度。因此，向量空间的维度就等同于词典的大小。比如，如果词典中有 10 000 个单词，那么向量维数就是 10 000，单个向量长度也是 10 000。

若内积空间中两向量的内积为 0，则称它们是正交的。

此外，在独热编码表示中，每个词都有一个唯一的编码，且彼此独立。但正因如此，词之间的相似性难以衡量。下面举例说明。为简化起见，假设 motel（汽车旅馆）和 hotel（宾馆）的独热编码如图 8-4 所示。

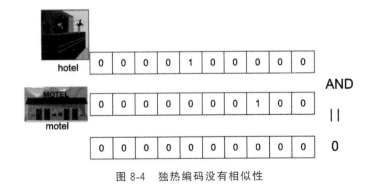

图 8-4 独热编码没有相似性

在自然语言理解上，词 motel 和 hotel 都是指"提供客人住宿的地方"，即使它们在字面上有所不同，但在语义上肯定有相似之处。但从图 8-4 可知，它们的"独热编码"没有任何交集（即二者向量的"与"操作等于 0）。显然，按照这种逻辑推演，对于中文句子"我老婆非常漂亮"和"俺媳妇十分好看"，它们也是没有任何相似性可言的。但事实上，这二者是一个意思。

我们知道，相似性是理解自然语言的重要方式。缺失相似性的度量，这可能是"独热编码"在自然语言理解上的最大缺陷之一。因此，用它来处理自然语言，肯定是"功力尚浅"。

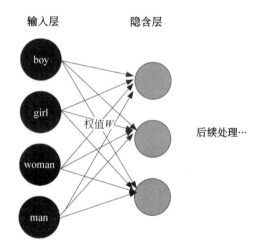

图 8-5　基于独热编码的神经网络示意图

下面举例说明这个观点。为了简单起见，假设语料库中只有 4 个单词，girl（独热编码为 1000）、woman（独热编码为 0100）、boy（独热编码为 0010）和 man（独热编码为 0001），尽管作为人类的我们，对它们之间的联系了然于胸，但是计算机并不知道，它想知道的话，需要学习。

在神经网络学习中，这 4 个词中的任意一词，在输入层都会被看作一个节点。对于神经网络而言，所谓"学习"，就是找到神经元之间的连接权重。假设只看第一层的权重，隐含层只有三个神经元，那么，将会有 4×3＝12 个权重需要学习，而且连接权值彼此独立，如图 8-5 所示。

图 8-5 演示的仅仅是 4 个词，在动辄上万甚至上百万词典的应用中，独热编码除了面临着维度灾难问题，在利用深度学习算法训练时，还会产生难以承受的"参数之重"。

8.3.2　分布式表示

针对独热编码的不足，人们自然就会设想，能否用一个连续的低维密集向量，去刻画一个词的特征呢？这样一来，人们不仅可以直接刻画词与词之间的相似度，而且还可以构建一个从向量到概率的平滑函数模型，使得相似的词向量可以映射到相近的概率空间上。这个稠密连续向量也被称为单词的"分布式表示"（Distributed Representation）。

再回到图 8-5 所示的 4 个词的讨论上来，我们知道，它们彼此之间，在语义上，的确是存在一定关联的。现在人为找到它们之间的联系，且不再使用独热编码，而是该热（1）的热（1），该冷（0）的冷（0）。假设使用两个节点，每个节点使用两位编码，词的分布式表达如表 8-1 所示。

表 8-1　词的分布式表达

编码位	0	1
Gender(性别)	Female(女性)	Male(男性)
Age(年龄)	Child(孩子)	Adult(成人)

　　如果规定这个分布式表示有两个维度的特征：第一个维度为 Gender(性别)，第二个维度是 Age(年龄)。那么，girl 可以被编码成向量[0,0]，即"女性孩子"。boy 可以编码为[1,0]，即"男性孩子"。woman 可以被编码成[0,1]，即"成年女性"。man 可以被编码成[1,1]，即"成年男性"。这样使用优化后的输入节点，再次构造神经网络，如图 8-6 所示。

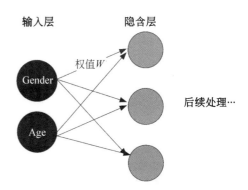

图 8-6　分布式编码的神经网络示意图

　　相比于图 8-5 所示的网络结构，图 8-6 所示的分布式编码神经网络要清爽很多。此时，需要学习的权重从 4×3＝12 个，就缩小到 2×3＝6 个。由于每个词都有两个节点编码，当输入训练数据 girl 时，与 girl 共享相同连接的其他样本，也可以得到训练。比如，它可以帮助到与其共享 female 的 woman，以及和 boy 共享的 child 的权值训练。如此一来，参数的训练不再彼此孤立，而是彼此"混搭"，说学术点，就是参数共享。

　　前面提到，girl 可以被编码成向量[0,0]，boy 可以编码为[1,0]等，它们的编码都是或 0 或 1 的整数。实际上，更普遍的情况是，用更多不同实数的特征值表示。这种向量通常长成如下这个样子：

```
W("cat')=[0.19, -0.47, 0.72 ...]
W("mat')=[0.0, 0.6, -0.31 ...]
```

　　这样一来，可以把"词"想象成高维向量空间中的一个点。词的意义就由词的向量值来表征(Meanings are vectors)。

　　现在你应该明白了，这里的"分布式表示"中的"分布"，是指每个词都可以用一个向量表达，而这个向量里可能包含多个特征的部分含义，而非"独热编码"那么"独"。当然，这里的"多个"，也不能像"独热编码"那么多，其维度一般控制在 50 维到 100 维范围内，相比于"独热编码"动辄成千上万的维度,"分布式表示"已经是低维表达了。

"分布式表示"最大的贡献在于,它提供了一种可能性,可以让相关或者相似的词,在距离上可度量。度量的标准可以是欧几里得距离,也可以用余弦夹角来衡量。

"分布式表示"的概念,多少有点哲学中的"本体论(Ontology)"概念的影子。因为"本体"是用各种属性(或说特征)刻画出来的。如果通过机器学习算法把各种特征找出来,并精确地用数值表征出来,那么这个本体就呼之欲出了。

分布式表示(Distributed Representation)是人工神经网络研究的一个核心思想。简单来说,就是当表达一个概念时,神经元和概念之间并不是"一对一"的映射,而是"多对多"的映射。具体而言,就是一个概念可以用多个神经元共同定义表达,同时一个神经元也可以参与多个不同概念的表达,只不过所占的权重不同罢了。

举例来说,对于"小红汽车"这个概念,如果用分布式特征来表达,那么可能是一个神经元代表大小(形状:小),一个神经元代表颜色(颜色:红),还有一个神经元代表物体的类别(类别:汽车)。只有当这三个神经元被同时激活时,才可以比较准确地描述我们要表达的物体。

分布式表示有很多优点。其中最重要的一点莫过于当部分神经元发生故障时,信息的表达不会出现覆灭性的破坏。比如,人们常在影视作品中看到这样的场景,仇人相见分外眼红,一人(A)发狠地说,"你化成灰,我都认识你(B)!"这里并不是说 B 真的"化成灰"了,而是说,虽然时过境迁,物是人非,当事人 B 的外表也变了很多(对于识别人 A 来说,B 在其大脑中的信息存储是残缺的),但没有关系,只要 B 的部分核心特征还在,那 A 还是能够把 B 认得清清楚楚、真真切切的,这说明了分布式特征表示的健壮性(见图 8-7)。

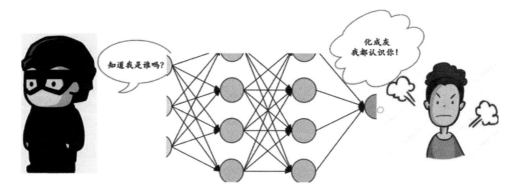

图 8-7　分布式特征表示的优势——健壮性

接下来，就要引入要讲到的重点——词嵌入（Word Embedding）了，它就是达到图 8-7 所示的神经网络所表示的结果，即从数据中自动学习到分布式表示。如前所述，如果分布式表示得以完成，那么就能显著降低向量空间的维度及减少训练所需的数据量。

8.3.3　词嵌入表示

下面首先介绍一下"词嵌入"（Word Embedding，亦有资料将其译为"词向量"）这个术语的来历。词嵌入技术最早起源于 2000 年。伦敦大学学院（University College London）的研究人员罗维斯（Roweis）与索尔（Saul）在《科学》（*Science*）上撰文[3]，提出了局部线性嵌入（Locally Linear Embedding，LLE）策略，它被用来从高维数据结构中学习低维表示方法（其核心工作就是降维）。

随后 2003 年，机器学习著名学者（当前深度学习三大家之一）约书亚·本吉奥（Yoshua Bengio）等发表了一篇开创性的论文：*A neural probabilistic language model*（一个神经概率语言模型）[4]。

在这篇论文里，本吉奥等总结出了一套用神经网络建立统计语言模型的框架（Neural Network Language Model，NNLM），并首次提出了"词嵌入"的理念（但当时并没有取这个名字）。

在自然语言处理中，"词嵌入"基本上是语言模型与表征学习技术的统称。从概念上讲，它是指把一个维数等于所有词数量的高维空间（例如前面提到的独热编码），"嵌入"到一个维数低得多的连续向量空间中，并使得每个词或词组都被映射为实数域上的向量[2]。

那么，这个"嵌入"到底是什么意思呢？简单来说，在数学上，"嵌入"表示的是一个映射：$f: X \to Y$，也就是说，它是一个函数。不过这个函数有点特殊，要满足两个条件：①单射，即每个 Y 只有唯一的 X 与之对应，反之亦然；②结构保存，比如，在 X 所属的空间上有 $x_1 > x_2$，那么通过映射之后，在 Y 所属的空间上一样有 $y_1 > y_2$。

具体到"词嵌入"，它就是要找到一个映射或函数，把词从高维空间映射到另外一个低维空间，其中这个映射满足前面提到的单射和结构保存特性，且一个萝卜一个坑，好像是"嵌入"到另外一个空间中一样，即生成词在新空间上找到了低维表达方式，这种表达方式就称为词表征（Word Representation）。①

事实上，这个"嵌入"概念，不仅适用于"词嵌入"，还适用于"图像嵌入""语音嵌入"，只要满足高维到低维的变化，只要满足单射和结构保存特性，都可称为"嵌入"。

———————————

① http://sanjaymeena.io/tech/word-embeddings/.

在 2010 年以后,"词嵌入"技术突飞猛进。布尔诺科技大学(捷克)的托马斯·米科洛维(Tomas Mikolov)等提出了一种 RNNLM 模型[5],用递归神经网络代替原始模型里的前向反馈神经网络,并将"嵌入层"与 RNN 里的隐含层合并,从而解决了变长序列的问题。

特别是在 2013 年,由米科洛维领导的谷歌团队再次发力,开发了 word2vec 技术,使得向量空间模型(Vector Space Model,VSM)的训练速度大幅提高[6],并成功引起工业界和学术界的极大关注。

相比于独热编码的离散编码,VSM 模型可以将词语转为连续值,而且是意思相近的词,还会被映射到向量空间相近的位置。这样一来,词语之间的相似性(距离)就非常容易度量了。甚至人们发现,词嵌入向量(Embedding Vectors)具备类比特性。类比特性就是拥有类似于"$A-B=C-D$"这样的结构,可以让词向量中存在着一些特定的运算,例如:

$$W("China") - W("Bejing") \simeq W("USA") - W("Wanshington")$$

这个减法运算的含义是,北京之于中国,就好比华盛顿之于美国,它们都是所在国家的首都,这在语义上是容易理解的,但是通过数学运算表达出来,还是"别有一番风味"(见图 8-8)。

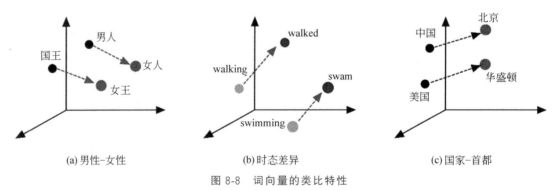

(a) 男性-女性　　　　(b) 时态差异　　　　(c) 国家-首都

图 8-8　词向量的类比特性

类似地,男人和女人的向量差距,与国王与女王的差距类似,它们都是性别带来的差异;walking 和 walked 的向量差距,与 swimming 和 swam 的差距也类似,它们都是时态不同带来的差距。

向量嵌入其实是一种思想,在其他领域也可以得到应用。一个有趣的发现是这样的。我们经常说"诗情画意",实际上,它们指的是两个层面的事情,"诗情"主要是用文字来描述，"画意"主要是用图片描述。而机器通过大量训练发现，在语义和情景上有类似之意的"诗情"和"画意"，它们在向量空间中，会被映射在类似的位置，这种朦胧的难以名状的"情"与"意"，居然在机器的天地里也有一席之地，不禁令人惊叹不已。

前面从词的向量表示角度出发，讨论了主流的 3 种方法（即独热编码表示、分布式表示和词嵌入表示）。下面再从自然语言处理的统计语言模型出发，谈论一下它的三个发展阶段：NGram 语言模型、前馈神经网络模型（NNLM）和循环神经网络模型（RNNLM）。

8.4　经典的自然语言处理统计模型

在自然语言处理的统计模型中存在一个基本问题，即在上下文语境中，如何计算一段文本序列在某个句子下出现的概率。之所以说它是一个基本问题，是因为它在很多自然语言处理任务中都扮演着重要的角色。

8.4.1　NGram 模型

假定 S 表示某一个有意义的句子，这个句子由一连串有特定顺序的单词构成，即 $S = w_1, w_2, \cdots, w_t$。现在我们想知道 S 在文本中出现的概率，记作 $P(S)$：

$$
\begin{aligned}
P(S) &= P(w_1, w_2, \cdots, w_t) \\
&= P(w_1) \cdot P(w_2 \mid w_1) \cdot P(w_3 \mid w_1, w_2) \cdots P(w_t \mid w_1, w_2, \cdots, w_{t-1}) \\
&= \prod_{t=1}^{T} p(w_t \mid w_1, w_2, \cdots, w_{t-1})
\end{aligned}
\tag{8-1}
$$

其中，$P(w_1)$ 表示第一个词 w_1 出现的概率；$P(w_2 \mid w_1)$ 表示已知第一个词的前提下，第二个词出现的概率；以此类推。显然，到了第 t 个单词，它的出现概率取决于它前面的 $t-1$ 个词。从式（8-1）可以看出，单词序列（即句子）的联合概率可以转化为一系列条件概率的乘积。这样一来，问题就得以转换，它等价于，在给定 $t-1$ 个词出现的情况下，去预测第 t 个词出现的条件概率 $p(w_t \mid w_1, w_2, \cdots, w_{t-1})$。

如果完全按照式（8-1）来构建预测模型，那么将会带来巨大的参数空间，从而无法有效进行计算，进而导致这样的原始模型在实际中并没有什么用。通常，人们更多的是采用其简化版本——NGram 模型，也称为 N 元模型。该模型基于马尔可夫假设，即假设在一段文本序列中,第 n 个词出现的概率只和前面有限 $n-1$ 个词相关,而与其他词无关,这里的 n 通常是远小于 t 的,也就是说对句子做了部分截断。

这样一来,计算 S 出现的概率就变得简单多了:

$$P(S) = P(w_1, w_2, \cdots, w_t)$$
$$\approx P(w_t \mid w_{t-n+1}, \cdots, w_{t-1}) \tag{8-2}$$

常见的模型有 Bigram 模型($n=2$)和 Trigram 模型($n=3$)。由于模型复杂度的限制,人们很少会考虑 $n>3$ 的模型。事实上,实验表明,大幅提高计算复杂度的四元模型,其实际效果并不比三元模型更好。

8.4.2　基于神经网络的语言模型

传统的 NGram 模型存在较大问题。首先,由于参数空间的爆炸式增长,它仅能对长度为两三个词的序列进行评估。其次,NGram 模型没有考虑词与词之间内在的联系性。

本质上,NGram 把词当作一个个孤立的原子单元去处理。这种处理方式对应到数学上的形式,实际上就是一个个离散的独热向量。关于独热编码的不足,前文已有讨论,这里不再赘述。

为了解决 NGram 面临的问题,前文提到的本吉奥等通过引入词向量的概念,提出了基于神经网络的语言模型(Neural Network Language Model,NNLM)。

NNLM 通过嵌入一个线性的投影矩阵(Projection Matrix),将原始的独热编码向量映射为一个个稠密的连续向量,并通过训练一个神经语言模型,去学习这些向量的权重。

简单来说,NNLM 模型的基本思想可以概括为如下 3 步。

(1)为词表中的每一个词分配一个分布式的词特征向量。

(2)假定一个连续平滑的概率模型,输入一段词向量的序列,可以输出这段序列的联合概率。

(3)学习词向量的权重和概率模型里的参数。

词特征向量代表了词在不同维度上的属性,每个词都可以被映射到向量空间的某个点上。由于词特征的数量远远小于词表的大小,从而达到了降维的目的。

在参考文献[4]中,本吉奥等采用了一个简单的前向反馈神经网络,构造了一个函数 $f(w_t, w_{t-1}, \cdots, w_{t-n+2}, w_{t-n+1})$,拟合一个词序列的条件概率 $P(w_t|w_1, w_2, \cdots, w_{t-1})$,

$w_t \in V$，这里 V 表示词汇表（Vocabulary）。我们知道，根据 Hornik 的通用近似定理，只需要包括有足够多神经元的隐含层，在理论上神经网络就能以任意精度逼近任意连续函数。也就是说，完成输入和输出之间的复杂映射，从而拟合成某个函数，正是神经网络的拿手好戏。

NNLM 模型的网络结构如图 8-9 所示。宽泛来说，该模型依然属于 NGram 模型，因为它也是利用 $w_1, w_2, \cdots, w_{t-1}$ 前 $n-1$ 个词，预测第 N 个词的 w_t。

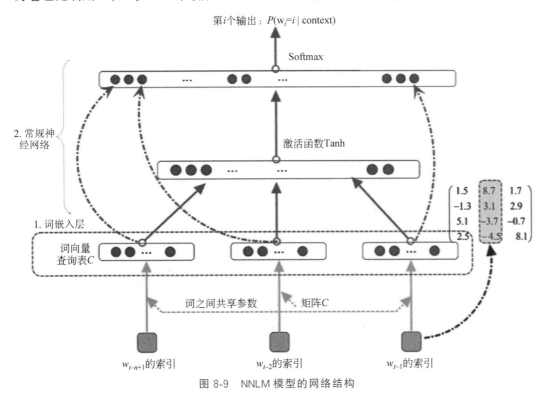

图 8-9　NNLM 模型的网络结构

对于图 8-9 所示的 NNLM 模型，可以将其拆分为两部分来理解。

首先，它有一个线性的嵌入层（Embedding Layer）。神经网络的原始输入是各种不同的词，严格来说，是词在词表中的索引。鉴于索引的唯一性，它可以被看作特殊的"独热编码"（One_Hot）向量。嵌入层将输入的 $n-1$ 个 One_Hot 词向量，通过将一个共享的 $|V| \times m$ 的矩阵 C，映射为 $n-1$ 个分布式的词向量。其中，这里的 $|V|$ 是词汇表的大小，m 是嵌入向量的维度（这是一个先验参数），矩阵 C 中存储了需要学习的词向量。

现举例说明上述流程。假设学习得到投影矩阵 $\boldsymbol{C}$ 如下所示。

$$\boldsymbol{C} = \begin{pmatrix} 1.5 & 8.7 & 1.7 \\ -1.3 & 3.1 & 2.9 \\ 5.1 & -3.7 & -0.7 \\ 2.5 & -4.5 & 8.1 \end{pmatrix}$$

为简单起见,仅仅给出三个单词的投影矩阵(每一列对应一个词向量),现在假设想提取第二个单词向量(图 8-9 中所示矩阵的第二列),可以用这个单词的独热编码来提取,如下所示[1]。

$$\underbrace{\begin{pmatrix} 1.5 & 8.7 & 1.7 \\ -1.3 & 3.1 & 2.9 \\ 5.1 & -3.7 & -0.7 \\ 2.5 & -4.5 & 8.1 \end{pmatrix}}_{\text{投影矩阵} \boldsymbol{C}} \times \underbrace{\begin{pmatrix} 0 \\ 1 \\ 0 \end{pmatrix}}_{\text{单词的独热编码}} = \underbrace{\begin{pmatrix} 8.7 \\ 3.1 \\ -3.7 \\ -4.5 \end{pmatrix}}_{\text{单词投影向量}}$$

需要注意的是,上述计算过程可能造成一个假象,看起来投影矩阵 $\boldsymbol{C}$ 比单词的独热编码复杂多了。但实际情况是,单词的独热编码可能高达几十万维(和单词个数成正比),而投影矩阵通常是 100、200 这样的低维向量。

词经过“嵌入”操作之后,维度高达数十万的稀疏向量可能被映射到数百维的密集向量中。在这个密集向量中,其每一个特征都可能有某种含义,它们可能是语义上的(比如,boy 和 man 虽然年龄上不同,但语义上都是男性),也可能是语法上的,如单复数(比如,girl 和 girls 的差别),也可能是词性(比如,是名词还是动词)以及时态上的(比如,teach 和 taught 都表达“教”的含义,但发生的时间不同),诸如此类。但需要说明的是,并不是每个维度都有人所能理解的物理意义。

除了嵌入层之外,NNLM 模型中还包含一个前向反馈神经网络 g,它由一个激活函数为 Tanh 的隐含层和一个 Softmax 输出层共同组成。

这里,简单介绍一下 Softmax 的概念。Softmax 的主要功能之一就是,将其他分类器输出的分类依据(可视为一种 logit 数值),转化为这些值出现的概率,而且这个概率和它们原本的取值大小是正相关的。最后,概率大者将被选中,这种经过变换的最大值称之

---

[1]　在深度学习框架中,如 TensorFlow 和 PyTorch 中,都有类似的词嵌入查询表函数,如在 TensorFlow 中有 tf.nn.embedding_lookup,在 PyTorch 中有 torch.nn.Embedding。

为软最大值（Softmax）。

那么，这个 Softmax 是如何定义的呢？假设一个向量 C 有 k 个元素，z_i 表示 C 中的第 i 个元素，那么它的 Softmax 值可定义为：

$$\text{Softmax}(z_i) = \frac{e^{z_i}}{\sum\limits_{j} e^{z_j}} \qquad j = 1, 2, \cdots, k \qquad (8\text{-}3)$$

在数学上，Softmax 函数又称为归一化指数函数。如果应用在分类领域，假设向量 C 中有 k 个元素，它就是 k 分类。

对于机器学习领域常用的 SVM（支持向量机）分类器，它在分类计算的最后会对一系列的标签如"猫""狗""船"等，输出一个具体分值，如 $[4, 1, -2]$，然后取最大值（如 4）作为分类评判的依据，这个过程有点像硬最大值。

而 Softmax 函数有所不同，它会把所有的"备胎"分类都进行保留，并把这些分值实施规则化（Regularization），也就是说，将这些实数分值转换为一系列的概率值（信任度），如 $[0.96, 0.04, 0.0]$，最后选择概率最大的作为分类依据，如图 8-10 所示。由此可见，其实 SVM 和 Softmax 是相互转换的，不过是表现形式不同而已。

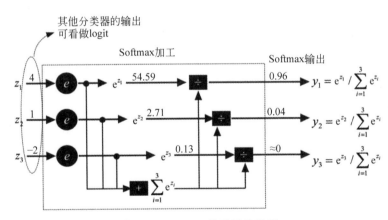

图 8-10　Softmax 输出层示意图

对于一个长度为 k 的向量 $[z_1, z_2, \cdots, z_k]$，利用 Softmax 回归函数可以输出一个长度为 k 的向量 $[p_1, p_2, \cdots, p_k]$。如果一个向量想成为一种概率描述，那么它的输出至少要满足两个条件：一是每个输出值 p_i（即概率）都在 $[0, 1]$ 上；二是这些输出向量之和

$$\sum_j p_j = 1。$$

举例来说,在图 8-10 中,原始的分类分值(或者说特征值)是[4,1,−2],其中 4 和 1 的差值看起来没有那么大,但经过 Softmax "渲染"之后,前者的分类概率接近 96%,而后者则仅在 4% 左右。而分值为 "−2" 的概率就更惨了,直接趋近于 0。这正是 Softmax 回归的魅力所在。

回到神经网络语言模型的讨论上。当词被转化为用实数表示的词向量后,接下来的工作就如同普通前馈网络一样,使用 Tanh 作为激活函数,做非线性变换,最后再通过 Softmax 将输出值归一化为概率 P,即在上文 context(即 $w_1, w_2, \cdots, w_{t-1}$)条件下计算接下来的词 w_i 的预测条件概率 $P(w_i = i | \text{context})$:

$$P(w_i \mid w_1, w_2, \cdots, w_{t-1}) \approx f(w_t, w_{t-1}, \cdots, w_{t-n+1})$$
$$= g(w_i, \boldsymbol{C}(w_{t-n+1}) \cdots, \boldsymbol{C}(w_{t-1})) \tag{8-4}$$

然后,通过最小化一个交叉熵的正则化损失函数来调整模型的参数 θ[①]:

$$L(\theta) = \frac{1}{T} \sum \ln f(w_t, w_{t-1}, \cdots, w_{t-n+1}; \theta) + R(\theta) \tag{8-5}$$

需要注意的是,模型的参数 θ 既包括嵌入层矩阵 $\boldsymbol{C}$ 中的元素(即词向量),也包括前向反馈神经网络模型 g 里的权重。这是一个巨大的参数空间。待训练结束后,得到了神经网络的权值参数和词向量表达。

在这样的模型的协助下,就可以通过像普通神经网络一样,使用梯度下降算法进行优化,并通过训练得到最优参数解。

与传统的 NGram 语言模型相比,NNLM 的参数规模与词汇表规模 $|V|$ 及上下文依赖长度 n 呈线性增长。在同等规模的语料库基础上,NNLM 比 NGram 支持更长距离的上下文。用 APNews 和 Brown 数据集合进行测试,在混乱度(Perplexity)这个性能指标上,NNLM 要比 NGram 低 8%～24%。

当然,NNLM 并非完美,它存在两大缺点:一方面它处理的句子必须定长。这是因为,它使用了典型的前馈神经网络,而这类神经网络的输入层,神经元数量是固定的,这也决定了它能处理的句子长度也必须事先设置好并固定下来。对长短变化多端的自然语言来说,这个短板严重限制了 NNLM 的实际应用。

---

① 交叉熵代价函数(Cross-entropy Cost Function)是用来衡量人工神经网络(ANN)的预测值与实际值的一种方式。

另一方面，它的训练速度较慢。特别是在神经网络部分，隐含层到输出层是全连接，需要学习的参数非常多，条件概率的计算负担非常大，这对动辄上千万甚至上亿的真实语料库来说，训练 NNLM 模型几乎是一个不可能完成的任务。

作为资深的机器学习专家，本吉奥并非不知道自己模型的弊端。他在论文[4]中指出，可使用延时神经网络或循环神经网络，或二者的组合来解决 NNLM 的内在缺陷。

为什么要单独把这句话拎出来说一下呢？这是因为，本吉奥挖了一个坑，但并没有亲自去填上。大概过了十多年，他在论文中留下的这句话启迪了一位年轻后生，这位后生通过研究基于循环神经网络的语言模型（RNNLM）拿到了博士学位，并以此为敲门砖入职谷歌，然后又在谷歌带领团队折腾出大名鼎鼎的 Word2Vec。是的，他就是前文我们提到的米科洛维（Tomas Mikolov）。下面就简单介绍一下由托马斯·米科洛维推动的循环神经网络语言模型。

8.5　基于循环神经网络的语言模型

由于标准神经网络的输入节点之间是独立的，它无法感知相邻数据之间的依赖关系。显然，自然语言的上下文不是独立的，那我们该如何捕捉这种依赖关系呢？

因此，我们需要在这些领域拓展神经网络的处理能力，让其拥有过往信息的"记忆"能力。而循环神经网络（RNN）就是在这种背景下应运而生的。

8.5.1　Vanilla 递归神经网络

1990 年，杰弗里·埃尔曼（Jeffrey Elman）正式提出了 RNN 模型（见图 8-11），不过那时 RNN 还叫 SRN（Simple Recurrent Network，简单循环网络）[7]。由于引入了循环，RNN 具备有限短期记忆的优势。

在 Elman 提出的网络中，每个隐含层的单元都配有专职"秘书"——上下文单元。每个这样的"秘书单元"j' 都负责记录它的"主人单元"——隐含层神经元 j 的前一个时间步的输出。"秘书单元"和"主人单元"的连接权重 $w_{j'j} = 1$，这意味着"秘书单元"作为一个普通的输入边，会把接收到的前一个时间步的值，作为输入送回隐含层的单元。

Elman 网络模型结构简单，可视为一个简化版的 RNN，它为隐含层神经元配备固定权重的自连接循环构思，其实也是"长短期记忆网络"（Long Short-Term Memory，

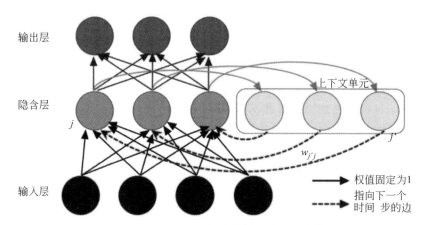

图 8-11 Jeffrey Elman 提出的循环神经网络模型

LSTM)的重要理论基础。LSTM 是 RNN 的一种高级变种[8]，后面的章节会详细讲解，这里暂且按下不表。

8.5.2 感性认知 RNN 的"记忆"功能

RNN 的概念比较抽象，而抽象的概念特别需要感性的例子来辅助理解。下面就列举一个简化的案例来辅助读者理解什么是 RNN 中的"记忆"。

假设有一个机票自动订票系统，它收到一句指令"抵达北京的时间为 12 月 17 日"。通过命名实体识别（Named Entity Recognition，NER）等自然语言处理技术，很容易抽取到"北京"（地点）和"12 月 17 日"（日期）等信息，于是这个订票系统就会预订目的地为北京的机票。

但如果它还收到一句类似的指令"离开北京的时间为 12 月 17 日"，同样抽取得到的实体信息也是"北京"和"12 月 17 日"，这时它还能定预订目的地为北京的机票吗？ 显然不能。作为人类而言，我们很容易知道，这句话的含义是订票的出发地为北京。

因此，在处理上面的语句时，我们必须考虑"北京"的历史信息，即前面的文本是"抵达"还是"离开"。对于神经网络而言，如何做到当输入是"北京"时，还能考虑前面的历史信息呢？

下面以简化版本 Vanilla RNN 网络模型为例来说明网络的"记忆"过程（见图 8-12）。对于自然语言处理而言，我们看到的所有文字，其实都可以被映射为一个词向量，即某个

数值来代替某个文本字符。为简化计算，就用一些简单的整型数字来代替文本，比如说

输入序列为 $\begin{bmatrix} 1 \\ 1 \end{bmatrix}\begin{bmatrix} 1 \\ 1 \end{bmatrix}\begin{bmatrix} 2 \\ 2 \end{bmatrix}$，输入神经元个数是 2 个，网络连接的权值均为 1，隐含层和输出

层神经元没有偏置（Bias），没有激活函数（或认为激活函数为 $y = x$，直接线性输出），上下

文单元（即记忆单元）a_1、a_2 的初始值均为 0。

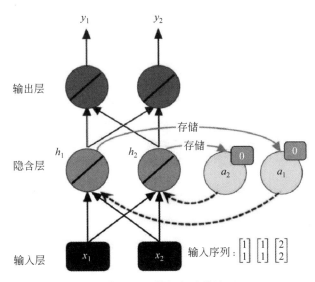

图 8-12　RNN 的记忆功能演示

下面来描述 RNN 的计算过程。

（1）当第 1 个向量 $\begin{bmatrix} 1 \\ 1 \end{bmatrix}$ 抵达时，由于所有权值均为 1，那么，隐含层神经元 h_1 的数值

为 $(1 \times 1 + 1 \times 1) + (0 \times 1 + 0 \times 1) = 2$。这个计算式中第一个括号的数值来自输入，第二

个括号内的计算来自记忆神经元。乘号前的数值为输入数值，乘号后的数值为权值。类

似地，神经元 h_2 的数值也为 2。由于假设神经元是线性输出的，所以神经元 h_1 和神经元

h_2 的输出都是 2。

然后，隐含层的数据抵达输出层，经过计算，y_1 的输出值为 $(2 \times 1 + 2 \times 1) = 4$。类似

地，可以计算得出 y_2 的输出亦为 4，因此输出向量为 $\begin{bmatrix} 4 \\ 4 \end{bmatrix}$。

需要注意的是，神经元 h_1 和神经元 h_2 的输出信息，也被"秘书单元"存储到记忆单元

a_1 和 a_2 中，因此，此时它们的值也分别为 2。整个网络更新的过程如图 8-13 所示。

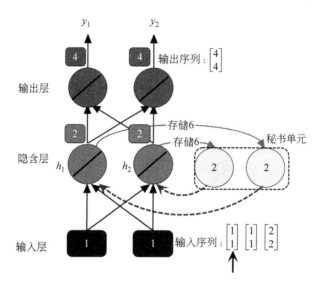

图 8-13　RNN 的记忆单元被第 1 次更新

（2）接下来，当第 2 个向量 $\begin{bmatrix} 1 \\ 1 \end{bmatrix}$ 抵达时，隐含层神经元 h_1 的数值为 $(1\times1+1\times1)+$ $(2\times1+2\times1)=6$。相比于第 1 次，记忆单元的值不再是初始值 0，而是更新之后的 2，所以前面算式中第 2 个括号内的值是不同的。类似地，神经元 h_2 的数值也计算为 6。然后，隐含层的数据抵达输出层，经过计算，y_1 的输出值为 $(6\times1+6\times1)=12$。类似地，可以计算得出 y_2 的输出亦为 12，因此输出序列为 $\begin{bmatrix} 4 \\ 4 \end{bmatrix}\begin{bmatrix} 12 \\ 12 \end{bmatrix}$。

一番计算之后，隐含层神经元 h_1 和 h_2 的输出信息，同样也被存储到记忆单元 a_1 和 a_2 中，因此，它们的值都被更新为 6，网络更新示意图如图 8-14 所示。

（3）当第 3 个向量 $\begin{bmatrix} 2 \\ 2 \end{bmatrix}$ 抵达时，利用类似的计算规则，隐含层神经元 h_1 和 h_2 的值计算为 16。记忆单元部分发生了变化。其值也被更新为 16。

然后，隐含层数据抵达输出层，经过计算，y_1 的输出值为 $(16\times1+16\times1)=32$。类似地，y_2 的输出亦为 32。因此，输出序列为 $\begin{bmatrix} 4 \\ 4 \end{bmatrix}\begin{bmatrix} 12 \\ 12 \end{bmatrix}\begin{bmatrix} 32 \\ 32 \end{bmatrix}$。记忆单元 a_1 和 a_2 的值也被更新

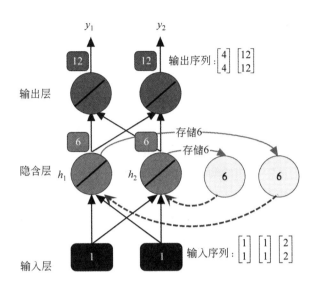

图 8-14　RNN 的记忆单元被第 2 次更新

为 16，整个网络更新过程如图 8-15 所示。

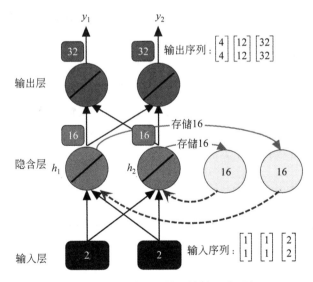

图 8-15　RNN 的记忆单元被第 3 次更新

从上述计算过程中,请读者考虑如下两个问题:①为何前两次输入,向量都是$\begin{bmatrix}1\\1\end{bmatrix}$,但输出却不同呢(分别为$\begin{bmatrix}4\\4\end{bmatrix}$和$\begin{bmatrix}12\\12\end{bmatrix}$)? ②如果将输入序列改变了,如$\begin{bmatrix}1\\1\end{bmatrix}\begin{bmatrix}2\\2\end{bmatrix}\begin{bmatrix}1\\1\end{bmatrix}$,那么输出序列会发生变化吗?

第 1 个问题的答案是,因为 RNN 引入了记忆单元。第 1 次,记忆单元"空空如也",而当第 2 次输入时,即使输入的向量相同,但此时 RNN 内心已有自己的"小九九",即存储了第 1 次操作的"记忆",对外的输出是内部状态(可理解为记忆)和外部输入的叠加体现,自然二者的输出迥然不同。

第 2 个问题的答案依然是,由于 RNN 引入了记忆单元,不同的输入序列,就会产生不同的输出序列(读者朋友可以自行计算一下,以增加感性认识)。也就是说,RNN 这样的网络结构,已然对输入数据的先后序列(位置信息)敏感了,这是一个非常有用的特征。

因此,对于 CNN 无法很好处理的例子:"不怕辣""辣不怕""怕不辣"及"怕辣不",在理论上,RNN 是可以处理得很好的。类似地,当在处理"抵达北京的时间为 12 月 17 日"和"离开北京的时间为 12 月 17 日"这两个句式时,由于"北京"前面的输入是不一样的,因此,它们对"北京"是作为"目的地"还是"出发地"概率的影响,是大相径庭的,因而也就能准确地订票了。

根据通用近似定理,一个三层的前馈神经网络,在理论上,可以做到逼近任意函数。在这方面 RNN 表现得如何呢? 1995 年,Siegelmann 和 Sontag 证明了带有 Sigmoid 激活函数的 RNN,是"图灵完备"(Turing-complete)的[9]。这就意味着,如果给定合适的权值,RNN 同样具备可以模拟任意计算的能力。然而,这仅仅是一种理论上的情况,因为给定一个任务,通常很难找到完美的权值。

8.5.3 RNN 的工作原理

图 8-16 所示的是传统的 Elman RNN 网络模型的展开结构图。无论是循环图,还是展开图,都有其示意作用。循环图(左图)RNN 的折叠形式比较简洁,而展开图则能表明其中的计算流程。

在图 8-16 的左图中,有一个黑色的方块,它描述了一个延迟连接,即从上一个时刻隐含层状态 s_{t-1} 到当前时刻隐含层状态 s_t 之间的连接。需要特别注意的是,图 8-16 右边的展开图是同一个网络在不同时刻的呈现而已,它真正的拓扑结构就是图 8-16 展开之前

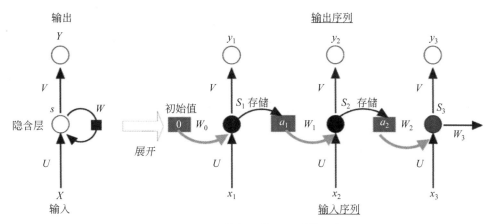

图 8-16　Elman 神经网络展开后的示意图

"朴素"的模样。

观察图 8-16 可知，$t = 3$ 时刻的输出 y_3，不仅依赖于输入 x_3，还依赖于隐含层的权值 W_h，而 W_h 代表着记忆，它又受影响于 x_1 和 x_2，换句话说，输出 y_3 依赖于 x_1、x_2 和 x_3。推而广之，y_i 的输出依赖于 $x_1, x_2, \cdots, x_i$。利用过往和当下信息，综合计算输出，正是 RNN 的典型特征。

这种循环处理信息的机制让 RNN 与人类大脑记忆的过程非常类似。人类的记忆，何尝不是在多次循环且不断更新中，逐渐沉淀下来，慢慢形成日常生活中的先验知识。

事实上，第一代 RNN 网络并没有引起世人瞩目，就是因为 RNN 在利用反向传播调参过程中，产生了严重的梯度弥散（过小的梯度连乘导致趋近 0，造成无法指导权值更新）或梯度爆炸（即连乘的梯度趋于无穷大，造成系统不稳定）问题。

下面举例说明梯度弥散的问题。由于 RNN 中采用的激活函数是 Sigmoid，其导数值域锁定在 $[0, 1/4]$ 范围之内。故此，每一层反向传播过程，梯度都会以前一层 1/4 的速度递减。可以想象，随着传递时间步数的不断增加，梯度会呈指数级趋势递减，直至梯度消失，如图 8-17 所示。假设当前时刻为 t，那么在 $(t-3)$ 时刻，梯度将递减至 $(1/4)^3 = 1/64$，以此类推。

一旦梯度弥散（或梯度趋近于 0），参数调整就没有了方向感，从而 BPTT 的最优解也就无从获得，RNN 的应用就受到了局限。

前面提到，在理论上，RNN 的确可以在时间轴上任意展开，也就是说，它可以"记住"

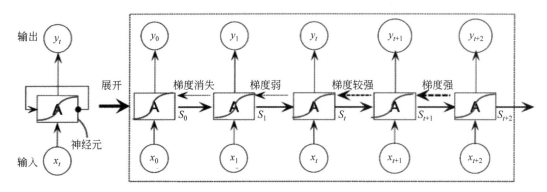

图 8-17　BPTT 梯度递减示意图

任意过往的信息,但由于存在"梯度弥散",那些"记忆"会很快烟消云散。能不能把这些"记忆"保持长久一点呢?

　　办法总比问题多。这就需要改造神经元的内部构造了。原来的那种的"朴素"神经元,显然已经难以胜任。这个改造工作,就是下一节要讨论的长短期记忆(Long Short-Term Memory,LSTM)网络。

8.5.4　长短期记忆网络

　　LSTM 是施密德胡伯(J. Schmidhuber)在 1997 年提出的循环网络的一种变体,带有所谓长短期记忆单元[8]。施密德胡伯(为了便于阅读,以下简称"胡伯")是何许人也? 我们常说深度学习有三大巨头:Y. Bengio、Y. LeCun,和 G. Hinton,他们三人获得 2018 年的图灵奖。如果把"三大巨头"扩展为"四大天王"的话,这位胡伯应可入围。论开创性贡献,他也算得上深度学习的先驱人物之一。他最杰出的贡献,莫过于 1997 年他和Hochreiter 合作提出的 LSTM[1]。因此,胡伯也被尊称为"LSTM 之父"。

　　由于独特的设计结构,LSTM 可以很好地解决梯度消失问题,它特别适合处理时序间隔和延迟非常长的任务(甚至可以超过 1000 个时间步),且性能奇佳。比如,2009 年,用改进版的 LSTM,赢过国际文档分析与识别大赛(ICDAR)手写识别大赛冠军[5]。再后来,2014 年,本吉奥的团队提出了一种更加好用的 LSTM 变体门控环单元(Gated Recurrent Unit,GRU)[6],从而使得 RNN 的应用更加流行。作为非线性模型,LSTM 非常适合构造大型深度神经网络。

　　从上面的分析可知,第一代 RNN 的问题主要出在神经元功能不健全上,它把该记住的遗忘了，又把该遗忘的记住了。那如何来改造它呢？这时就要体现胡伯提出的 LSTM 的优势了。LSTM 的核心本质在于，通过引入巧妙的可控自循环，以产生让梯度能够得以长时间可持续流动的路径（事实上，何凯明等人提出的残差网络 ResNet 也利用了这个理念）。

图 8-18 为简易 RNN 和 LSTM 神经元的对比示意图。在该图中，每个方块代表一个神经元。先不用纠结具体的细节，仅仅从宏观就可以感知到，LSTM 的神经元内部要复杂了很多。

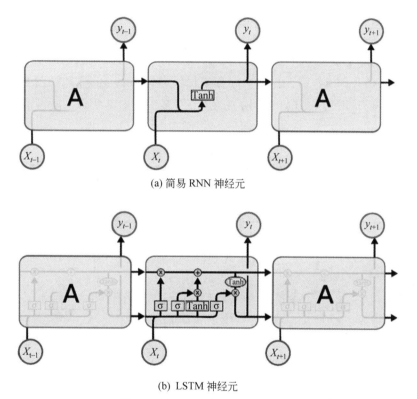

(a) 简易 RNN 神经元

(b) LSTM 神经元

图 8-18　简易 RNN 和 LSTM 神经元的对比示意图①

对于图 8-18(a)，简易 RNN 可以简单认为"一输入，一输出"。对比而言，对于图 8-18 (b)，LSTM 的每个输入 X_t，都需要被处理 4 次，可简单认为"四输入，一输出"。它带来

---

①　图片参考了 Christopher Olah 有关 LSTM 的 GitHub 博客。

的效果就是,数据处理得更加细腻了,网络的性能(如记忆时长)显著提升了,但付出的代价是网络至少复杂了 4 倍。

这就是"天下没有免费午餐"的生动演绎。根据没有免费午餐定理(No Free Lunch Theorem,NFL 定理)的说法,没有哪个算法,比其他算法在各种场景下都高效,此处性能高,不过是为彼处付出的代价罢了,就看这代价值不值得。因此,只能在特定任务上设计性能良好的机器学习算法。南京大学周志华教授认为,NFL 定理最重要的寓意在于,它让人们清楚地认识到,脱离具体问题,空谈"什么学习算法更好"是毫无意义的[10]。

再在水平方向观察图 8-18,简易版本的 RNN 神经元也相对简单,只有隐含状态在"水平(即时间序列展开)"方向网络内部流动。而 LSTM 版本的神经元在水平方向有两类信息在流动。除了 RNN 固有的隐含状态(用 s 标记)传递,它在水平方向新增加一个记忆单元状态(Cell State,用 c 标记),亦称记忆块(Memory Block),如图 8-19 所示。可以随性地认为,正是因为 LSTM 多用了一份"心"(多一个内部状态),所以才记得更久。

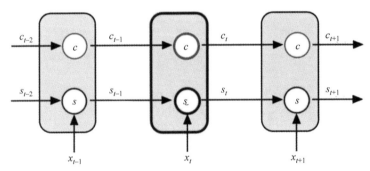

图 8-19 按时间步展开的 LSTM 网络

需要特别说明的是,图 8-19 表面上是多了一个水平方向的输出,实际上那不过是在时间维度上的展开,而更本质的描述是,LSTM 比原始 RNN 神经元多了一个自循环(读者可参考图 8-16 以获得更多理解)。

那如何有效控制这个记忆状态 c 而为我所用呢?这是 LSTM 关键所在。这个记忆状态就如同传送带一般,把前一个时间步的信息传递到下一个时间步,与朴素 RNN 所不同的是,这个信息传送带有所取舍,在合适时,既"拿得起(记住某些信息)",又"放得下"(忘记某些信息),而且它还能对某些信息"充耳不闻"(并非毫无保留地接纳信息),同时还可以对某些信息"谨言慎行"(很多信息,放在心中,并不是全部输出)。

这种对信息的处理态度,非常像人类的思维,而胡伯把控信息的机制叫作"门

（Gate）"。具体不同的功能，就叫"xxx（功能名称）＋门"，如遗忘门、输出门和输入门等。为了便于读者理解，把图 8-18 中所示的 LSTM 神经元重新进行绘制，得到控制记忆状态 C 的 4 个门如图 8-20 所示。这里，LSTM 的设计思路是，设计了几个控制门开关，从而打造一个可控记忆神经元。有了这些好用的开关，记忆就如同酒保手中的酒，是勾兑可调的。

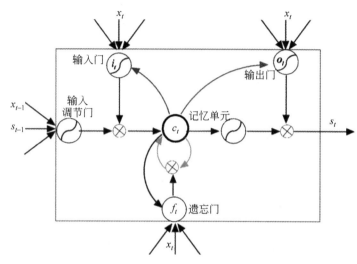

图 8-20　控制记忆状态 C 的 4 个门

其实，前文提及的"门开关"，实际上是一个比喻。在真正的算法中，哪有什么所谓的"开关"可言？这里的"门开关"，实际上就是一个小型的全连接神经网络，它的输入是一个复杂的矩阵向量，而输出是一个 $[0,1]$ 或 $[-1,1]$ 之间的实数向量（这取决于所用的激活函数，比如 Sigmoid 或 Tanh 等）。正常的信息和这些控制信号进行操作（要么是乘积操作，要么是加法操作，这取决于实际需要），就可以控制信息的流动情况。

比如说，某个信息和一个值为 0 的控制信号相乘，结果得 0，这就表明这个信息要被清除。再比如，如果某个信息乘上一个负值的信号（比如 -0.5），然后再和自己相加，实际上就是削弱这个信息，它就代表遗忘。诸如此类。

何时开门？何时关门？何时半开半掩？何时增强？何时抑制？何时抑扬顿挫？这都是由各种门（实际上就是一个小型的网络）的权值决定。而这些权值正是 LSTM 通过海量的数据学习得到的。

8.5.5 RNN 语言模型

在前面,我们提到,基于前馈神经网络的语言模型,在本质上,还是以 NGram 模型为基础的,即在预测第 n 个词时,需要依赖前 $n-1$ 个词的向量表示,这正是历史信息。

通过前面介绍我们知道,RNN 和其他神经网络结构最大的不同之处在于,通过循环,它引入了"记忆"元素,即在做预测时,它的输出不仅依赖于当前输入,还依赖之前的记忆(即历史信息)。

因此,RNN 和语言模型有天然默契的基因。在语言模型中,通过引入 RNN 的记忆因素,可消除词窗口①必须固定为 n 的限制。此外,相比普通前馈神经网络,RNN 的参数共享机制也可大幅减少参数的规模。

图 8-21 所示的是简化版本的循环神经网络语言模型(RNNLM),其中 t 表示时间。

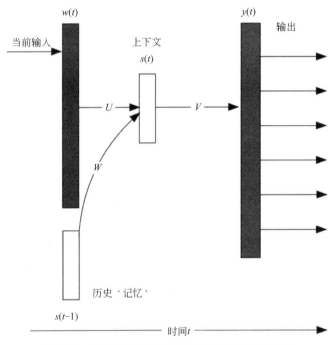

图 8-21 基于循环神经网络的语言模型(RNNLM)

---

① 通常,为预测第 $n+1$ 个词,需要利用前 n 个上文,随着预测序列的推进,这 n 个上文也随之滑动,类似于一个固定大小的窗口,故称之为"词窗口"。

从图中可以看到，循环网络有一个输入层，用 $w(t)$ 表示，该单词的编码方式为 1-of-V，即 $w(t)$ 的维度为 $|V|$，$|V|$ 是词典大小，$w(t)$ 的分量只有一个为 1，表示当前单词，其余分量为 0。实际上这种编码方式就是前面提到的"独热编码"。

中间有一个隐含层 s，用于保存上下文状态 $s(t)$。$s(t-1)$ 代表的是隐含层的前一次输出。当前输入 $w(t)$ 和历史上下文 $s(t-1)$ 相结合，共同作用，形成当前隐含层的上下文 $s(t)$，然后在输出层 y 中，输出 $y(t)$，这里 $y(t)$ 表示 $P(w_t|w_t,s_{t-1})$。

之所以称之为循环神经网络，就是在 t 时刻，$s(t)$ 会留下一个副本，在 $t+1$ 时刻，$s(t)$ 会被送到输入层，相当于一个循环。将图 8-21 随时间 t 展开为图 8-22 所示的形式，或许能更容易明白为什么叫循环神经网络语言模型了。

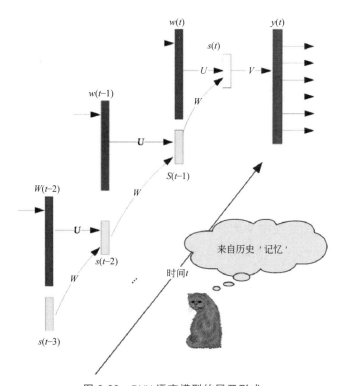

图 8-22 RNN 语言模型的展开形式

在图 8-22 中，上文信息 $(w1, w2, \cdots, w(t-1))$ 通过 RNN 编码为 $s(t-2)$，它是上一个隐含层，代表着对上文的历史记忆。$s(t-1)$ 和当前 $w(t)$ 相结合，得到 $(w1, w2, \cdots, w(t-1), wt)$ 的表示形式 $s(t)$，$s(t)$ 再通过 RNN 的编码，得到预测的输出 $y(t)$。

从图 8-22 可以看出,只要我们愿意,RNN 语言模型可以无限展开历史信息,这意味着,这类模型彻底打破了 NGram 模型对词窗口大小的限制(即其上文可长可短,而非固定为 n),从而可充分利用完整的上文信息,相应地,将获得比其他语言模型更好的性能。

米科洛维的研究显示,即使采用最基础的 RNN 和最普通的截断 BPTT 优化算法(这里的"截断"表明 RNN 并非无限展开,而是仅仅展开若干个时间步,这样做的目的在于大幅降低训练的开销),其性能也比 NGram 模型好。

从前面的分析可知,RNNLM 可捕获更长的历史信息,从而获得更好的性能,这自然是其优势所在。但 RNNLM 也有其不足之处。原生态的 RNN 容易产生梯度弥散问题,当然这个问题已经有比较好的解决方案了,那就是前文提到的 RNN 的升级版——LSTM 或 LSTM 的简化版本 GRU[11]。LSTM 通过门的机制来避免梯度消失。GRU 把遗忘门和输入门合并成一个更新门,简化了"复合神经元"的设计,而性能并没有明显下降。

由于 LSTM 的普及性,一般情况下,在工业界,如果不做特别说明,在提及 RNN 时,实际上指的就是它的升级版本 LSTM。如果特指原生版本的 RNN,通常用 Simple-RNN(简易 RNN)来说明。

8.6 基于 RNN 的常见自然语言处理拓扑结构

RNN 常用于自然语言处理,针对不同的业务场景,RNN 有很多不同的拓扑结构。从输入、输出是否为固定长度来区分,它可以被分为 5 类:one-to-one(一对一)、one-to-many(一对多)、many-to-one(多对一)、many-to-many(多对多,异步)及 many-to-many(多对多,同步),如图 8-23 所示。

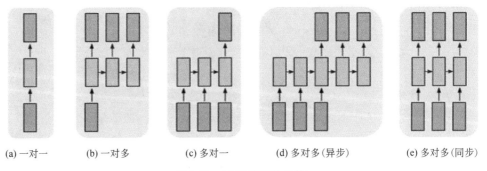

(a) 一对一　　(b) 一对多　　(c) 多对一　　(d) 多对多(异步)　　(e) 多对多(同步)

图 8-23　RNN 的拓扑结构

8.6.1 one-to-one

下面来分别解释一下这 5 种结构的含义。one-to-one（一对一）的含义是，单输入单输出。请注意，这里的"单（one）"，并非表示输入的向量的长度为 1，而是指输入的长度是固定的。one-to-one（一对一）更严格的解释是"from fixed-sized input to fixed-sized output（从固定输入到固定输出）"。这种结构事实上就是传统的 CNN 结构，比如图像分类，"一张"图片对应"一个"分类。

再比如文本分类。文章的 n 个特征向量为 $(f_1, f_2, \cdots, f_n)$，将这些特征向量输入网络后，得到 c 个分类的概率 $(p_1, p_2, \cdots, p_c)$。这里，n 和 c 都是大于 1 的数字，但由于它们的值是设计网络拓扑结构时就固定下来的，所以它仍属于 one-to-one（一对一）结构范畴。

8.6.2 one-to-many

one-to-many（一对多）结构也是容易理解的。它表示输入为定长、输出为变长的结构。在字典模式中，这种 RNN 结构非常适用。比如，给定一个词"大象"（固定长度为 2），输出解释为"哺乳动物，是地球上最大的动物，多产在印度、非洲等热带地区，门牙极长"（以上解释来自《新华字典》网络版。输出长度可长可短，取决于解释的详细程度）。再比如，自动文本生成也是 one-to-many。比如我们给 RNN 一个起始字符，它自己生成一部小说。给 RNN 一个音乐起始符，它能谱写一首钢琴曲（见图 8-24）。

在未来，机器人作家或许不再是梦。由清华大学自然语言处理与社会人文计算实验室孙茂松教授主持研发的自动诗歌生成系统——九歌，写出来的古诗，已让古诗词初学者真假难辨了。

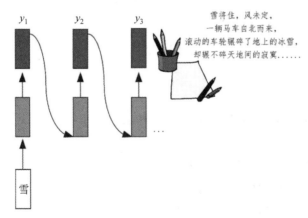

雪将住，风未定，
一辆马车自北而来，
滚动的车轮辗碎了地上的冰雪，
却辗不碎天地间的寂寞……

图 8-24 RNN 的 one-to-many 结构范例

8.6.3　many-to-one

many-to-one(多对一)结构在 RNN 中也是很常见的。它表示输入为可变长度的向量,输出为固定长度的向量。比如,在情感分析场景下,输入为长度可变的文章、留言等,而输出为某一个情感分析(如积极、中性或消极)的分类,如图 8-25 所示。

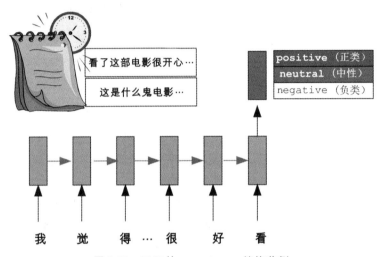

图 8-25　RNN 的 many-to-one 结构范例

在随书的示范项目中,使用经典 IMDb(Internet Movie Database,互联网电影资料库)[①]作为文本情感分类的数据集[12],这类经典的数据集通常都已内置于深度学习框架,如果没有指定加载路径,只需要使用专门的 API,框架会帮我们自动加载。请有 TensorFlow 基础的读者可参考范例 8-1 rnn.py。

8.6.4　many-to-many

many-to-many(多对多)有两种结构,第一种属于异步结构,也就是输出相对于输入如"流水线排空期"。比如经典的 Encoder-Decoder(编码器-解码器)框架,它的特点就是把"不定长的"输入序列,通过编码器的加工后,获得新的内部表示,然后再基于这个表示进行解码,生成新的"不定长的"序列输出。这两个"不定长"可以不相同。

---

① 官方简称为 IMDb,很多文献为方便,全部大写这些字母,称为 IMDB。

many-to-many 的典型应用场景是"机器翻译"。比如说，使用 RNN 进行英文对中文的翻译，在输入为"I can't agree with you more"时，如果机器同步翻译的话，在同步到"I can't agree with you"时，将会翻译成"我不同意你的看法"，而全句的意思却是"我太赞成你的看法了"。所以对于翻译而言，需要一定的"滞后"（即异步）来捕捉全句的意思，如图 8-26 所示。

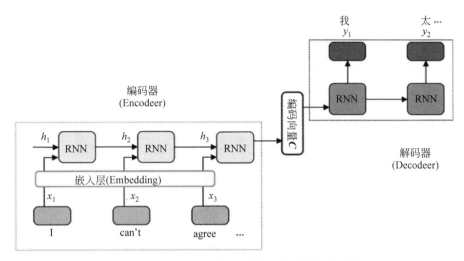

图 8-26　RNN 多对多（异步）结构（编码器与解码器）

相对而言，many-to-many（多对多）的另一种结构是同步的。它的特点是输入和输出元素一一对应，输入长度是可变的，输出长度也跟随而变，且不存在输出延迟。这种结构的典型应用场景是"文本序列标注（Text Sequence Labeling）"。

例如，可以利用 RNN 对给定文本的每个单词进行词性标注或命名实体识别（Named Entity Recognition，NER）。以词性标注为例，假设句子为"She is pretty"，那么 She、is、pretty 三个单词，可以同步被标注为：r（pronoun，代词）、v（verb，动词）和 a（adjective，形容词），如图 8-27 所示。

不管 RNN 的拓扑结构如何，它们都存在一个"根深蒂固"的缺陷，那正是因为对"上下文"的依赖。这导致 RNN 难以并行执行，从而导致 RNN 的训练速度通常较慢。

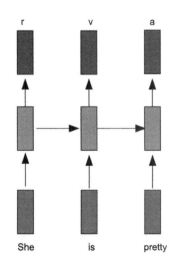

图 8-27　RNN 多对多（同步）结构

8.7　Encoder-Decoder 与 Seq2Seq

Encoder-Decoder(编码器-解码器)模型主要是 NLP 领域里的概念。事实上,它并不特指某种具体的算法,而是一类算法的统称。下面简要介绍。

8.7.1　编码器与解码器

Encoder-Decoder 是一种通用的框架,在这个框架下可以使用不同的算法来解决不同的任务,如图 8-28 所示。

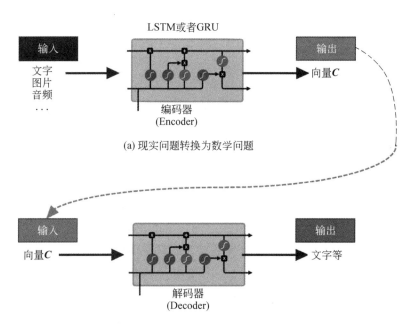

(a) 现实问题转换为数学问题

(b) 将数学问题转换为解决现实问题

图 8-28　编码器与解码器的功能

其中,Encoder 称作编码器。它的作用就是"将现实问题转化为数学问题",参见图 8-28(a),Decoder 称作解码器,它的作用是"求解数学问题,并转化为现实世界的解决方案",参见图 8-28(b)。Encoder-Decoder 框架的这两大功能很好地诠释了机器学习的核心思路。

如果将图 8-28 所示的两个环节串联起来，用通用的图表达起来，就是图 8-26 所示的样子。关于 Encoder-Decoder，需要注意如下两点。

（1）不论 Encoder-Decoder 输入和输出长度是多少，处于中间层的过渡"向量"C 长度都是固定的（这是它的缺陷所在）。

（2）根据不同的任务，可以选择不同的编码器和解码器（可以是一个 RNN，但通常是其变种 LSTM 或者 GRU）。

只要是符合上面的框架，都可以统称为 Encoder-Decoder 模型。而说到 Encoder-Decoder 模型，就经常提到一个名词——Seq2Seq。

8.7.2　Seq2Seq

Seq2Seq 是 Sequence-to-Sequence 的缩写，如其字面意思，输入一个序列，输出另一个序列。这种结构最重要的地方在于，输入序列和输出序列的长度是可变的。显然，在 RNN 体系下，它是一个"多对多"结构。

Seq2Seq 使用的具体方法，基本上都属于 Encoder-Decoder 模型的范畴。Seq2Seq 模型被提出后，由于其灵活性，受到了广泛的关注。在机器翻译（见图 8-29）、对话机器人、诗词生成、代码补全、文章摘要等领域，Seq2Seq 都有广泛应用。

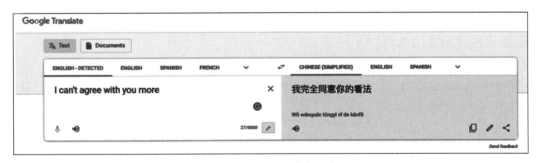

图 8-29　Seq2Seq 的应用范例

2014 年，Google 发表了关于用 Seq2Seq 做机器翻译的论文《用神经网络进行序列到序列的学习》[13]。论文作者提出了一种"端到端"的序列训练方法，可对序列结构做最小的假设。具体方法是使用了多层 LSTM 将输入序列映射成一个固定维度的向量，然后用另一个深度 LSTM 从向量中解码出目标序列。

如前所述，Encoder-Decoder 结构是存在缺陷的，那就是 Encoder（编码器）和 Decoder

（解码器）之间只有一个固定长度"向量"来传递信息。在接到这个固定长度的向量后，Decoder 就不再"理会"Encoder，就如文本生成器一样，"埋头苦干"做起了翻译工作。

很显然，当输入信息太长时，那个固定长度的向量，难以避免地会丢失一些信息，或者说，当有太多词的语义混杂在一起，共同存储于一个固定长度的向量中，个体单词的语义就被稀释，Decoder 难以解析精确的语义（见图 8-30）。

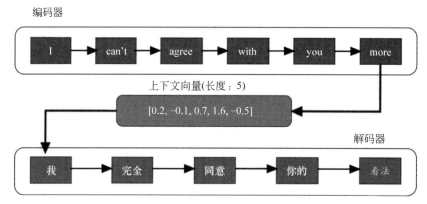

图 8-30　编码器与解码器的固定长度向量

为了解决上述问题，研究人员就提出了另外一种模型——Attention 机制。

8.8　Attention 机制

Attention（注意力）机制的设计初衷，就是为了解决在机器翻译中存在的"句子过长，信息丢失"的问题[14]。

研究人员尝试借助人脑处理信息过载的方式，将 Attention 机制应用在神经网络中，以期待有更好的长期记忆效果。通俗来说，Attention 跟其名字非常匹配，它的核心逻辑就是"从关注全部到关注重点"。

人脑的注意力机制，只选择一些关键的信息输入进行处理，从而来提高神经网络的效率。按照认知神经学中的注意力，大致可以分为两类。

（1）聚焦式（Focus）注意力：是一种自上而下的有意识的注意力，属于主动注意。它指的是有预定目的、依赖任务或主动有意识地聚焦于某一对象的注意力。

（2）显著性(Saliency-based)注意力：是一种自下而上的有意识的注意力，属于被动注意力。这种注意力的"显著性"是由外界刺激而随机激发的，它不需要主动干预，也和任务无关。例如，可以将卷积神经网络中的最大池化(Max-Pooling)和 LSTM 中的各种门控(Gating)机制来近似地理解为基于显著性的注意力机制。

一个和注意力有关的例子是鸡尾酒会效应[15]。在吵闹的鸡尾酒会上，当一个人和朋友尽情聊天，尽管周围的噪音干扰很多，他还是可以轻松自如地听到朋友的谈话内容，而忽略其他人的声音（这是因为他利用了"聚焦式注意力"，重点关注了朋友的谈话）。此时，如果喧嚣的酒会背景声中出现重要的词（比如，有人在人群中呼叫他的名字），他也会马上注意到（这时，他下意识地调用了显著性注意力，见图 8-31）。

图 8-31　鸡尾酒效应与显著性注意力

Attention 模型的特点是 Encoder 不再将整个输入序列编码为固定长度的"中间向量"，而是编码成一个向量的序列。引入了 Attention 机制的 Encoder-Decoder 模型如图 8-32 所示。

在 Attention 机制下，解码器在准备翻译某个词时，会根据相关的词语"回眸"看编码器一眼，从源头获知当前输出应该对于某些词给予更多的关注。比如说，在翻译 artificial 时，解码器通过向编码器查询(Query)，根据向量相似性，得知这个单词与"人工"更加密切相关，于是对"人"和"工"这两个输入向量关注权值要大得多。

类似地，在翻译 intelligence 时，解码器更加关注"智"和"能"这两个输入向量。在

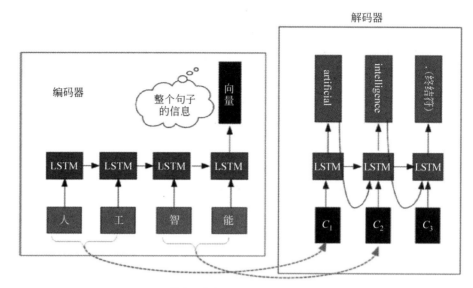

图 8-32　带有"注意力"机制的编码器与解码器

这个例子中,如何实现"更关注"这个特性呢? 这自然是需要基于海量数据的训练和学习!

Attention 机制的实质其实就是一个寻址(Addressing)的过程。Attention 工作原理主要分 3 步。

(1) 信息输入,根据 Query(解码器的当前输出对应的内部状态)和 Key(解码器的各个隐含状态,它们和解码器的输入基本一一对应)进行相似度计算,得到权值。

(2) 将权值进行归一化,得到注意力分布 α。

(3) 根据注意力分布 α 来计算输入信息的加权平均。

利用注意力机制来"动态"地生成不同连接的权重,这就是自注意力模型(Self-Attention Model)[16]。由于自注意力模型的权重是动态生成的,因此,可以处理变长的信息序列(见图 8-33)。

引入 Attention 机制后,神经网络带来了两个方面的优势。

(1) 训练速度变快。Attention 机制解决了 RNN 不能并行计算的问题。Attention 机制的每一步计算,并不依赖于上一步的计算结果。因此,它可以与 CNN 一样并行处理。

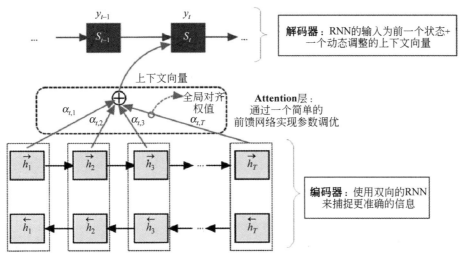

图 8-33　主动动态调整向量的编码器和解码器

（2）模型性能提高。在引入 Attention 机制之前，长距离的信息会被弱化，就好像记忆能力弱的人记不住过去的事情一样。而 Attention 则是有针对性地挑重点，就算文本比较长，也能从中间抓住重点，不丢失重要的信息。

图 8-34 显示了有无使用 Attention 机制的性能对比。性能指标是 BLEU 评分[17]，BLEU 的全称为 Bilingual Evaluation Understudy（双语评估替换），是 IBM 公司提出的一种对生成语句进行评估的指标，用于比较候选文本翻译与其他一个或多个参考翻译的

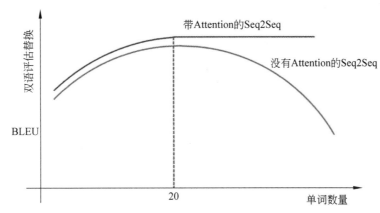

图 8-34　有无 Attention 机制的性能对比

评价分数。从图中可以看到,在句子长度达到 20 个单词以上时,没有 Attention 机制的 Seq2Seq 模型中,BLEU 评分迅速下降;而有 Attention 机制加持的 Seq2Seq 模型中,BLEU 评分基本保持一个较高的水平。

事实上,Attention 机制最早是在计算机视觉里应用的,随后在 NLP 领域也开始逐步应用起来,而真正发扬光大就是在 NLP 领域。2018 年,GPT[18](一种单向语言模型,直接应用 Transformer Decoder)和 BERT(一种双向语言模型,应用了 Transformer Encoder 部分)[19]大放异彩,从而在工业界和学术界掀起了 Attention 机制的研究热潮。

8.9 NLP 常用工具与开发流程

NLP 的部分研究领域已经相对比较成熟,很多开发工具也是"琳琅满目"。因此,对于初学者来说,很多工具可以采用"拿来主义"——拿来就用,没有必要"重造轮子"。

下面列举几个著名的 NLP 工具。比如说,斯坦福大学利用 Java 开发的 CoreNLP①,支持包括汉语在内的 53 种语言,提供各种子模块词性标注(Part of Speech Tagger)、命名实体识别(Named Entity Reconizer)、句法分析(Parsing)、指代消解(Coreference Resolution)、情感分析(Sentiment Analysis)和开放关系抽取等许多常见的 NLP 任务。

NLTK(Natural Language Toolkit,自然语言工具包)是另一款应用广泛、利用 Python 开发的 NLP 处理工具②,它背后有强大的社区支持。它为 50 多种语料库和词汇资源(如 WordNet)提供了简单易用的界面,以及一套用于分类、标记化、词干化、标记、解析和语义推理的文本处理库,它是一款工业级 NLP 工具包。

TextBlob 也是一个用 Python 编写的开源 NLP 工具包,它是自然语言工具包(NLTK)的一个包装器,目的是屏蔽 NLTK 的复杂性,简化 NLTK 的使用,降低了 NLP 工具的使用门槛。它的地位有点类似于深度学习开发框架 Keras 之于 TensorFlow。它可以用来执行很多自然语言处理的任务,比如,词性标注、名词性成分提取、情感分析、文本翻译等。

---

① 访问链接:https://stanfordnlp.github.io/CoreNLP/index.html。
② 访问链接:https://www.nltk.org/。

Gensim 是一款开源的第三方 Python 工具包[①]，使用统计机器学习来进行无监督的主题建模和自然语言处理。Gensim 是用 Python 和 Cython 实现的。它支持包括 TF-IDF、LSA、LDA 和 word2vec 在内的多种主题模型算法，支持流式训练，并提供了诸如相似度计算、信息检索等一些常用任务的 API 接口。

SpaCy 是一款工业界的 NLP 处理工具[②]，它由 Cython 语言编写，因此能够高性能地完成 NLP 领域的很多任务，如词性标注、命名实体识别、依存句法分析、归一化、停用词分析、词性判断等。SpaCy 提供了一个简洁的 API 来访问它的方法和属性。

NLP 有一套标准的流水线操作，包括句子分割、词汇标记、词性标注、词形还原、停止词识别、语法依赖解析、命名实体识别及指代消解等。根据这个流水线，可以通过开发工具 SpaCy 实践一遍这个流程，以获得一些感性的认识，具体流程请参考范例 8-2 NLP-pipelining.ipynb（为便于演示，使用 Jupyter 来逐步运行代码）。

8.10　本章小结

在本章，主要讲解了有关自然语言处理的相关知识。首先，回顾了自然语言处理的一个基本假设——统计语义假说，这个假设表明，基于一种语言的统计特征隐藏着语义的信息。这个假设是自然语言处理的理论基础。

然后，学习了词向量的三种主流表示方式：独热编码表示、分布式表示和词嵌入表示，其中词嵌入为当前的研究热点之一。

接着，详细讲解了基于统计的 3 种自然语言处理模型：NGram 模型、基于神经网络的语言模型和基于 RNN 的语言模型。

然后讲解了 RNN 的基本原理，由于传统的 RNN 存在梯度弥散问题或梯度爆炸问题，导致第一代 RNN 很难把神经网络层数提上去。因此，其表征能力非常有限，应用性能上也有所欠缺。于是，胡伯提出了 LSTM，通过改造神经元，添加了遗忘门、输入门和输出门等结构，让梯度能够长时间地在数据处理路径上流动，进而有效提升了深度 RNN 的性能。由于 LSTM 对历史信息具有良好的记忆能力，这个特征更适用于自然语言处理。

---

① 访问链接：https://radimrehurek.com/gensim/。
② 访问链接：https://spacy.io/。

最后,简单回顾了自然语言处理的前沿——Attention 机制。如果说 RNN 是 NLP 的"死记硬背"时代,那么 Attention 机制无疑让 NLP 学会了"提纲挈领",抓住重点,从而比较有效地解决长句子信息丢失问题。

8.11　思考与练习

通过本章的学习,思考如下问题。

8-1　为什么自然语言处理很重要?体现在哪些方面?

8-2　什么是独热编码?什么是分布式表示?什么是词嵌入技术?

8-3　为什么 RNN 具备记忆功能?举例说明。

8-4　RNN 和 LSTM 有什么联系和不同?

8-5　LSTM 是如何避免梯度弥散的?它都使用了哪些手段?

8-6　根据"无免费午餐原理",在任何一个方面的性能提升,都是以牺牲另一方面的性能为代价的,请问 LSTM 付出的代价(或者说缺点)是什么?

8-7　RNN 有哪些拓扑结构?

8-8　什么是编码器?什么是解码器?

8-9　Attention 机制的工作原理是什么?

8-10　自行查阅,使用 NLP 工具包 TextBlob 完成如下语句的情感分析(有编程基础者适用)。

语句 1:"Their burgers are amazing. "

语句 2:"The beer was amazing. But the hangover was horrible. My boss was not happy."

参考文献

[1]　WU Y, SCHUSTER M, CHEN Z, et al. Google's neural machine translation system: Bridging the gap between human and machine translation[J]. ArXiv Preprint ArXiv:1609.08144, 2016.

[2]　TURNEY P D, PANTEL P. From frequency to meaning: Vector space models of semantics[J].

Journal of Artificial Intelligence Research，2010，37：141-188.

［3］　ROWEIS S T，SAUL L K. Nonlinear dimensionality reduction by locally linear embedding［J］. Science，American Association for the Advancement of Science，2000，290(5500)：2323-2326.

［4］　BENGIO Y，DUCHARME R，VINCENT P，et al. A neural probabilistic language model［J］. Journal of Machine Learning Research，2003，3(Feb)：1137-1155.

［5］　MIKOLOV T，KOMBRINK S，DEORAS A，et al. Rnnlm-recurrent neural network language modeling toolkit［C］//Proc. of the 2011 ASRU Workshop，2011：196-201.

［6］　MIKOLOV T，SUTSKEVER I，CHEN K，et al. Distributed representations of words and phrases and their compositionality［C］//Advances in Neural Information Processing Systems，2013：3111-3119.

［7］　ELMAN J L. Finding structure in time［J］. Cognitive Science，Wiley Online Library，1990，14(2)：179-211.

［8］　HOCHREITER S，SCHMIDHUBER J. Long short-term memory［J］. Neural Computation，MIT Press，1997，9(8)：1735-1780.

［9］　SIEGELMANN H T，SONTAG E D. On the computational power of neural nets［C］//Proceedings of the Fifth Annual Workshop on Computational Learning Theory，1992：440-449.

［10］　周志华. 机器学习［M］. 北京：清华大学出版社，2016.

［11］　CHUNG J，GULCEHRE C，CHO K，et al. Empirical evaluation of gated recurrent neural networks on sequence modeling［J］. ArXiv Preprint ArXiv:1412.3555，2014.

［12］　MAAS A L，DALY R E，PHAM P T，et al. Learning word vectors for sentiment analysis［C］//Proceedings of the 49th Annual Meeting of the Association for Computational Linguistics：Human Language Technologies-Volume 1. Association for Computational Linguistics，2011：142-150.

［13］　SUTSKEVER I，VINYALS O，LE Q V. Sequence to sequence learning with neural networks［C］// Advances in Neural Information Processing Systems，2014：3104-3112.

［14］　BAHDANAU D，CHO K，BENGIO Y. Neural machine translation by jointly learning to align and translate［J］. ArXiv Preprint ArXiv:1409.0473，2014.

［15］　邱锡鹏. 神经网络与深度学习［M］. 北京：机械工业出版社，2020.

［16］　CHENG J，DONG L，LAPATA M. Long short-term memory-networks for machine reading［J］. ArXiv Preprint ArXiv:1601.06733，2016.

［17］　PAPINENI K，ROUKOS S，WARD T，et al. BLEU：a method for automatic evaluation of machine translation［C］//Proceedings of the 40th Annual Meeting of the Association for Computational Linguistics，2002：311-318.

［18］　RADFORD A，NARASIMHAN K，SALIMANS T，et al. Improving language understanding with unsupervised learning［J］. Technical Report，OpenAI，2018.

［19］　DEVLIN J，CHANG M-W，LEE K，et al. BERT：Pre-training of deep bidirectional transformers for language understanding［C］//Minneapolis，MN，USA：Association for Computational Linguistics，2019，1：4171-4186.